Siegener Symposien zur Lateinamerikanistik | *Simposios de Siegen sobre estudios latinoamericanos*

Herausgegeben von / *Editado por*
YASMIN TEMELLI

Band 3

Culturas del *streaming* a ambos lados del Atlántico

Editado por

MARIBEL CEDEÑO ROJAS
JAVIER FERRER CALLE
DANIELA KUSCHEL

Universitätsverlag
WINTER
Heidelberg

Bibliografische Information der Deutschen Nationalbibliothek

Die Deutsche Nationalbibliothek verzeichnet diese Publikation in der Deutschen Nationalbibliografie; detaillierte bibliografische Daten sind im Internet über *http://dnb.d-nb.de* abrufbar.

Gedruckt mit freundlicher Unterstützung der Universität Siegen, der Leopold-Franzens-Universität Innsbruck und der Universität Mannheim

Universität Siegen

universität innsbruck

Forschungsschwerpunkt Kulturelle Begegnungen - Kulturelle Konflikte

UNIVERSITÄT MANNHEIM

UMSCHLAGBILD:

www.freepik.com, creativeart

ISBN 978-3-8253-9613-8

Imprimé en Allemagne · Printed in Germany
Umschlaggestaltung: Klaus Brecht GmbH, Heidelberg
Druck: Memminger MedienCentrum, 87700 Memmingen

Gedruckt auf umweltfreundlichem, chlorfrei gebleichtem und alterungsbeständigem Papier

Den Verlag erreichen Sie unter:
Universitätsverlag Winter GmbH Heidelberg
Dossenheimer Landstraße 13, D-69121 Heidelberg
www.winter-verlag.de
gpsr@winter-verlag.de

Contenido

Introducción: Culturas del *streaming* a ambos lados del Atlántico

Maribel Cedeño Rojas, Javier Ferrer Calle y Daniela Kuschel

El *streaming* como nueva cultura de lo inmaterial

En 2015, Benjamin Edward Burroughs definió el *streaming* como "an emergent force in the way that we produce, consume, and distribute media" (Burroughs 2015, 18). Casi una década más tarde el *streaming* se ha consolidado como un fenómeno cotidiano de nuestras experiencias mediáticas, convirtiéndose en una práctica cultural amplia y omnipresente que se ha desarrollado dentro del marco de lo que Barry Wellman denominó "networked individualism". Este concepto sobre la sociedad describe cómo la orientación tradicional hacia el entorno familiar, laboral o vecinal ha sido desplazada en favor del individuo, reduciendo así la relevancia del grupo social.[1] En este contexto descentralizado, diversificado e individualizado han surgido nuevas propuestas mediáticas, tecnologías e infraestructuras, como, por ejemplo, las plataformas de contenidos en línea Netflix, YouTube, Instagram o Spotify, que han impulsado la evolución del *streaming* en el último decenio. Estas plataformas también son archivos para lo que se recuerda y se transmite de la historia de la televisión y el cine y, por lo tanto, operan como transmisores de la memoria cultural.

Definir y conceptualizar el *streaming* resulta clave para comprender su impacto en la cultura contemporánea, ya que sin duda este fenómeno ha transformado de manera significativa las formas de producción, distribución y consumo de contenidos mediáticos. Esta conceptualización permite analizar las consecuencias culturales, sociales y económicas, así como su papel en la configuración de nuevas prácticas de consumo. Más allá de su concepción como una tecnología que nos permite reproducir archivos de video o audio desde internet sin la necesidad de almacenar una copia en nuestros dispositivos, el *streaming* representa una nueva cultura caracterizada por la inmaterialidad, la movilidad y la versatilidad, lo que trae consigo la necesidad de redefinir varios conceptos vinculados a las prácticas mediáticas y culturales. No solo es necesario reconsiderar la idea de propiedad, sino también las relaciones espaciales y temporales entre oferta, contenido y consumidor. Los *streamers* deben entenderse, además, como agentes activos y, desde esta perspectiva, el *streaming* se convierte en el símbolo de una creciente "cultura

[1] Véase Rainie/Wellmann cit. en Burroughs (2015, 15–16).

de participación" (Jenkins 2014). Esta cultura, no obstante, no se caracteriza por la autonomía absoluta del consumidor, ni por una clara oposición entre las estrategias de los grandes conglomerados mediáticos y la concepción romántica del consumidor subversivo. Es necesario examinar las complejas interrelaciones donde se manifiesta la lucha por el capital, la autonomía y el poder, ya que mientras los consumidores utilizan las infraestructuras descentralizadas y, en cierta medida, fuera de control –como las plataformas en línea– para transformarse progresivamente en profesionales (por ejemplo, en Twitch o YouTube), las grandes empresas como Amazon integran, comercializan y explotan las prácticas, los productos y el trabajo de los *streamers* y de los fans en general.[2] Esta dinámica genera, inevitablemente, cuestiones relacionadas con la responsabilidad, en particular, desde el punto de vista del derecho penal, que afectan tanto al productor como al usuario, tales como los derechos de autor, la legalidad de los contenidos y, en última instancia, la aplicabilidad del derecho nacional en contextos transnacionales.[3]

Únicamente al examinar las encrucijadas de las complejas prácticas que se vinculan a la producción, distribución y recepción en el contexto del *streaming* se puede entender la amplitud y el impacto de este fenómeno cultural. Con respecto a las cuestiones de legalidad, Burroughs señala que las prácticas del *streaming* se localizan entre los polos de lo "sancionado" y lo "no sancionado", enfatizando que es relevante tanto el lugar como el agente que realiza el *streaming*.[4] Esto incluye la reutilización, redistribución, reproducción y también modificación de contenidos. El autor evita deliberadamente los términos legal/ilegal destacando cómo "[u]nsanctioned streaming stands in conjunction with sanctioned streaming as both a productive and disruptive media practice" (Burroughs 2015, 5). A partir de la tipología que se puede desarrollar basada en el continuo participativo antes mencionado, estas diferentes perspectivas pueden contribuir a comprender el *streaming*: su componente tecnológico, que abarca tanto la parte física (hardware) y virtual (software) necesarias para su existencia; su conceptualización como una industria con todos sus actores, infraestructuras (e "*infra*legalidades"), flujos de bienes y regularizaciones; y el *streaming* como discurso que emerge, participa en los discursos vinculados a las industrias mediáticas más tradicionales y también los interrumpe.[5]

---

2 Véase Burroughs (2015, 74–75).

3 Véase p. ej. Brüggemann (2013).

4 Véase Burroughs (2015, figura 4. "Sanctioned and Unsanctioned, First and Third Party Streaming", 65).

5 Véase Burroughs (2015, 5—11).

Panorama general del fenómeno del *streaming* audiovisual

Dos avances tecnológicos que revolucionaron, cada uno a su manera, la cultura de producción, consumo y distribución de material audiovisual dentro y fuera de Estados Unidos tuvieron lugar en 2007: Netflix inició su servicio de *streaming* en Estados Unidos y el primer iPhone salió a la venta. El vertiginoso ascenso de Netflix se debió, en parte, a que en 2010 inició una rápida estrategia de internacionalización en su país vecino, Canadá, que continuó con América Latina en 2011, expandió a parte de Europa entre 2012 y 2013, así como a Australia, Nueva Zelanda y Japón en 2015.[6] De este modo, el nombre de Netflix se convirtió pronto en sinónimo de *streaming* de series y películas. Asimismo, se consolidó como una plataforma pionera y disruptiva al ofrecerle a sus usuarios un servicio no lineal, libre de publicidad, basado en un modelo de suscripción bajo demanda. Además, siguiendo su antiguo modelo de alquiler de DVD, introdujo la práctica de lanzar temporadas completas de una serie el mismo día, fomentando el fenómeno del maratón o atracón. Este llegó a convertirse en un sello distintivo de la marca impulsado en 2013 por Kevin Spacey en entrevistas promocionales de *House of Cards* y por Mitchell Hurwitz, el creador de la conocida serie *Arrested Development* que Netflix 'salvó' ese año con una cuarta temporada, tras haber sido cancelada por la cadena de televisión estadounidense Fox en 2006.

El mercado latinoamericano no solamente ha estado en la mira de Netflix desde un principio, sino que los contenidos relacionados con él han llegado a convertirse en series de culto. Ejemplo de ello es la serie *Narcos* (2015–2017), cuyo éxito comercial motivó *Narcos: México* (2018–2021). De igual modo, series españolas como *Las chicas del cable* (2017–2020), *Élite* (2018–2024) y, sobre todo, *La casa de papel* (2017–2021) consolidaron la importancia del mundo hispanohablante en la oferta de Netflix.

Durante el confinamiento ocasionado por la pandemia de COVID-19, Netflix experimentó un notable crecimiento, con un aumento récord de suscriptores; no obstante, la compañía enfrentó también caídas importantes en el valor de sus acciones, como el desplome del 25% ocurrido el 19 de abril de 2022.[7] Aun siendo considerado como el 'gigante del *streaming*' y 'líder mundial de los servicios de *streaming*', con más de 220 millones de suscriptores,[8] Netflix atravesó una fase crítica. Entre las razones de su declive destacaron la pérdida de suscriptores, la primera en una década, un hecho que la empresa estimaba que continuaría con la posible baja de más de dos millones de usuarios para julio del mismo año. Si bien la salida del mercado ruso, en respuesta a la guerra en Ucrania, generó la pérdida

---

6 Sobre el establecimiento del servicio de *streaming* de Netflix y su estrategia de internacionalización, véase Lobato (2019, 2).

7 Véase MacTechNews (2022).

8 Véase The Officer 2022 y Redacción BBC Mundo 2022.

de 200 000 suscripciones, esta no parece, sin embargo, la única explicación de esta caída.[9]
El aumento de la competencia, con el surgimiento de servicios como Amazon Prime Video (2011), Apple TV+ (desde el 1 de noviembre de 2019)[10] y Disney+ (lanzado el 12 de noviembre de 2019), contribuyó a crear un mercado fragmentado. Ante este panorama, Netflix exploró alternativas para mantener y diversificar su negocio, entre ellas la introducción de publicidad en suscripciones de menor costo, una respuesta a la pérdida de 600 000 usuarios en Estados Unidos y Canadá tras el aumento de las tarifas. Además, comenzó a abordar el problema del uso compartido de contraseñas,[11] una práctica que la propia empresa había incentivado en sus primeros años de expansión para ganar usuarios, pero que se convirtió en un desafío, puesto que más de 100 millones de hogares accedían a la plataforma sin ser suscriptores directos.

Esto llevó a Netflix, según medios internacionales como *Rest of World*, *heise online* y *golem.de*, a experimentar con estrategias para limitar el uso compartido de cuentas en América Latina, particularmente en Chile, Perú y Costa Rica.[12] Estos experimentos, que produjeron cierta confusión entre los usuarios, fueron monitoreados por las autoridades de protección al consumidor de esos países, que se reunieron con representantes de la compañía para evitar conflictos entre usuarios y Netflix debido a los cambios en el servicio.[13]

Esto contrastaba con el lanzamiento de una suscripción más económica publicada por parte de Disney+.[14] De esta manera, mientras Netflix perdía suscriptores, Disney+ atraía a más usuarios, en parte gracias a su oferta de contenidos exclusivos de Disney, Marvel, Pixar, Star Wars y National Geographic, que anteriormente estaban disponibles en Netflix. El crecimiento de Disney+ fue, pasando de 94,9 millones en enero de 2021 a 129,8 millones en enero de 2022.[15]

---

9 En cuanto al pronóstico y la información a los accionistas, léase: Redacción BBC Mundo (2022).

10 Sobre la competencia, véase también Redacción BBC Mundo (2022). Apple TV+ es el primer servicio de *streaming* en ganar un Óscar en la edición 94 de los premios de la Academia a la mejor película con *CODA* (directora: Siân Heder) en 2022. Apple adquirió la película en 2021 tras su debut en el festival de cine de Sundance por unos 25 millones de dólares. Un dato interesante es que mientras que en Estados Unidos y la mayor parte del mundo, *CODA* es una película distribuida por Apple TV+ en otras regiones se muestra en otras plataformas como, por ejemplo, Amazon Prime; tal es el caso de México.

11 Véase Terán Haughey (2022).

12 Véase Ledgard y Deck (2022) y Herbig (2022).

13 Véase Andina (2022). Otras alternativas para diversificar el negocio son el lanzamiento de Netflix Games en 2021 y una asociación de co-*streaming* con Twitch, véase The Officer (2022).

14 Véase IPMARK (2022).

15 Véase IPMARK (2022).

Además, como indicaban Cynthia Littleton y Todd Spangler en la revista *Variety*, Disney+ expresó su intención de "pisar el acelerador en la producción en lengua local, con unos 500 proyectos en marcha para territorios de Asia, Europa, África y América Latina".[16] Una estrategia que se asemeja a la "gramática de la transnacionalidad"[17] de Netflix.

Cifras actuales de la cuota de mercado de los servicios de *streaming* audiovisual en España muestran el dinamismo y la alta competitividad del sector. Según datos de JustWatch, Prime Video superaba en el segundo trimestre de 2024 con 24% de la cuota de mercado a Netflix que se ubicaba en 23%. Por su parte, la cuota de Disney+ iba en aumento con 15% y la de Max (antes HBO Max) se situó en 13%.[18] Algo por debajo se encontraban las cuotas de Apple TV+ y Filmin, ambas en 7%.[19]

A diferencia del mercado español, Netflix sigue siendo en 2024, según un informe de la compañía brasileña de *marketing* digital y relaciones públicas Sherlock Communications, la plataforma preferida en América Latina. El 82% de los encuestados afirmó que usaba Netflix para ver series y películas. Prime Video y Disney+ siguen cada una con 43%, Max con 39% y YouTube Premium con 21%; Apple TV+ con 5%. Si tuvieran que elegir solamente una plataforma de *streaming*, 59% escogería Netflix, 10% Prime Video y Max, 5% YouTube Premium y Disney+.[20]

Culturas emergentes del *streaming* en el mundo hispanohablante

Teniendo en cuenta las tensiones entre lo global y lo local, la transnacionalidad de las producciones y los procesos transculturales que fomenta el *streaming*, esta antología aborda las culturas del *streaming* emergentes en el mundo hispanohablante a ambos lados del Atlántico. Estas, como se verá en las contribuciones que tuvieron su inicio en el marco de la conferencia internacional *Culturas del streaming en España e Hispanoamérica* llevada a cabo en la Universität Siegen (Alemania) en junio de 2022, se ubican entre lo popular y lo independiente, entre el *mainstream*, el cine de autor y la denominada "alta cultura".

En su contribución "El *streaming* en los Estados Unidos. Plataformas dominantes, plataformas menores y ecosistemas de diversidad cinematográfica", Ignacio Sánchez Prado examina cómo plataformas menores como MUBI y OVID

---

16 Véase Littleton y Spangler (2022).

17 Este término lo tomamos prestado de Mareike Jenner (2018).

18 Véase Castilla (2024).

19 Véase Castilla (2024).

20 Véase Conde (2024). Valga mencionar que, según Sherlock Communications, se encuestó a poco más de tres mil consumidores en los seis países más grandes de la región: Argentina, Brasil, Chile, Colombia, México y Perú.

desempeñan un papel fundamental en la visibilización del cine latinoamericano en Estados Unidos, ofreciendo espacios curados que desafían el dominio de gigantes como Netflix, Disney+ y Amazon Prime, cuya oferta se centra mayormente en series globales. El autor advierte sobre el riesgo que representa la consolidación de plataformas como Paramount Plus, Peacock, Disney+/Hulu y Max, que tienden a homogeneizar la oferta cultural. En contraste, MUBI y OVID, considera, son esenciales para preservar la diversidad cinematográfica, ya que promueven la circulación tanto del cine independiente como global, con un enfoque particular en la representación de regiones menos atendidas, como es el caso de América Latina.

Dentro de esta diversidad surge un espacio que le ofrece nuevas oportunidades al cine de autor. Maribel Cedeño Rojas analiza en: "Cine independiente y de autor en la era del *streaming*: *Roma* (2018) de Alfonso Cuarón como precursora de *Bardo* (2022) de Alejandro González Iñárritu y *Pinocchio* (2022) de Guillermo del Toro" los cambios en el paradigma de distribución, exhibición y recepción impulsados por el dúo *Roma*/Netflix en una era disruptiva en que las plataformas de *streaming* revolucionan la manera de producir, distribuir y consumir cine y televisión. El ejemplo de los filmes de los otros dos amigos del cine mexicano, González Iñárritu y Del Toro, aunados a los de otros directores/autores de talla internacional como los hermanos Ethan y Joel Cohen, Martin Scorsese y Noah Baumbach, parecen apuntar, según la autora, a la consolidación del modelo iniciado por *Roma* y Netflix. Gracias a su flexibilidad, concluye, las plataformas de *streaming* les abren una puerta a proyectos personales de realizadores considerados como autores que difícilmente habrían tenido cabida en la industria cinematográfica tradicional y los circuitos convencionales de exhibición.

Estas nuevas posibilidades permiten, asimismo, que los artistas independientes, o incluso, *amateurs*, se apoderen de un espacio comunicativo anteriormente menos accesible que permite crear y difundir imágenes contrahegemónicas y reivindicar la memoria cultural de grupos marginalizados. En: "¿Hablar de o desde la marginalidad? La mirada de César González a través de clases sociales y mediales o el triunfo de la belleza sobre el prejuicio", Minerva Peinador presenta cómo César González, cineasta autodidacta, muestra la realidad de las villas miseria argentinas desde una perspectiva crítica y humanizante. Según la autora, González cuestiona la ausencia del Estado en la provisión de derechos básicos y desafía la estigmatización de los villeros, representándolos como agentes sociopolíticos. Sus películas, difundidas a través de medios digitales y plataformas de *streaming* gratuito, reivindican el derecho de la comunidad villera a crear sus propias imágenes, respondiendo a las representaciones estereotipadas que se les han impuesto.

Sin duda, las culturas del *streaming* y su pluralidad de formas se caracterizan por una orientación transnacional o global. Su desarrollo "ha sido una fractura progresiva del vínculo simbiótico entre la televisión y el espacio geopolítico de la nación" (Amaya y Allende 2018, 74). Esto crea un nuevo orden transnacional de comunicación que influye en otras culturas. Los respectivos productos disponen así de un potencial particular para "la construcción de la memoria cultural y en la articulación de dinámicas de traducción y transferencia del recuerdo a escala transnacional" (Amaya y Allende 2018, 73).

En ese sentido, las formas narrativas que se consolidan en los contextos transculturales desempeñan un papel relevante. En: "*Streaming* glocal: Netflix adapta a Harlan Coben (2022)", Jörg Türschmann investiga cómo las adaptaciones de las novelas de Harlan Coben en plataformas de *streaming* comparten un patrón recurrente: protagonistas cuyo pasado los persigue tras un evento inesperado, lo cual establece una conexión entre lo familiar y lo extraño, en línea con el concepto freudiano de *das Unheimliche*. Estas series, con la anagnórisis como recurso central, se vinculan, de este modo, con la tradición de la novela popular del siglo XIX. El formato de *streaming* favorece la complejidad de las tramas, acercándolas al *roman-fleuve* del siglo XX, pero con un enfoque más directo hacia la acción. El autor introduce en el texto el concepto de "metaserialidad", donde las adaptaciones de Coben, ambientadas en distintos países, forman un universo narrativo único, impulsado por su especificidad cultural y su éxito global en plataformas como Netflix.

Una "gramática transnacional" que combina formas narrativas y mediales locales y globales, que se radican en un contexto de producción específico, se hace visible también en el artículo de Christian von Tschilschke. En: "Nuevos espacios para el *thriller* sociopolítico en el Cono Sur: la serie de televisión en *streaming* de Netflix Argentina *El reino* (2021)", el autor examina cómo *El reino* consigue satisfacer tanto a la audiencia global como a la nacional en Argentina, gracias a una producción íntegramente realizada en el país. El éxito de la serie se basa en la combinación de un esquema narrativo de *thriller* universal, un elenco destacado, una temática sociopolítica controvertida y una narración que se aparta de los patrones convencionales. La introducción de elementos distópicos y fantásticos aporta un toque de originalidad, transformando un *thriller* convencional en una propuesta provocadora. Esto posiciona a *El reino*, según el autor, entre las producciones más relevantes en el panorama del *streaming* actual, siguiendo las tendencias de innovación propias de las series de mayor impacto global.

Este impacto global puede fomentar la circulación de conocimientos sobre contextos sociopolíticos, históricos o culturales diversos. No obstante, puede correr también el riesgo de perpetuar y consolidar visiones simplificadas o, incluso, tergiversadas. En su artículo: "'Yo no soy tu papá'. Masculinidades y corrupción en las series mexicanas *Club de Cuervos* (Alazraki 2015–2019) y *Monarca* (Gutiérrez 2019–2021)", Javier Ferrer Calle analiza cómo las dos series en *streaming* reflejan la masculinidad hegemónica y la corrupción en el contexto neoliberal de México. A través de personajes como Chava Iglesias en *Club de Cuervos* y los miembros de la familia Carranza en *Monarca*, se muestra cómo la corrupción se normaliza como una herramienta para alcanzar y mantener el poder, reforzando las estructuras patriarcales. No obstante, a pesar de que estas series censuran estas dinámicas de manera humorística o dramática, el autor sostiene que, al difundirse globalmente mediante plataformas de *streaming*, perpetúan una visión simplificada de la corrupción mexicana. Sin embargo, también ofrecen, por otro lado, un punto de partida interesante para reflexionar críticamente sobre la hegemonía masculina, el paternalismo y su relación con el poder en la esfera pública y privada.

Gracias a su perspectiva femenina, la serie *Las chicas del cable* también propone un punto de partida provechoso. En su contribución: "*Las chicas del cable*. Una serie de Netflix sobre la guerra civil española como fragmento de la cultura de la memoria", Silke Hünecke y Bri Newesely critican, sin embargo, la distorsión histórica presentada por esta producción audiovisual al reducir los conflictos de la Guerra Civil a dramas personales, omitiendo detalles relevantes sobre la vida de las mujeres durante esa época. A pesar de que visibiliza a las mujeres y a personas del colectivo LGBTIQ+, la serie emplea, según las autoras, una estética estilizada que trivializa la brutalidad de la guerra. De este modo, a diferencia de la proyección de películas que han generado profundos debates sobre la memoria histórica, la difusión masiva de este tipo de series podría dificultar la reflexión crítica sobre estas representaciones y subraya, a la vez, la necesidad de un mayor análisis del impacto de las ficciones históricas en la construcción de la memoria colectiva.

Las complejas prácticas que se vinculan a la producción, distribución y recepción en las culturas del *streaming* engloban también formas creativas y participativas que desafían las prácticas de comunicación más tradicionales. En plataformas como YouTube o Twitch, la distribución tradicional se modifica mediante el uso de grabaciones comentadas, *collages* u otras formas "lúdicas" y participativas de presentación de contenidos. Además, estas plataformas diversifican la recepción ampliando la accesibilidad a medios no digitales y efímeros, como el teatro. De ahí pueden resultar también formas híbridas que combinan la representación tradicional con las dinámicas del espacio virtual. Mario de la Torre-Espinosa examina en: "Experiencias escénicas mediadas: el teatro en *streaming* en la escena española" cómo las tecnologías digitales han redefinido el acceso al teatro, especialmente durante la pandemia de COVID-19. Basándose en la teoría de Henry Jenkins sobre la "falacia de la caja negra", De la Torre argumenta que, aunque la experiencia presencial sigue siendo única, el *streaming* de espectáculos ha ganado popularidad en España como alternativa viable. También destaca el uso de la transmedialidad para generar experiencias parateatrales inmersivas, que, aunque no replican por completo la vivencia teatral, permiten que el teatro mantenga su relevancia en la era digital. El *streaming* y la transmedialidad, sostiene, se presentan así como herramientas claves para que el teatro pueda adaptarse y mantenerse vigente dentro del contexto cultural digital actual.

Por su parte, Hans Bouchard explora el mundo del *streaming* como un espacio que traspasa la distribución de contenido tradicional creando nuevas dinámicas de producción audiovisual en plataformas web en su artículo: "*Streaming* y *VoDs* en YouTube y Twitch: interfaces, textos y espacios de identidad". El autor propone una metodología basada en teorías trans- y *cross-media*, donde los *streamers* son considerados núcleos transmediales dentro de un entorno de tres niveles. La propuesta metodológica del autor resalta, de esta manera, las dinámicas de coproducción cultural en comunidades hispanas, generando identidades y memorias colectivas en plataformas de *streaming*.

Otra faceta central, el *streaming* de música y videoclips, cierra el recorrido por las culturas del *streaming* a ambos lados del Atlántico. En su artículo: "'Ven, quiero oír tu voz': La concienciación sobre problemas ecológicos a través de la música en *streaming* en YouTube" Ina Kühne analiza cómo la eco-canción *La Costa del Silencio* (2003), de Mago de Oz, inspirada en el accidente del petrolero Prestige, utiliza la música en *streaming* para crear conciencia ecológica. A través de YouTube, la canción y su videoclip movilizan emocionalmente a los oyentes, provocando empatía y preocupación por el medioambiente, lo cual impulsa cambios en su conducta ecológica. Los comentarios de los usuarios destacan la importancia de la canción y promueven acciones para cuidar el planeta al criticar la gestión política y empresarial de la crisis. Puesto que el tema se relaciona con problemas ecológicos globales, fomenta discusiones a escala internacional que, a su vez, contribuyen a crear una conciencia ecológica global y motivan el cambio de comportamientos individuales y colectivos.

Aprovechamos este espacio para agradecer a las autoras y autores, ya que sin sus contribuciones y valiosas reflexiones este volumen no habría sido posible. Igualmente, expresamos nuestro agradecimiento a Yasmin Temelli, así como a las universidades de Siegen, Innsbruck y Mannheim por su apoyo institucional y financiero.

Referencias

Amaya Trujillo, Janny y Adrien José Charlois Allende. 2018. "Memoria cultural y ficción audiovisual en la era de la televisión en *streaming*. Una exploración en torno a la serie *Narcos* como relato de memoria transnacional." *Comunicación y Sociedad* 31 (enero–abril): 69–99.

Andina. 2022. "Solicitaron a Netflix prevenir conflictos por modificaciones en servicio." *Andina*, 17 de abril, 2022. https://andina.pe/agencia/noticia-solicitaron-a-netflix-prevenir-conflictos-modificaciones-servicio-889299.aspx (último acceso: 25 de marzo, 2025).

Brüggemann, Sebastian. 2013. "Streaming – Moderner Medienkonsum und strafrechtliche Verantwortlichkeit." *JSE* 2: 285–301.

Burroughs, Benjamin Edward. 2015. "Streaming Media: Audience and Industry Shifts in a Networked Society." *University of Iowa*. Tesis doctoral. doi:10.17077/etd.e9qi86xf.

Castilla, Enrique. 2024. "Netflix o Prime Video, ¿Cuál es la plataforma más vista?" *La Razón*, 14 de julio, 2024. https://www.larazon.es/television/series/netflix-prime-video-cual-plataforma-mas-vista_2024071466937865099c890001698749.html (último acceso: 25 de marzo, 2025).

Conde, Tamara. 2024. "Streaming en Latinoamérica. ¿Cómo es el consumo en 2024?" *AMKN*, 29 de mayo, 2024. https://appmarketingnews.io/streaming-en-latinoamerica-consumo-2024/ (último acceso: 25 de marzo, 2025).

Herbig, Daniel. 2022. "Netflix: Kampf gegen Konten-Sharing in Lateinamerika sorgt für Verwirrung." *heise online*, 1 de junio, 2022. https://www.heise.de/news/Netflix-Kampf-gegen-Konten-Sharing-in-Lateinamerika-sorgt-fuer-Verwirrung-7128397.html (último acceso: 25 de marzo, 2025).

IPMARK. 2022. "Disney abre su plataforma a la publicidad. Lanzará Disney+ AVOD en 2022." *IPMARK*, 7 de marzo, 2022. https://ipmark.com/disney-lanzara-disneyplus-avod/ (último acceso: 25 de marzo, 2025).

Jenkins, Henry. 2014. "Rethinking 'Rethinking Convergence/Culture'." *Cultural Studies* 28, nro. 2: 267–297. http://dx.doi.org/10.1080/09502386.2013.801579.

Jenner, Mareike. 2018. *Netflix and the Re-invention of Television*. Londres: Palgrave Macmillan.

Ledgard, Jimena y Andrew Deck. 2022. "Netflix cracks down on password sharing, but early efforts in Peru are a mess." *Rest of World*, 30 de mayo 2022. https://restofworld.org/2022/netflix-crackdown-password-sharing-peru/ (último acceso: 25 de marzo, 2025).

Lobato, Ramón. 2019. *Netflix Nations. The Geography of Digital Distribution*. Nueva York: UP.

Littleton, Cynthia y Todd Spangler. 2022. "How the Market Crash Is Forcing Hollywood Giants to Reassess Digital Strategies." *Variety*, 24 de mayo 2022. https://variety.com/2022/biz/news/market-crash-hollywood-digital-strategy-1235275695/ (último acceso: 25 de marzo, 2025).

MacTechNews. 2022. "Netflix meldet starken Rückgang – und spricht über aktuelle Probleme." *MacTechNews*, 20 de abril, 2022. https://www.mactechnews.de/news/article/Netflix-meldet-starken-Rueckgang-und-spricht-ueber-aktuelle-Probleme-179992.html (último acceso: 25 de marzo, 2025).

Redacción BBC Mundo. 2022. "Netflix: las razones detrás de la primera caída de suscriptores de la plataforma de *streaming* en 10 años." *BBC Mundo*, 20 de abril, 2022. https://www.bbc.com/mundo/noticias-61162182 (último acceso: 25 de marzo, 2025).

Terán Haughey, Miguel. 2022. "Netflix con anuncios para finales de año, la compañía se da prisa." *El economista*, 11 de mayo, 2022. https://www.eleconomista.es/tecnologia/noticias/11760945/05/22/Netflix-con-anuncios-para-finales-de-ano-la-compania-se-da-prisa.html (último acceso: 25 de marzo, 2025).

The Officer. 2022. "La caída de Netflix, ¿qué hay detrás de los números del gigante del *streaming*?" *The Officer*, 21 de abril, 2022. https://theofficer.es/la-caida-de-netflix-que-hay-detras-de-los-numeros-del-gigante-del-streaming/ (último acceso: 25 de marzo, 2025).

El *streaming* en los Estados Unidos. Plataformas dominantes, plataformas menores y ecosistemas de diversidad cinematográfica

Ignacio M. Sánchez Prado

La emergencia del *streaming* como tecnología acarrea en sí misma la promesa de diversificar la disponibilidad de cinematografías y de globalizar las cinematografías del mundo. Sin embargo, el dominio de compañías tecnológicas como Netflix, Amazon y Apple, la consolidación de plataformas atadas a estudios tradicionales (Disney+/Hulu, HBO Max, Paramount+, etc.) y la segmentación territorial de derechos de distribución han impedido que este efecto diversificador se desarrolle en todo su potencial. Ante este escenario, este ensayo plantea una discusión de tres plataformas y sus consecuencias hacia esa diversificación. Se trata de la plataforma global MUBI, de OVID –basada en los Estados Unidos– y resultado de una alianza de distribuidores de cine independiente, así como de FlixLatino, una plataforma dedicada a distribuir cine latinoamericano comercial en Estados Unidos. También se discutirán las tres plataformas con relación a la estética de los filmes que distribuyen.

Palabras clave: plataformas de *streaming*, cine latinoamericano, diversidad mediática, MUBI, OVID, FlixLatino

Introducción

Cuando recibí a inicios del 2022 un correo electrónico de Netflix ajustando la tarifa de suscripción a veinte dólares al mes, estuve muy cerca de cancelarla. Si no lo hice, fue por un sentido de obligación profesional: sus series y filmes dedicados a Latinoamérica no se pueden encontrar en ninguna otra plataforma y forman parte de mi corpus de investigación y de enseñanza. Y sin embargo estuve cerca, particularmente considerando que me siento cada vez menos cómodo pidiendo a mis estudiantes que paguen dicha cantidad, ahora que Netflix promete ser más meticuloso con sus políticas de contraseñas compartidas. No fui el único en considerarlo. De hecho, Netflix reportó una pérdida de doscientos mil suscriptores en el primer cuatrimestre de 2022 y predijo la pérdida de dos millones más en el cuatrimestre subsecuente.[1] La fluctuación de subscriptores continúa siendo compleja y al momento de terminar 2022, Netflix cerró el año añadiendo siete millones de

1 Véase Maas (2022).

suscriptores, gracias a una estrategia internacional en la cual los nuevos suscriptores en tres regiones (Europa, el Medio Oriente y África; Asia-Pacífico y Latinoamérica) superaron el crecimiento de Estados Unidos y Canadá.[2] No cabe duda de que Netflix ha generado un cambio paradigmático en dos sentidos relevantes al argumento del presente ensayo. Por un lado, ha generado espacios de transnacionalización y globalización de los medios audiovisuales en tensión con dinámicas culturales y de política cultural a nivel del Estado nación.[3] Por otro, ha construido un mecanismo de recomendación algorítmica con efectos profundos en la práctica cultural del gusto mediático.[4]

Conforme Netflix ha descentrado sus estrategias de producción y distribución del cine a la distribución serial, ha emergido un espacio para pensar el rol que las plataformas independientes y emergentes comienzan a jugar en el emergente ecosistema mediático. El tema de Netflix es complejo y ha generado ya una bibliografía inabarcable en el espacio de un ensayo. Existe, sin embargo, una necesidad de pensar en plataformas menos dominantes que presentan alternativas enfocadas en el cine y no en la televisión serial, y que comparten el *ethos* de transnacionalización de Netflix, quizá con menor énfasis en la producción estadounidense. Netflix es particularmente notable en su estrategia holística de producción local y diálogo con la economía política local alrededor de mercados mayores como México que, como estudian Rodrigo Gómez y Argelia Muñoz Larroa, es parte de su estrategia de dominación global.[5] Asimismo, como discutiré en un momento, Netflix ha enfatizado su producción propia debido a la emergencia en Estados Unidos de un sistema de plataformas organizado alrededor de las mayores corporaciones mediáticas, lo que ha limitado su capacidad de obtener licencias de distribución de contenido rentable. Por el contrario, las plataformas 'menores' como MUBI, OVID y otras han comenzado a crear nuevos espacios centrados más en la distribución –a pesar de que MUBI se está convirtiendo en la plataforma dominante de su nicho y comienza también a producir su propio contenido–.[6]

El presente ensayo toma al cine latinoamericano como punto de partida para reflexionar sobre el rol de las plataformas menores en la diversificación del ecosistema mediático. Como caso de estudio se utilizan las plataformas que han emergido en el mercado de los Estados Unidos, lo cual muestra la persistencia de estos mercados paralelos de cine conforme la industria local se ha reorientado hacia la televisión serial y la creación de plataformas consolidadas que combinan los archivos de los estudios cinematográficos históricos con un nuevo ecosistema de franquicias y propiedad intelectual múltiple. El inicio lo marca una breve descripción de este ecosistema, para pasar a una discusión de las plataformas que se

---

2 Véase Maas (2023a).
3 Véase Lobato (2019).
4 Véase Frey (2021a).
5 Véase Gómez y Muñoz Larroa (2023).
6 Véase Frey (2021b).

dedican al cine transnacional en Estados Unidos. De manera particular se centrará el interés en aquellas que ofrecen espacios al cine latinoamericano. Mi enfoque serán las siguientes plataformas, todas ellas basadas en la curaduría y no en la recomendación algorítmica: MUBI, OVID.tv y FlixLatino. La lista no es exhaustiva y un estudio más amplio podría dedicarse a otro número de plataformas que, sin tener una lista latinoamericana tan fuerte, son parte de este ecosistema: Criterion Channel, Film Movement Plus, Fandor, Topic, Kino Now, Magnolia Selects y Cohen Media Channel, por ejemplo. A partir del estudio de estas plataformas, en el ensayo se plantea una defensa de un ecosistema de plataformas diverso, abierto al cine global, y en resistencia a la centralización de la televisión serial.

El reino de las plataformas corporativas

A pesar de que Netflix ha buscado establecerse como la plataforma líder con inversiones agresivas en producción, ha comenzado a perder espacio frente a una consolidación del *streaming* que ha generado el espejo actualizado de un persistente ecosistema mediático, en el que predominan corporaciones que han dominado por años tanto los estudios de producción cinematográfica como la cartografía de la televisión por cable.[7] En 2023, tenemos en Estados Unidos plataformas que corresponden a los conglomerados mediáticos. Una plataforma notable es Peacock, propiedad de NBCUniversal, que consolida Universal Studios y NBC bajo el paraguas corporativo de Comcast, una de las dos compañías de televisión por cable e internet dominantes. La plataforma ha tenido un lanzamiento lento y reportó en 2023 una pérdida de tres mil millones de dólares.[8] Sin embargo, ha duplicado su membresía y cuenta con veinte millones de subscriptores, atraídos por una creciente producción de series, la distribución exclusiva de películas de Universal y la audiencia hispanohablante atada a Telemundo, incluida la transmisión de la Copa del Mundo de futbol del 2022 en español. Un modelo similar es Paramount+, la plataforma de Paramount Global (anteriormente ViacomCBS), que tiene una composición de portafolio similar: el estudio Paramount, cadenas relacionadas a CBS y otros canales de cable y, recientemente, la integración del canal premium Showtime.

Otro modelo es la megaconsolidación de compañías que a su vez mantenían plataformas y canales de televisión por cable propios. La más poderosa de estas es el conglomerado de Disney+, Hulu y ESPN+, plataformas propiedad de Disney que permiten suscripciones separadas o conjuntas. Disney consolidó la fuerza de su contenido con la adquisición de 20th Century Fox, la rama de cine y televisión de Fox Corporation, lo cual le dio acceso a contenidos para adultos que han sido

---

7 Para una visión holística de la transición del cable a las plataformas, con estudios individualizados sobre plataformas individuales, véase Johnson (2022).

8 Véase Maas (2023b).

centrales para el desarrollo de Hulu, incluyendo filmes independientes de la marca Fox Searchlight y programas de televisión de prestigio de la cadena FX. Aunque Hulu operaba como una alianza entre distintos estudios, está en camino de volverse propiedad exclusiva de Disney y una integración con Disney+ no es impensable. Otra integración similar es la que opera a partir de mayo de 2023 en Max, la plataforma nacida a partir de la creación de Warner Bros. Discovery, que fue producto de la consolidación de Discovery Networks (y su plataforma Discovery+) y TimeWarner (y su plataforma HBO Max). Warner Bros. Discovery cerró la plataforma de CNN+ y es presumible que ese contenido se integre a Max al menos en parte. Pero es notable que la poderosa marca de HBO, una empresa líder en Estados Unidos y Latinoamérica en la creación de cine y televisión de prestigio ha sido diluida en Max. Estas consolidaciones, aunque no han representado una rentabilidad en sí mismas, son parte de lo que Jake Pitre llama, a propósito de Disney+, "brand futurity": un régimen anticipatorio para continuar la rentabilidad de la propiedad intelectual a través de cambios tecnológicos.[9]

Existe un tercer modelo desarrollado por empresas de tecnología, aunque en un camino distinto a Netflix. Amazon Prime, como parte de una subscripción anual que incluye una plataforma musical, libros e incluso envíos gratis de mercancía, ha desarrollado su propia plataforma de producción y distribución. Amazon adquirió recientemente los estudios Metro-Goldwyn-Mayer, pero no ha incorporado completamente la plataforma Epix a su sistema, sino que la reconvirtió en una plataforma autónoma, llamada ahora MGM+, lo cual indica un interés de explorar la biblioteca histórica del estudio como un negocio separado. Apple TV+, de manera más tímida, produce su propio contenido en cine y televisión y carece por el momento de una biblioteca histórica o de derechos de distribución, pero está integrada a productos como Apple One, que congrega los servicios digitales de Apple. A pesar de esta timidez, con el filme *CODA* (Siân Heder 2021) se convirtió en la primera compañía tecnológica en recibir el Óscar a mejor película, una meta que Netflix no ha logrado materializar.

Finalmente, se ha consolidado a partir de la pandemia de COVID-19 el modelo FAST (Free Ad-Supported streaming Television), que ofrece de manera gratuita centenares de canales de televisión lineal con bibliotecas *on-demand* que en muchos casos superan a las plataformas tradicionales. La plataforma dominante, Tubi, tiene cincuenta mil títulos en su catálogo, ocho veces más que Netflix y sesenta y cuatro millones de usuarios, debido en parte a la capacidad de tener contenido para una enorme cantidad de mercados nicho.[10] Tubi es propiedad de Fox Corporation, la compañía de medios propiedad de Rupert Murdoch que se constituyó tras la venta de 20th Century Fox a Disney. Otras plataformas FAST están relacionadas a compañías y conglomerados mediáticos: las cableras dominantes Charter y Comcast comparten la propiedad de Xumo (fundada por Comcast y

---

9 Véase Pitre (2022).

10 Véase Adalian (2023), Goggin (2018).

recientemente establecida en asociación con Charter), Amazon mantiene Freevee y Paramount es dueña de Pluto TV. Varias compañías de cable y distribución experimentan también con el modelo. Dish TV es propietaria de Sling TV, que es también un sistema de subscripción aparte. Roku y Samsung tienen canales para sus dispositivos. A esto se añaden plataformas independientes como Crackle y Plex. Finalmente, Televisa-Univisión mantiene una plataforma FAST, Vix (antes PrendeTV), que también ofrece la subscripción de paga llamada Vix+, que incluye deportes y programación del conglomerado, así como el contenido de la recién extinta Pantaya, una plataforma de cine y televisión en español.

Es predecible que esta proliferación indica que en 2023 estamos en un momento de experimentación donde resulta imposible pensar que todas estas plataformas serán rentables a largo plazo y probablemente nos estemos dirigiendo a un modelo similar al cable, de multisubscripción o a más consolidaciones futuras. En cualquier caso, aunque el modelo de *streaming* comienza más enfocado en cine, resulta claro que la mayoría de estas plataformas encuentran su sinergia óptima en una combinación entre la continua producción de seriales televisivos y la propiedad exclusiva de catálogos históricos, lo cual a su vez fomenta el modelo de franquicia que ha tomado al mundo mediático en la última década. El modelo de negocios de Disney+ incluye el Universo Cinematográfico de Marvel y la creciente expansión de Star Wars. Max, con tumbos, ha intentado avanzar la franquicia de DC Comics, y su proyecto de lanzamiento es la re-adaptación de Harry Potter. Paramount Plus y Peacock apuestan al gusto de las audiencias por productos históricos. Claramente, ninguna de ellas tiene en el centro de su modelo ni la producción de obras cinematográficas originales ni el avance de la diversidad ecosistémica de contenidos.

Contra el imperialismo mediático. De Netflix a las plataformas alternativas

Este modelo ostensiblemente centrado en compañías estadounidenses tiene su contraparte en un modelo de financiamiento descentralizado y representado por Netflix. Como sabemos bien, el modelo de Netflix se sustenta en una base transnacional de subscriptores y, pese al dominio todavía prevalente de la producción en inglés, avanza de manera simultánea un modelo de producción transnacional que financia y adquiere productos tanto de industrias nacionales en todo el mundo como de alianzas multinacionales. No voy a repetir aquí los argumentos del exhaustivo libro de Ramón Lobato en detalle. Simplemente mencionaré que Lobato pone el dedo en la llaga de varias paradojas de este modelo: la desigual presencia de lenguas en los subtítulos, la variación de catálogos entre países debido a la reproducción del modelo regionalizado de derechos y, en general, la tensión entre el potencial desterritorializador del *streaming* y la territorialización de lo que voy a llamar de aquí en adelante las 'infraestructuras del gusto'.[11] El modelo de Netflix pone en la mesa una serie de problemas que son fundamentales si hemos de pensar críticamente las plataformas. En primer lugar, es un curioso modelo extractivista que mina capital cultural y talento de países del todo el mundo, fomentando sin duda una capacidad económica que las industrias nacionales por sí mismas no tendrían.

Sería impensable una película de la escala de *Roma* (2018) si Alfonso Cuarón la hubiese tenido que producir en México, por no decir que las audiencias de series como *Narcos* exceden por mucho lo que las televisoras nacionales y regionales pueden sustentar. A su vez, queda claro que la centralización corporativa de Netflix en los Estados Unidos y el dominio económico que genera sobredetermina la producción de industrias nacionales. En el caso de México, es inevitable asumir que un filme promedio tiene mayor potencial de audiencia en Netflix, la plataforma predominante en México. En contraste, el duopolio Cinemex-Cinépolis controla la exhibición cinematográfica comercial. Debido a la ausencia de políticas de excepción cultural, en 2019, antes de la pandemia, el cine mexicano recibió solo al diez por ciento de los asistentes en salas (*Anuario* 2020, 9), mientras que en 2021 solo cinco de los ciento diez millones de asistentes vieron cine mexicano (*Anuario* 2022, 9). Por esta razón, sujetarse a los criterios de producción de Netflix es atractivo para los directores y productores mexicanos, ya que garantiza un grado de distribución nacional e internacional impensable en los canales tradicionales. El creciente número de directores mexicanos con proyectos en Netflix cuenta con varios de los grandes nombres de la industria: Alejandro González Iñárritu, Guillermo del Toro, Alfonso Cuarón, Natalia Beristáin, Tatiana Huezo y Alonso Ruizpalacios, entre otros.

El modelo, por supuesto, no es nuevo. Netflix construye aquí una estrategia basada en iteraciones previas de HBO. Y como HBO o los viejos modelos de distribución en VHS y DVD, el potencial de distribución universal de los productos audiovisuales continúa restringido por las fronteras artificiales de la regionalización de derechos. Esto permitió la emergencia en Latinoamérica del modelo de 'televisión de calidad' que se expandió no solo al rango amplio de países de habla hispana, incluida España, sino también a canales de televisión pública y cadenas nacionales y regionales.[12] Sin embargo, no es hasta la llegada de Netflix que el cine se beneficia de estas estrategias de producción, aun cuando Netflix se volvió la piedra angular de un modelo multiplataforma, particularmente en mercados mayores como México.[13]

Existen recuentos optimistas sobre el cine de arte e independiente en este esquema y uno puede reconocer algunas de las premisas de esos recuentos. En *Indie Cinema Online*, Sarah Sinwell discute algunas de las alternativas en los modelos

---

[11] Véase Lobato (2019).

[12] Véase Smith (2016).

[13] Véase Smith (2019).

de exhibición que mostraron su valía durante la pandemia: la posibilidad de distribuir sin un estreno en cines, nuevas formas de convergencia, estrategias de distribución independiente, entre otras cosas.[14] Sin embargo, Sinwell se enfoca principalmente en Netflix, Hulu y YouTube, entre otras plataformas no dedicadas exclusivamente al cine independiente. Por su parte, Niamh Thornton discute de manera comparativa a Netflix, MUBI y Curzon y su representación del cine mexicano y cubano. En esos términos, Thornton distingue una plataforma centrada en el geobloqueo, Netflix, una nacional al Reino Unido, Curzon, y una que contrata películas de manera global, MUBI, aunque es necesario aclarar, como discutiré más a fondo abajo que el geobloqueo no es necesariamente un factor de la plataforma sino de las distribuidoras.[15]

Existe, sin embargo, la necesidad de pensar el problema del imperialismo mediático en el cual la producción favorece los medios estadounidenses o permite a compañías como Netflix gestionar qué industrias nacionales –como Corea del Sur– tienen acceso global. El modelo internacionalista de Netflix evidentemente acarrea ventajas respecto a lo que existía antes. Pero resulta esencial pensar en plataformas que permiten la producción descentralizada y apoyan de manera más amplia la circulación de un número más amplio de cinematografías. Asimismo, es necesario reconocer que el modelo dominante de plataformas favorece la televisión serial contra el cine. La diversidad cinematográfica es una meta esencial, sobre todo debido a la considerable importancia que el cine continúa teniendo fuera de los Estados Unidos en términos no solo culturales, sino políticos y económicos. En lo que resta de este ensayo, propongo una discusión de tres plataformas estadounidenses que importan cine latinoamericano a los Estados Unidos para pensar en alternativas: MUBI, OVID y Flix Latino.

MUBI: la consolidación del modelo curatorial

MUBI es una plataforma SVOD que diseña su contenido a partir de la curaduría y no de los algoritmos. Cuenta, según cifras de 2022, con doce millones de suscriptores en ciento noventa países. Tras su crecimiento en relativamente poco tiempo ha sido ya objeto de varios estudios, incluido un libro;[16] razón por la cual no ofreceré muchos detalles sobre su historia. De acuerdo a una entrevista de 2022 con el fundador Efe Çarakel, MUBI se ha convertido en un modelo de múltiples dimensiones, que incluyen su deseo de convertirse en un estudio con su propia estructura de producción, distribución y editorial, así como la construcción de salas de cine, incluyendo la primera en la Ciudad de México.[17] Basada en Londres y con un

---

[14] Véase Sinwell (2020).

[15] Véase Thornton (2022).

[16] Véase Frey (2021b).

[17] Véase Ravindran (2022).

fuerte enraizamiento en Estados Unidos y América Latina, MUBI comenzó como una suerte de festival de cine permanente en el cual ingresaba un filme al día, por un periodo de treinta días. El modelo emerge como parte de una serie de plataformas que se oponen a la organización algorítmica y que limitan su oferta para evitar el agotamiento causado por el exceso de opciones.[18] Así, MUBI ha sido considerado como el ejemplo paradigmático de las plataformas boutiques, como un espacio que ha permitido, no sin bemoles, el ingreso de la cinefilia a la distribución digital y la extensión de dinámicas que hasta ahora han correspondido a la distribución física.[19]

En Estados Unidos, el éxito de MUBI ha sido acompañado por otras plataformas. La más notable de estas es The Criterion Channel, una rama de *streaming* de la famosa Criterion Collection, cuyo modelo radica en el lanzamiento en edición física de ediciones de lujo de películas clásicas, propiedad de la distribuidora Janus Films. Criterion entró al modelo de *streaming* en 2011 en Hulu Plus[20] para después aliarse con Turner Classic Movies, propiedad de WarnerMedia, para abrir Filmstruck. Esta plataforma cerró en dos años cuando WarnerMedia se retiró unilateralmente tras su adquisición por parte de AT&T (quienes posteriormente la venderían a Discovery Networks), lo cual obligó a Criterion a crear su propio sistema. El cierre de Filmstruck fue leído en su momento como una crisis del modelo centrado en cine,[21] pero en realidad podría decirse que fue víctima del deseo de los grandes corporativos de mantener la propiedad intelectual para los archivos de sus propias plataformas. El contenido de TCM es ahora parte de Max, aunque de manera más periférica del rol que tenía en Filmstruck. La realidad es que The Criterion Channel encabezó un movimiento del cine, sobre todo del cine global clásico a plataformas atadas a distribuidores independientes. Así, Criterion no es productora, sino que su contenido se basa en los derechos de algunos de los filmes que han adquirido con los años (aunque la correspondencia con la colección física dista de ser exhaustiva). Paralelamente, existen plataformas de cine independiente atadas a otros distribuidores. Notablemente, existe AMC+, que tiene un portafolio de plataformas que incluye IFC, Sundance TV y Shudder. Y varias distribuidoras independientes han invertido en plataformas propias, aunque su contenido frecuentemente se distribuye por otros canales también: KinoNow, Cohen Media Channel, Magnolia Selects y Film Movement Plus son ejemplo de esto.

En este espacio de mercado, el cine latinoamericano tiene una presencia sumamente modesta. Criterion tiene unos pocos filmes correspondientes a su biblioteca de ediciones físicas –un ejemplo notable es *La ciénaga* (2000) de Lucrecia Martel– . Asimismo, aparecen en la plataforma lanzamientos exclusivos de manera muy ocasional, como *Clara sola* (2021) de la costarricense Nathalie Álvarez

---

18 Véase Frey (2021b, 4).

19 Véase Hessler (2018), Smits y Nikdel (2019).

20 Véase Sinwell (2020, 40).

21 Véase Major (2022).

Mesén, lanzada en 2023. Y, de repente, películas con cierto éxito son puestas en la plataforma, como *Profundo Carmesí* (1995) de Arturo Ripstein o *La camarista* (2018) de Lilia Avilés. Esto, sin embargo, son excepciones. Así como el cine latinoamericano es más bien raro en The Criterion Collection (solo doce títulos de más de mil publicados, incluidos algunos que son parte de colecciones globales, pero no lanzados individualmente), The Criterion Channel está fuertemente enfocado en el cine estadounidense y europeo clásicos; las películas latinoamericanas no solo son escasas, sino que casi nunca son parte de los programas curados de la plataforma, lo cual las hace aún más invisibles y difíciles de encontrar.

MUBI funciona de una manera que, sin otorgar un lugar preponderante al cine latinoamericano, le permite tener una mayor diversidad de filmes. Es también importante notar que MUBI tiene hoy en día un catálogo considerablemente dividido por territorios. En Gran Bretaña, por ejemplo, algunas de las películas que han estado disponibles en MUBI corresponden a filmes distribuidos por Criterion en Estados Unidos. Varios de los filmes que Thornton (2022) señala como parte de MUBI han sido distribuidos en distintas plataformas en Estados Unidos. De igual manera MUBI enfatiza el mercado latinoamericano en sus redes sociales y su inversión en un cine en la Ciudad de México indica interés en la región, aunque la naturaleza de la plataforma latinoamericana excede mis propósitos. Más bien, resulta interesante notar que ese interés permite no solo la adquisición de derechos de filmes latinoamericanos hacia Estados Unidos, sino también su constante presencia en el catálogo estadounidense. Uno de los primeros filmes en reflejar esta estrategia de distribución es *Rotting in the Sun* (2023) del chileno Sebastián Silva, producido por Hidden Content y The Lift, dos compañías de desarrollo de contenidos mediáticos con sede en Londres y la Ciudad de México.[22] El filme se está distribuyendo globalmente en MUBI, junto con una retrospectiva del cine de Silva.

Entre 2021 y 2023 ha destacado una presencia latinoamericana ligada a películas recientes. MUBI ha tenido la distribución de varias entradas de la Shakespeariada del director argentino Matías Piñeiro, una serie de cuatro largometrajes, un mediometraje y un cortometraje (este codirigido con Lois Patiño) sobre grupos de actores argentinos buscando montar obras de Shakespeare. De estos, tres largometrajes –*Viola* (2012), *La Princesa de Francia* (2014) e *Isabella* (2020)– y el cortometraje con Patiño –*Sycorax* (2021)– aparecen en MUBI, distribuidos por The Cinema Guild. Los otros dos filmes son *Rosalinda* (2011) que no parece tener distribución actual en Estados Unidos y *Hermia y Helena* (2016), distribuida por Kino Lorber en otros canales, incluida su plataforma Kino Now, aunque ha estado en MUBI antes. Más allá del problema de la fragmentación de la serie (que requeriría una reflexión distinta), no queda duda de que un grupo de filmes tan idiosincrático difícilmente podría aspirar al grado de distribución provisto por MUBI. La legibilidad de estos filmes se debe en parte a que existen otros directores como el mexicano Nicolás Pereda y el coreano Hong Sang Soo en la plataforma, cineastas

22 Véase De la Fuente (2023).

que comparten con Piñeiro el modelo de trabajar serialmente en películas de bajo costo con los mismos actores, temas comunes y equipos compartidos de producción.

MUBI no tiene un catálogo considerable de películas latinoamericanas del siglo XX aparte de la aparición ocasional de algunos filmes, notablemente *Las edades de la tierra* (1965) de Glauber Rocha, que estuvo por un tiempo en la plataforma a pesar de no tener ninguna otra distribución comercial en Estados Unidos. Una serie notable fue un conjunto de filmes mexicanos de los años ochenta y noventa, incluyendo directores de importancia como Arturo Ripstein, Francisco Athié y Carlos Carrera. Sin embargo, estos filmes nunca tuvieron lugar en la primera plana del sitio, llamada "Film of the Day", ni fueron parte de una serie orgánica, sino que parecen haber sido adquiridos por un tiempo limitado antes de salir de la plataforma. Esto muestra que MUBI requiere, pese a la curaduría, atención de parte de los usuarios, dado que no todos los filmes que aparecen son visibles y el cine latinoamericano frecuentemente sufre de este problema. La interfaz actual del sitio no permite buscar por país o región, así que es muy probable que las películas de un país en particular nunca sean visibles para un usuario interesado.

Pese a esto, queda claro que MUBI, como parte de su empuje transnacional, se ha convertido en un espacio central de estreno de filmes latinoamericanos notables. En el "Film of the Day" han aparecido en los últimos dos años una variedad de estrenos latinoamericanos de varios países. Destacarían aquí la brasileña *Madalena* (Madiano Marcheti 2021), la ecuatoriana *Alba* (Ana Cristina Barragán 2021) y la dominicana *Liborio* (Nino Martínez Rosa 2021). Lamentablemente, esta función ha sido descontinuada por MUBI en 2023, lo cual les dificulta a los usuarios encontrar películas recién añadidas. Asimismo, MUBI ha dado espacio al cine emergente, gracias a su serie The New Auteurs, en la cual obras latinoamericanas de cineastas jóvenes han tenido una ventana de exhibición de varios meses. Aquí han aparecido la argentina *El perro que no calla* (Ana Katz 2021), las chilenas *Vendrá la muerte y tendrá sus ojos* (José Luis Torres Leiva 2019) y *Nona, si me mojan, yo los quemo* (Camila José Donoso 2019) y la mexicana *Cómprame un revólver* (Julio Hernández Cordón 2019). Conforme MUBI ha creado su propia rama de distribución, existe también la sección MUBI *releases*, en un lugar central de la plataforma, en la cual ya se han lanzado filmes latinoamericanos como la venezolano-mexicana *La caja* (Lorenzo Vigas 2021) y la argentino-suiza *Azor* (Andreas Fontana 2021), así como la mencionada *Rotting in the Sun*, obras que presumiblemente estarán en la biblioteca por más tiempo al ser exclusivas de la plataforma.

La conclusión que se puede sacar de MUBI es que la descentralización del mercado hacia fuera de los Estados Unidos y el compromiso con un cine verdaderamente global permite al cine latinoamericano un lugar no protagónico, pero sí significativo en la plataforma. Evidentemente, pese a la importancia de Latinoamérica para MUBI, la plataforma no ha apoyado de manera proporcional al cine latinoamericano, pero dada la inversión en producción y distribución y la presencia física en la Ciudad de México, queda abierta la pregunta de si MUBI se convertirá en una casa de producción alterna a Netflix y HBO en la región.

OVID: del espacio educativo al comercial

Quizá la plataforma que ofrece la selección más amplia de cine latinoamericano al público angloparlante en Estados Unidos es una de las más pequeñas. OVID es una plataforma comercial lanzada como rama comercial de Docuseek. Docuseek es una alianza de distribuidores cinematográficos que proporcionan electrónicamente filmes de interés social y ambiental y películas independientes y transnacionales a escuelas y universidades del país. En OVID participa una alianza más pequeña, dado que algunos distribuidores en Docuseek, como Film Movement, tienen su propia distribución. Sin embargo, el contenido de la plataforma lo proporcionan algunos actores notables del mercado, como Icarus Films, un distribuidor esencial de cine documental, First Run Features, cuya importancia le ha valido una retrospectiva del MOMA en Nueva York, así como Kimstim y Grasshopper Film, casas de reciente creación de cine altamente curado. También existen distribuidores nicho, como Distrib, dedicado al cine francés e italiano, dGenerate films, dedicado a China, Bullfrog, dedicado al cine ambiental y Women Make Movies, dedicado al cine de directoras. Asimismo, OVID tiene alianzas con decenas de otros distribuidores que le proporcionan filmes, incluidos dos que mantienen catálogos de cine latinoamericano, Pragda (que también distribuye a universidades) y Cinema Tropical (una asociación sin fines de lucro dedicada a la promoción del cine de la región).

OVID tiene una característica peculiar y útil para los investigadores del tema: mantiene un blog llamado Metafilm (metafilm.ovid.tv) donde, además de comentar sus lanzamientos (como también hacen MUBI y The Criterion Channel), publica sus datos y prácticas. En el último informe del 16 de marzo de 2023, OVID reporta alrededor de 2500 usuarios pagos, un número bastante modesto, pero que ha crecido en más de 1200 subscriptores desde inicios del 2021. Según datos del 10 de marzo de 2023, OVID tenía 1810 filmes en el catálogo en Estados Unidos (la cantidad es algo menor en su segundo mercado, Canadá). Lamentablemente, la lista de datos no se puede ordenar por país y resulta difícil contar el porcentaje de títulos latinoamericanos. Sin embargo, cabe señalar que los datos de OVID no terminan ahí. Un investigador interesado puede consultar el uso muy detalladamente: OVID reporta cada mes cuántos minutos se vieron de cuáles filmes en qué tipo de dispositivo.

La curaduría del cine latinoamericano es mucho más clara en OVID. Buscar por país es posible en la búsqueda general. La plataforma también tiene una sección de países donde a varias naciones latinoamericanas se les dedican espacios, aunque estos no parecen contener de manera exhaustiva todos los filmes disponibles de cada país. México, Cuba, Argentina, Brasil, Colombia y Chile tienen páginas propias, algo que no ofrece ninguna otra plataforma estadounidense. Es también posible visitar las páginas por estudio y encontrar, por ejemplo, los filmes provistos por Pragda y Cinema Tropical. En la sección de directores, visible de manera prominente en la página, se incluyen varios latinoamericanos: Pablo Larraín, Dominga Sotomayor, Natalia Almada, Eugenio Polgovsky, Raúl Ruiz, Tatiana Huezo y Patricio Guzmán tienen páginas propias en las que se compilan varios de sus filmes. Esta presencia está en varias de sus secciones. En Outré OVID, donde se presentan filmes que rompen barreras en lo referido al horror, la violencia y la sexualidad, aparece *Nuestro tiempo* (2018) de Carlos Reygadas, mientras que la sección On Cinema, dedicada a películas sobre el cine, aparece *Como el cielo después de llover* (2021) de Mercedes Gaviria Jaramillo. De este modo, queda claro que, aunque el cine latinoamericano no es el eje central del catálogo de la plataforma ni su énfasis, la producción de la región se visibiliza en ella.

Otra característica interesante de la selección latinoamericana es el espacio dado a países aparte de los dominantes: México, Argentina y Brasil. La página de Chile tiene cuarenta y cuatro filmes. En comparación FlixLatino, una plataforma dedicada al cine latinoamericano e ibérico para el mercado hispanohablante, tiene solo quince, Netflix tiene siete (parte de tres shows de comedia *stand-up* y cuatro seriales) y The Criterion Channel una (en MUBI es imposible determinarlo en su búsqueda). Evidentemente, OVID es la única plataforma de calidad para el cine chileno. Entre las películas disponibles se encuentran los documentales de Patricio Guzmán, provistos por Icarus y un robusto conjunto de documentales sobre la dictadura, quizá porque existe un mercado universitario que ha vuelto atractivo el tema para las distribuidoras participantes. Asimismo, es posible encontrar varias películas canónicas del cine chileno contemporáneo, como *Demasiado joven para morir* (Dominga Sotomayor 2019), *La nana* (Sebastián Silva 2019), *El club* (Pablo Larraín 2015) y *Ella es Cristina* (Gonzalo Maza 2019).

Colombia provee un ejemplo paralelo. La selección es mucho más modesta, de siete, inferior pero completamente distinta a las dieciséis de FlixLatino. Netflix tiene una cantidad considerable de series colombianas que hace difícil encontrar el número de películas, pero la mayoría de ellas pertenecen al registro comercial. La selección de OVID está claramente curada. La más notable es *El abrazo de la serpiente* (Ciro Guerra 2015), que encontró un hogar en OVID tras circular en diversas plataformas. Son parte de la colección también los documentales *Lapü* (Juan Pablo Polanco y César Alejandro Jaimes 2019) *Suspensión* (Simón Uribe Martínez 2020) y *Gabo. The Creation of Gabriel García Márquez* (Justin Webster 2015). Pero quizá lo más notable de la selección colombiana son los filmes de Invasión Cine, una productora de vanguardia que está redefiniendo al cine colombiano. Dos cine-ensayos de gran importancia, *Pirotecnia* (Federico Atehortúa Arteaga 2019) y *Como el cielo después de llover* (Mercedes Gaviria 2020).

Pese a su modesto tamaño, OVID provee un ejemplo de curaduría desde el cual se puede imaginar el *streaming* de una manera utópica: de manera descentrada y curada, sin imperialismos culturales, en colaboración entre distribuidoras y con transparencia respecto a los datos utilizados y recabados.

Conclusión

Este recorrido permite ver la manera en que las plataformas menores han contribuido, en un espacio de gran competencia, a la visibilización del cine latinoamericano en Estados Unidos, a pesar del dominio de las plataformas corporativas. Aunque el espacio de este texto no lo permite, existen muchas reflexiones posibles: el lugar de las plataformas en castellano para el público hispanohablante, desde la dominante Vix hasta la alternativa FlixLatino, la naturaleza de plataformas dedicadas a distribuir los productos de un estudio e incluso la emergencia y crisis constante de dichas plataformas. El cine latinoamericano provee un punto de partida para una metodología cuya pregunta central sea la diversidad de los ecosistemas de distribución digital en los países del norte global.

Entre las plataformas dominantes, no se puede descontar que Netflix ha tenido y continúa teniendo un grado positivo de influencia en la distribución de cine latinoamericano, particularmente en el caso de México. De manera similar se podría subrayar un creciente rol de Amazon Prime Video en el mercado, así como el continuo apoyo de Shudder al cine de terror. Cabe mencionar, como ejemplo, que de las cinco películas nominadas al Premio Ariel a Mejor Película (el equivalente mexicano del Óscar), una fue distribuida por Netflix (*Bardo* de Alejandro González Iñárritu 2022), dos por Amazon Prime (*El norte sobre el vacío* de Alejandra Márquez Abella 2022 y *La caída* de Lucía Puenzo 2022), y una más por Shudder (*Huesera* de Michelle Garza Cervera 2023). Solo *La civil* de Teodora Mihai (2021) no siguió este modelo, dejando en claro el impacto que el *streaming* tiene hoy en día en la distribución de una cinematografía mexicana que sigue sin encontrar espacios en la corrida comercial. Pese a eso, existen cineastas que aún aspiran a las salas de cine, aun cuando vean con ojos positivos al *streaming*. Un ejemplo de esto fue Luis Estrada, quien compró a Netflix los derechos de exhibición en salas de su propia película, *¡Qué viva México!* (2023). Para garantizar una corrida comercial antes de su llegada a la plataforma, revendió estos derechos a Sony Pictures y consiguió distribución en las salas de cine en México.[23]

La diversidad cinematográfica y el rol del cine latinoamericano en las plataformas corporativas no puede darse por sentado. Las tendencias de consolidación indican que el cuarteto representado por Paramount Plus, Peacock, Disney+/Hulu y Max reproduce las estructuras mediáticas existes en la era de la televisión por cable, añadiendo a Netflix, Amazon Prime/MGM+ y Apple TV+ como nuevos jugadores. Todas estas se encuentran cada vez más orientadas a la televisión serial y, salvo Netflix y Amazon, ninguna de estas plataformas produce de manera

[23] Véase Soriano (2023).

sustancial cine latinoamericano. Dado que muchas de estas plataformas no son rentables, puede predecirse que algunas cerrarán y que algunas de las plataformas medianas como AMC+ terminarán consolidadas.

Por este motivo, me parece que la atención a plataformas como MUBI y OVID será indispensable para mantener abiertos espacios en los Estados Unidos, sobre todo los pocos que existen fuera del mercado hispanohablante (representado por Vix y Flix Latino), un mercado importante pero relativamente menor. MUBI, OVID, Film Movement Plus, Kino Now y otras plataformas similares son el espacio de defensa y preservación de la diversidad en el ecosistema cinematográfico hacia el cual podemos aspirar.

Referencias

Adalian, Josef. 2023. "It's Tubi Time. How the Weird, Free Streamer won the Internet's Heart." *Vulture*, 26 de abril, 2023. https://www.vulture.com/2023/04/tubi-movies-tv-streaming.html (último acceso: 30 de abril, 2023).

Anuario estadístico del cine mexicano 2019. 2020. México: Instituto Nacional de Cinematografía. https://anuariocinemx.imcine.gob.mx/Inicio/EdicionesAnteriores (último acceso: 25 de marzo, 2025).

Anuario estadístico del cine mexicano 2021. 2022. México: Instituto Nacional de Cinematografía. https://anuariocinemx.imcine.gob.mx/Inicio/EdicionesAnteriores (último acceso: 25 de marzo, 2025).

De la Fuente, Anna Marie. 2023. "The Lift and Hiddent Content, Producers of Sundance-Bound 'Rotting in the Sun' Forge Development Deal." *Variety*, 19 de enero, 2023. https://variety.com/2023/film/global/the-lift-hidden-content-1235493968/ (último acceso: 19 de enero, 2023).

Frey, Mattias. 2021a. *Netflix Recommends. Algorithms, Film Choice and the History of Taste*. Berkeley: University of California Press.

—. 2021b. *MUBI and the Curation Model of Video on Demand.* Nueva York: Palgrave Macmillan.

Gómez, Rodrigo y Argelia Muñoz Larroa. 2023. "Netflix in Mexico. An Example of The Tech Giant's Transnational Business Strategies." *Television and New Media* 24, nro. 1: 88–105.

Goggin, Gerard. 2018. "Tubi TV. Free, Mobile, Moving Images. TV Everywhere." En *Appified. Culture in the Age of App*, editado por Jeremy Wade Morris y Sarah Murray, 237–45. Ann Arbor: University of Michigan Press.

Hessler, Jennifer. 2018. "Quality You Can't Touch. Mubi social, Platform Politics and the Online Distribution of Art Cinema." *The Velvet Light Trap* 82 (otoño): 3–17.

Johnson, Derek, ed. 2022. *From Networks to Netflix. A Guide to Changing Channels*. Nueva York: Routledge.

Lobato, Ramón. 2019. *Netflix Nations. The Geography of Digital Distribution.* Nueva York: UP.

Maas, Jennifer. 2023a. "Netflix Adds More than 7 Million Subscribers in Q4, Smashing Previous Targets." *Variety*, 19 de enero, 2023.

https://variety.com/2023/tv/news/netflix-subscribers-earnings-q4-2022-1235493532/ (último acceso: 15 de abril, 2023).

—. 2023b. "NBCUniversal Projects Peak Losses on Peacock to Hit 3 Billion This Year." *Variety*, 26 de enero, 2023. https://variety.com/2023/streaming/news/peacock-losses-3-billion-peak-2023-1235503100/ (último acceso: 25 de marzo, 2025).

—. 2022. "Netflix Loses 200,000 subscribers in Q1, Predicts Loss of 2 Million More in Q2." *Variety,* 19 de abril, 2022. https://variety.com/2022/tv/news/netflix-loses-subscribers-q1-earnings-1235234858/ (último acceso: 25 de marzo, 2025).

Major, Anne. 2022. "Not Streaming Near You. FilmStruck and the Demise of the Cinema-Specific Model." *Popular Communication* 20, nro.1 (mayo): 60–76.

Pitre, Jack. 2022. "The Magical Work of Brand Futurity. The Mythmaking of Disney+." *Television & New Media,* 27 de octubre, 2022. https://doi.org/10.1177/15274764221128923.

Ravindran, Manori. 2022. "MUBI Founder on Evolving into a Studio, Building Global Cinemas and Outbidding Competitors." *Variety*, 12 de septiembre, 2022. https://variety.com/2022/film/global/mubi-strategy-efe-cakarel-toronto-decision-to-leave-1235369417/ (último acceso: 14 de diciembre, 2023)

Sinwell, Sarah. 2020. *Indie Cinema Online.* Nuevo Brunswick: Camden UP.

Smith, Paul Julian. 2016. *Dramatized Societies. Quality Television in Spain and Mexico.* Liverpool: Liverpool UP.

—. 2019. *Multiplatform Media in Mexico. Growth and Change Since 2010.* Nueva York: Palgrave Macmillan.

Smits, Roderik y E.W. Nikdel. 2019. "Beyond Netflix and Amazon. MUBI and the Curation of On-Demand Film". *Studies in European Cinema*, 16 nro. 1 (diciembre): 22–37.

Soriano, Rodrigo. 2023. "Luis Estrada llega a un acuerdo con Sony Pictures para distribuir su última película, *¡Qué Viva México!*." *El País*, 2 de febrero, 2023. https://elpais.com/mexico/2023-02-02/luis-estrada-llega-a-un-acuerdo-con-sony-pictures-para-distribuir-su-ultima-pelicula-que-viva-mexico.html#?prm=copy_link (último acceso: 14 de diciembre, 2023).

Thornton, Niamh. 2022. "Bridges, Streams and Dams. The Multiple Negotiated Strategies of Distribution and Access in Latin American Cinema." En *World Cinema on Demand. Global Film Cultures in the Era of Online Distribution*, editado por Stefano Baschiera y Alexander Fischer. Londres: Bloomsbury, 47–66.

Cine independiente y de autor en la era del *streaming*: *Roma* (2018) de Alfonso Cuarón como precursora de *Bardo* (2022) de Alejandro Gónzalez Iñárritu y *Pinocchio* (2022) de Guillermo del Toro

Maribel Cedeño Rojas

Diecisiete años después del lanzamiento de la plataforma de *streaming* Netflix –cuyo surgimiento y expansión fueron posibles gracias al continuo desarrollo tecnológico– y tras la pandemia de COVID-19, resulta innegable que las condiciones de producción, distribución y consumo de cine y televisión han cambiado prácticamente por completo. En el presente estudio mostramos cómo la cooperación entre Netflix y el director mexicano Alfonso Cuarón para distribuir su película *Roma* (2018) contribuyó decisivamente a impulsar cambios en los paradigmas de distribución y exhibición del cine independiente y de autor. Para responder a la pregunta de si estos cambios siguen repercutiendo en el sector, analizamos proyectos más recientes de otros dos realizadores mexicanos considerados como autores. Se trata de *Bardo* (2022) de Alejandro González Iñárritu y *Pinocchio* (2022) de Guillermo del Toro. Observamos que las plataformas de *streaming* se han convertido, en efecto, en una alternativa para proyectos personales de cineastas considerados como autores que difícilmente habrían tenido cabida en la industria cinematográfica tradicional y los circuitos convencionales de exhibición.

Palabras clave: cine independiente, cine de autor, Netflix, los tres amigos del cine mexicano, distribución, circuitos alternativos de producción y exhibición

Alfonso Cuarón (Ciudad de México, 1961) es uno de los directores mexicanos y de talla internacional más reconocidos por la crítica y el público. Forma parte del trío de realizadores conocido como los tres amigos del cine mexicano conformado por los también laureados Alejandro González Iñárritu (Ciudad de México, 1963) y Guillermo del Toro (Guadalajara, Jalisco, 1964).

La obra cinematográfica de Cuarón abarca una gran diversidad de géneros y temas. Comienza con la comedia de enredos *Sólo con tu pareja* (1991) y continúa con la *road movie* de dos adolescentes que exploran su país en automóvil para encontrarse a sí mismos en *Y tu mamá también* (2001). Sigue con la ciencia ficción distópica de *Children of Men* (2006) y un *thriller* espacial en *Gravity* (2013) hasta llegar a la historia de una empleada doméstica de origen indígena llamada Cleo, interpretada por Yalitza Aparicio. La joven Cleo trabaja en la casa de una familia de clase media a comienzos de los años setenta en la colonia homónima al título del filme *Roma* (2018).

Este largometraje en blanco y negro, en español y mixteco,[1] que narra una historia sumamente íntima y local, es decir, un episodio de la infancia del cineasta en una ciudad y en un país con un contexto sociocultural muy específico, se convirtió en un fenómeno global cuyo éxito traspasó las fronteras mexicanas y latinoamericanas. En la 75 edición del Festival Internacional de Cine de Venecia del año 2018 ganó, por ejemplo, el León de Oro a la mejor película. Asimismo, en la 91 edición de los Premios de la Academia de Artes y Ciencias Cinematográficas del año 2019 se alzó con tres estatuillas en las categorías: mejor película extranjera, mejor dirección y mejor fotografía. Además, fue galardonada en los Premios Ariel, Goya, BAFTA y Globos de Oro.

Al ser una de las primeras películas distribuidas por Netflix, quedó, no obstante, fuera de la edición 71 del Festival Internacional de Cine de Cannes. Esto se debió a que la distribuidora, Netflix, no se ajustó a las pautas de la ley francesa de exhibición del momento. *Roma* hubiese podido mostrarse fuera de competencia, pero Ted Sarandos, director de contenidos de la plataforma de *streaming* en esa época, no accedió.[2]

En este contexto de transformaciones rápidas en el sector audiovisual, partiremos de consideraciones sobre el cine independiente y de autor, así como de la "cultura de la convergencia" (término acuñado por Henry Jenkins en 2006) para, posteriormente, analizar los cambios en los paradigmas de distribución, exhibición y recepción impulsados por *Roma* y Netflix en una era disruptiva en que las plataformas de *streaming* revolucionan la manera de producir, distribuir y consumir cine y televisión. De igual modo, estudiaremos paralelismos en los mecanismos de producción, distribución y exhibición del filme de Cuarón con dos producciones más recientes: *Bardo, falsa crónica de unas cuantas verdades* de Alejandro González Iñárritu y *Guillermo del Toro's Pinocchio* de Guillermo del Toro, ambas estrenadas en 2022, con la finalidad de observar si *Roma* ha originado un modelo alternativo.

Cine independiente y cine de autor

En la introducción de *American Independent Cinema* (2001), Jim Hillier señala que el cine independiente es aquel que se diferencia del cine *mainstream*, ya sea

---

1 El mixteco es una lengua indígena de México que se encuentra en contacto con el español. Para más información sobre esta lengua, su distribución geográfica, la historia de su contacto con el español, su descripción sociolingüística actual y las consecuencias lingüísticas del contacto mixteco-español, se recomienda el artículo de Pfadenhauer (2021), en especial, entre las páginas 270 y 276.

2 Véase *El Economista* (2018).

desde la perspectiva económica, estética o de estilo.[3] En este sentido, vale recordar la afirmación de Santiago Pozo, productor y distribuidor español, dueño de Arenas Entertainment, un estudio especializado en mercadeo y relaciones públicas de películas en el mercado hispano: "*Roma* no es *The Avengers*" (Ximénez de Sandoval 2019). De este modo, Pozo traza una frontera entre la película de Cuarón y el *blockbuster* de superhéroes del año 2012 que se basa en un cómic de Marvel y, como indica Vincent (2005), fue financiado con un crédito de unos 125 millones de dólares por el banco de inversión Merril Lynch; recaudó más de mil quinientos millones de dólares a nivel mundial. En comparación, el presupuesto de *Roma* fue de 15 millones de dólares, tal como señala Murphy (2019) en el diario *The New York Times*, y obtuvo una recaudación, según cifras de Google, de 5,1 millones de dólares.[4]

Desde su perspectiva como codirector del Festival de Cine de Sundance, Geoffrey Gilmore incluye entre los factores que contribuyen a la independencia de una película el bajo presupuesto y que el control creativo esté en manos del realizador. Asimismo, añade que estas películas no suelen responder a fórmulas y tratan, a su vez, temas como las diferencias de clase social; se concentran en protagonistas pertenecientes a grupos minoritarios o marginalizados y se caracterizan por una estética transgresora.[5]

Por su parte, Emanuel Levy cita en la introducción de *Cinema of Outsiders: The Rise of American Independent Film* al reconocido crítico de cine estadounidense Roger Ebert, que se destacaba, entre otros, por sus comentarios semanales en el *Chicago Sun-Times*. Según Ebert, una película independiente se hace fuera del sistema tradicional de los estudios de Hollywood, frecuentemente con un financiamiento no convencional y expresa la visión personal del director en vez de concentrarse en lo que supuestamente traerá el éxito en taquilla.[6]

Roma es una película semiautobiográfica en blanco y negro (rodada en 65 milímetros, en 4K y formato digital, complementada con una mezcla de sonido Atmos) sobre la vida de Alfonso Cuarón a comienzos de los años setenta en el vecindario homónimo de Ciudad de México. El realizador escribió el guion, rodó las

---

3 Véase Hillier (2001, ix).

4 Varios medios indican que Netflix no publicó cifras de recaudación de la película, lo cual dio pie a numerosas especulaciones, críticas y a titulares como: "Netflix oculta el posible récord histórico de recaudación de 'Roma' ante el enfado del sector" (Martínez 2018), "This movie has 10 Oscar nominations. Its official box-office haul so far: $0" (CNN, 18 de febrero de 2019), "How Much Would 'Roma' Have Grossed With a Traditional Release? We Have An Answer" (Brueggemann 2019).

5 Véase Gilmore (2001, 17–20). Vale mencionar que Gilmore fue director del Festival de Cine de Sundance, vinculado a la imagen del actor Robert Redford, durante casi dos décadas. En la actualidad, dirige el Festival de Cine de Tribeca, creado en 2002 por la productora cinematográfica Jane Rosenthal y el actor Robert De Niro en respuesta al atentado terrorista del 11 de septiembre de 2001 en Nueva York.

6 Véase Ebert en Levy (1999, 3).

escenas de la película en orden cronológico, lo cual es inusual en el mundo del cine, y también asumió la dirección de fotografía pese a que inicialmente estaba previsto que lo hiciera su habitual director de fotografía Emmanuel "El Chivo" Lubezki (ganador de tres premios Óscar consecutivos, por *Gravity* en 2014, *Birdman* en 2015 y *The Revenant* en 2016).[7] Tal como señala Alfonso Cuarón:

> En realidad "El Chivo" iba a hacer la película. Es una película que escribí, concebí pensando en "El Chivo", también la diseñé pensando en "El Chivo". "El Chivo" comenzó a hacer la preparación, pero la película se siguió expandiendo en cuestión de tiempos y ya nuestros tiempos no coincidieron. El mismo "Chivo" fue el que me convenció de que yo la hiciera. Y creo que fue la mejor decisión, porque de la misma manera en que el hacer el guión fue un proceso sin filtros directos de mi memoria al papel, hubo un proceso también directo sin filtros del papel a la imagen al ser yo el director de fotografía (Scholz 2019).

En su monografía sobre Miramax y la transformación de Hollywood en la década de los noventa del siglo XX titulada *Indie, Inc.* del año 2012, Alisa Perren sostiene que el cine independiente puede definirse según su fuente de financiamiento, las afiliaciones industriales de su distribuidor, los lugares donde se exhibe, el estatus de su talento con relación a Hollywood y el "espíritu" de la película, lo cual suele interpretarse como la estética y los lazos genéricos a las tradiciones mediales comerciales o alternativas.[8]

En cuanto al "espíritu" de la película, varios elementos vinculan a *Roma* claramente con el neorrealismo italiano, empezando por el título que si bien se refiere a la colonia donde creció Cuarón, remite a la que se considera la primera película de este movimiento: *Roma, città aperta* (1945) de Roberto Rossellini. Además, en el neorrealismo era común recurrir a actores no profesionales. La actriz que interpreta el personaje de Cleo, Yalitza Aparicio, no era actriz antes de hacer la película. Cuarón la escogió porque se asemejaba al personaje que él había concebido, es decir, a su nana en la vida real, Liboria o Libo, que ya se había interpretado a sí misma como nana de Tenoch (Diego Luna) en *Y tu mamá también*.[9] Asimismo, según Cuarón: "A mí me interesaba que los personajes fueran lo que son. A mí me interesaba trabajar con una mujer indígena y que ella aportara cosas que yo desconozco" (Cuarón en Clariond Rangel y Nuncio 2020, 10:50–11:09). Igualmente, el

---

7 Lubetzki trabajó al igual que Cuarón y Del Toro en la serie *La hora marcada*. Véase en este sentido la entrevista a Cuarón en *Making "Sólo con tu pareja"* (2006, 03:46–04:12). Esta información la corroboran artículos de prensa como el publicado en *El Financiero* 2022.

8 Véase Perren (2012, 8).

9 El testimonio de Cuarón en el documental *Camino a Roma* (08:20–11:10), dirigido por Andrés Clariond Rangel y Gabriel Nuncio, publicado por The Criterion Collection y Netflix en 2020, así como la entrevista con Jason Wood (2021, 208–209), ofrecen detalles al respecto.

personal médico que atiende a Cleo durante el parto lo es en la vida real y el hospital donde la atienden solía ser un centro médico que se reconstruyó para la película.[10]

La improvisación es otro elemento del neorrealismo que caracteriza a *Roma*: el único que tenía el guion completo era Cuarón y en el set de rodaje el director les daba instrucciones contradictorias a las actrices y actores, o en ocasiones les mentía para obtener reacciones auténticas y genuinas.[11] También el énfasis en la expresión facial y las emociones de las actrices y actores son elementos que comparte esta película con el neorrealismo italiano.[12]

El control creativo que ejerce Cuarón sobre *Roma* al crear la historia, escribir el guion y llevarlo por sí mismo a la pantalla tomado las decisiones estéticas y logísticas que él considera más adecuadas para la obra, imprimiéndole su estilo propio, sin pensar necesariamente en el éxito de taquilla, lo consolidan como autor en un sentido truffautiano.[13]

La película también presenta una crítica social contra el racismo y la desigualdad en México y el resto del mundo donde el origen étnico incide fuertemente en las oportunidades reales de las personas. El personaje de Cleo vive en casa de sus empleadores y carece prácticamente de esfera privada. Comparte una habitación pequeña con Adela (Nancy García), otra empleada doméstica que es su amiga. Su vida sigue el ritmo de la familia y sus designios. Tienen que apagar la luz temprano, por ejemplo, para evitar tener problemas con la abuela Teresa (Verónica García) que las controla.

Cleo queda embarazada tras tener relaciones sexuales con Fermín (Jorge Antonio Guerrero), un joven también de origen indígena, que reacciona violentamente y la rechaza al saber que está “con encargo”. Da la impresión de que es una mujer pobre por ser indígena y que, por más que quiera, no puede tomar las riendas de su vida. Son las circunstancias y su entorno quienes la controlan a ella.

En *Making “Sólo con tu pareja”*, Cuarón indica que *Ladri di biciclette* (1948) de Vittorio de Sica le gustó desde muy joven porque era diferente a las películas que solía ver, pero sobre todo porque la realidad que mostraba, así como en la

---

10 La información sobre el personal médico y las locaciones la proporciona Cuarón en el documental *Camino a Roma* (56:40–59:09).

11 La información sobre las actuaciones y el rodaje la ofrece Cuarón en el documental *Camino a Roma* (15:15–18:07).

12 Se recomienda la lectura de los capítulos XX a XXVII de *¿Qué es el cine?* de André Bazin (2021/1958) para ahondar en las características del neorrealismo italiano, sus películas y directores más representativos.

13 Nos basamos aquí específicamente en las consideraciones de François Truffaut sobre Alfred Hitchcock como autor: “El hecho de que domine todos los elementos de un film e imponga en todos los estadios de la realización ideas que le son personales, hace que Alfred Hitchcock posea realmente un estilo y todo el mundo admitirá que es uno de los tres o cuatro directores actualmente en ejercicio que se pueden identificar contemplando durante algunos minutos cualquiera de sus films” (Truffaut 2016/1966, 26).

Roma de Rossellini, se asemejaba mucho a la mexicana de los setenta. Le gustó que permitía sentir la humanidad y empatía sin barreras de clase o etnia.[14]

El gentío y el ruido constante no solamente en las calles, sino también en interiores,[15] de la ciudad en que se desenvuelve Cleo nos recuerdan a las masas omnipresentes y el bullicio que rodean a Antonio Ricci, interpretado por Lamberto Maggiorani, en su búsqueda desesperada de la bicicleta que le robaron en la ciudad de Roma en su primer día de trabajo. Si no la encuentra, perderá su empleo en una sociedad de posguerra en que el desempleo y las calamidades están a la orden del día. La agitación de la ciudad de Roma y de Ciudad de México se oponen en ambos casos a la vulnerabilidad y soledad de los personajes. Cuarón recuerda que la película de De Sica lo conmovió y afectó mucho.[16] Por tanto, no sorprende que *Roma* surta el mismo efecto a la inversa: de México al resto del mundo.

En torno a la nacionalidad de la película, su director de arte, el mexicano Eugenio Caballero, indica: "Roma es un largometraje mexicano porque parte del financiamiento viene de aquí, 95% de la gente que trabajó en el filme es mexicana y es una temática totalmente local" (Vértiz de la Fuente 2019).

Una de las productoras de la película, la venezolana Gabriela Rodríguez, le explica al diario *El País* de Colombia que el rodaje tuvo lugar casi en su totalidad en Ciudad de México y duró 20 semanas.[17]

El término 'independiente' se ha definido frecuentemente mediante su carácter económico, se relaciona con el financiamiento; esto implica que se aplica a películas producidas fuera de Hollywood y fuera del sistema de estudios *mainstream*.[18] Las compañías productoras de *Roma* son Participant Media, "una productora estadounidense conocida en el sector audiovisual por asumir riesgos y obtener éxitos con películas de un alto componente social" (Cruz en Ximénez de Sandoval 2019),[19] Esperanto Filmoj, de Cuarón, con sede en Sherman Oaks, Estados Unidos, y Pimienta Films, ubicada en México, de Nicolás Celis.[20]

En la edición actualizada y ampliada de *The Faber Book of Mexican Cinema* publicada en 2021, Cuarón afirma:

---

14 Cuarón habla sobre su gusto por el neorrealismo italiano en *Making "Sólo con tu pareja"* (2006, 01:24–01:59).

15 "Sin embargo, incluso cuando la cámara está dentro del hogar, los sonidos de la ciudad la siguen. Durante algunas de las escenas más silenciosas, el rugido distante del tráfico y los cláxones, los ladridos de los perros y el coro de los vendedores callejeros logran entrar al lugar, como para recordarnos que esta enorme ciudad, un monstruo creciente, acecha al otro lado de la puerta: quizá insistiendo en que se trata de un personaje que, por mérito propio, exige respeto" (Semple 2019).

16 Véase Cuarón en *Making "Sólo con tu pareja"* (2006, 01:24–02:25).

17 Véase Zapara (2018).

18 Véase Sinwell (2020, 12).

19 Miguel Cruz es un director de cine español afincado en Los Ángeles.

20 Véase Vértiz de la Fuente (2019).

> I had a great partner in David Linde and Participant Films. I love working with David. We worked on *Y tu mamá también* and David was head of Universal when I did *Children of Men*. He paid for the development of *Gravity* and then was fired from Universal and it moved to Warners, but he was involved in it. And now *Roma*. I told David my idea for *Roma* and he said, 'Let's do it' (Wood 2021, 209).[21]

Y agrega: "David and I decided that we were going to shoot it and sell it after. When we came to sell it, it was very apparent that a new world was emerging" (Wood 2021, 210).[22]

A continuación, abordaremos el análisis de ese "nuevo mundo" que se refiere a los nuevos paradigmas de distribución, exhibición y recepción impulsados por *Roma*.

Nuevos paradigmas de distribución, exhibición y recepción impulsados por *Roma*

El cine independiente se asocia con el arte y el valor, se exhibe en cines de arte y ensayo, en museos y festivales de cine.[23] Cuarón le explica a Jason Wood en la versión actualizada de *The Faber Book of Mexican Cinema* que después de presentarles la película a distribuidores y exhibidores de su confianza, estos tenían dudas sobre las ambiciones de la misma. No creían tener el presupuesto necesario para promocionarla. Una vez que el realizador mexicano concluye que el sector de las salas de cine de arte y ensayo parecía haber adoptado una perspectiva menos internacional y no se atrevía a asumir muchos riesgos, aceptó negociar con Scott Stuber, jefe en esa época de la división de cine de Netflix. Cuarón lo hizo pese a su rechazo inicial, ya que distribuir la película en una plataforma le parecía lo mismo que sacarla directamente en VHS. Puso la condición de que se estrenara en salas de cine y Netflix aceptó.[24]

Entre los motivos figuran, tal como señala Ximénez de Sandoval (2019), que Netflix quería convertirse en uno de los grandes estudios y ganar premios Óscar,

---

21 Esta cita equivaldría en español a: "David Linde y Participant Films son excelentes socios y compañeros de trabajo. Me encanta trabajar con David. Colaboramos en *Y tu mamá también* y David era jefe de Universal cuando hice *Children of Men*. Financió el desarrollo de *Gravity* y luego lo despidieron de Universal y el proyecto se mudó a Warners, pero siguió involucrado en él. Y ahora *Roma*. Le conté a David mi idea para *Roma* y me dijo: 'Vamos a hacerla'". La traducción es de la autora.

22 Proponemos la siguiente equivalencia en español para la cita: "David y yo decidimos que íbamos a filmarla y venderla después. A la hora de venderla, era muy evidente que estaba surgiendo un nuevo mundo".

23 Véase Sinwell (2020, 10).

24 Véase Wood (2021, 210).

pero para optar a ellos tenía que estrenar en salas.[25] La campaña de promoción de Netflix se calcula en al menos 30 millones de dólares, según *The New York Times*. Al mismo tiempo, se ofrecieron pocas oportunidades de verla en cine. El boicot de las grandes cadenas contribuyó también a crear la sensación de urgencia de verla en salas.[26] Según el director español Miguel Cruz, *Roma* contó con "un distribuidor como Netflix, que ha visto un tipo de producto con el que se siente muy cómodo: transversal y con atractivo en varios mercados". Agrega: "Con la vista puesta en un posible Oscar, Netflix ha desarrollado una estrategia poco común en la compañía que ha resultado en una publicidad y una distribución cinematográfica que puede que la película de otra manera no hubiera tenido". Y añade: "Espero que abra puertas para que cines y plataformas digitales exploren modelos de producción y distribución que abran las salas a historias menos convencionales, y que maximicen su impacto sacando el máximo partido a todas sus ventanas de distribución" (Cruz en Ximénez de Sandoval 2019). De este modo, en el año 2019 se rompieron:

> [...] unas reglas de Hollywood que durante décadas habían sobrevivido a la aparición de la televisión, al vídeo y a YouTube. La calidad de *Roma* y la ambición de Netflix por el Oscar han dado una patada al circuito de exhibición. Una película personal, en blanco y negro, en español y mixteco, distribuida por una plataforma de vídeo que encima quiere darla a la vez bajo demanda a sus suscriptores, se ha proyectado en 250 salas en EE UU, ha sido vista por todo Hollywood y opta a diez premios Oscar. El camino para la próxima *Roma* está abierto (Ximénez de Sandoval 2019).

En efecto, *Roma* contó con diez nominaciones de la Academia de Artes y Ciencias Cinematográficas de Estados Unidos en la edición 91 y ganó el Óscar en las categorías: mejor película extranjera, mejor director y mejor fotografía. Además, se creó un circuito de exhibidores independientes para mostrar la película. En México incluso había un autobús que viajaba por comunidades rurales para mostrarla.[27]

Al estrenar la película en cines y en Netflix se posibilita una conversación nacional y transnacional, lo cual puede interpretarse como un efecto de la convergencia mediática. Según Henry Jenkins la cultura de la convergencia implica el flujo de contenidos a través de múltiples plataformas mediales, la cooperación entre diversas industrias mediales y la conducta migratoria del público que está dispuesto a ir casi a cualquier parte en busca del tipo de entretenimiento que desea.[28]

---

25 Lo hizo con *Roma*, lo cual le aportó diez nominaciones al Óscar y 900 salas en todo el mundo.

26 Véase Ximénez de Sandoval (2019).

27 Véase Wood (2021, 210).

28 La cita textual sobre la cultura de la convergencia es: "[...] the flow of content across multiple media platforms, the cooperation between multiple media industries, and the

Después de no poder competir en la edición 71 del Festival Internacional de Cine de Cannes debido a que Netflix y los organizadores no llegaron a un acuerdo sobre la primacía de la exhibición de las películas en salas y la observancia de los plazos previstos para las diferentes ventanas de exhibición,[29] *Roma* se estrenó en la entrega 75 del Festival Internacional de Cine de Venecia el 30 de agosto de 2018 y ganó el León de Oro.

Gabriela Rodríguez, productora de *Roma*, comenta:

> El esfuerzo ha sido llevar la película globalmente a los cines de los diferentes países. Netflix entró al proyecto ya cuando estábamos en la última parte de la posproducción y, en vista de que sabíamos que la película estará en esta plataforma por muchos años, se le realizó una mezcla de sonido y una corrección de color especial para la plataforma (Zapara 2018).

Luis Martínez hace referencia en el diario español *El Mundo* a la manera en que la plataforma se salta las ventanas de exhibición:

> Téngase en cuenta que hasta ahora existe un pacto tácito (o no tanto) entre los cines de obligar a las distribuidoras a no llevar ninguna de sus producciones a cualquier otro formato (blu-ray u online) hasta pasados cuatro meses desde su estreno en cines. Netflix no lo ha respetado y lo ha reducido [en España] a simplemente una semana (Martínez 2018).

En algunos cines de Los Ángeles, Nueva York y México se estrenó el 21 de noviembre; en Londres y otras ciudades de Estados Unidos, se exhibió a partir del 29 de noviembre.[30]

El 14 de diciembre de 2018, *Roma* se estrenó en 130 países a través de Netflix. Un estreno calificado por Christian León de la publicación *Ocho y medio* como "hito en la industria del audiovisual" que:

> revela los acelerados cambios que la industria audiovisual está sufriendo en los campos de la creación, la producción, la distribución y el consumo cinematográfico por efecto de la cultura transmedia. Pero no solo eso. *Roma* es el síntoma de las nuevas formas de ver, discutir y asignar valor a las películas y a los directores (León s.f.).

Con respecto a la experiencia de ver la película en el cine, Cuarón añade:

> Yo defenderé siempre la experiencia de las salas de cines, pero de la misma manera siempre defenderé la diversidad en el cine. Por desgracia la experiencia en las salas

---

migratory behavior of media audiences who will go almost anywhere in search of the kinds of entertainment experiences they want" (Jenkins 2008, 2).

29 Sobre la exclusión de *Roma* del Festival de Cine de Cannes, véase Martínez (2018).

30 Véase Ayuso (2018).

de cine se ha convertido en una experiencia gentrificada donde en general tan sólo exhiben películas de Hollywood (Scholz 2019).

Los tres amigos, Netflix y el éxito de modelos alternativos en *Bardo* y *Pinocchio*

Como hemos visto, en la segunda década del siglo XXI, *Roma* revolucionó junto con Netflix los paradigmas de distribución, exhibición y recepción de películas que pueden catalogarse como independientes y de autor. Tal como muestra el análisis, estas películas o bien no se producirían o si se produjesen de manera independiente, como *Roma*, no entrarían en el circuito de distribución de cines de arte y ensayo ni mucho menos en el circuito comercial de exhibición, puesto que este prioriza producciones hollywoodenses de gran presupuesto y éxito garantizado. De modo que, en este contexto, más allá de representar un peligro para las salas de cine, las plataformas de *streaming* podrían convertirse en una alternativa para la exhibición de proyectos independientes y de autor.

Un ejemplo actual, similar a *Roma*, que muestra la prevalencia de ciertas dificultades y la consolidación de los cambios positivos generados por la película de Cuarón es *Bardo, falsa crónica de unas cuantas verdades* (2022) de Alejandro González Iñárritu. Se trata de una película sumamente introspectiva y personal que marca el regreso del cineasta a filmar en México después de más de 20 años.[31] En ella, un reconocido periodista y documentalista mexicano vuelve a su país de origen. Durante su estancia, explora sus relaciones familiares, sus recuerdos personales y el pasado del país.

Con relación a los intentos de llevar adelante el proyecto, González Iñárritu indica que lo intentó sin éxito durante dos años. Acudió a sus contactos habituales y creía que por ser ganador de varios premios Óscar y de otros premios importantes no tendría ningún problema en que le dieran luz verde, pero no fue así: "[I] went to the usual suspects and you think that because you have some awards and some Oscars, you will get the green light — the bad news is that that doesn't exist" (González Iñárritu en Chuba 2023). Según las publicaciones *IndieWire* y *Variety*, Netflix compró la película y diseñó una estrategia para su estreno semejante a la de *Roma*, es decir, con estrenos en cines a escala mundial y en *streaming*.[32] A este respecto, Scott Stuber, responsable de la división de cine de Netflix en ese entonces, indicó:

> *Bardo* is a cinematic experience that has inspired us to create a release strategy designed for the film to penetrate culture in the biggest and widest way. We will

[31] Véase Chuba (2023).

[32] Consúltense, en este sentido, Bergeson (2022) y Lang (2022).

> give film lovers everywhere the opportunity to experience the film through a global theatrical release and the film's worldwide release on Netflix (Lang 2022).[33]

El estreno oficial de *Bardo* tuvo lugar en la edición 79 del Festival Internacional de Cine de Venecia donde compitió por el León de Oro. Su estreno en un número reducido de salas de cine empezó el 27 de octubre de 2022 en México, siguió el 4 de noviembre en Argentina, España y Estados Unidos. Continuó a escala mundial a partir del 18 de noviembre. Cuatro semanas más tarde, se estrenó en Netflix, específicamente el 16 de diciembre de 2022.[34]

González Iñárritu no fue el único que sufrió reveses pese a su prestigio como autor. Guillermo del Toro recibió respuestas negativas durante diez años de todos los estudios a los que consultó para realizar su visión personal de Pinocho en *stop motion*.[35] Recibió tantas negativas a lo largo de los años, que en 2017 durante actividades promocionales de su serie *Trollhunters* anunció que el proyecto estaba estancado.[36] Sin embargo, la serie y sus secuelas producidas por Netflix salvaron a su Pinocho. Tal como indica el cineasta tapatío:

> Netflix came along when we were at the end of our rope. They were our last and only hope. Our years-long (about eight) collaboration in creating the Tales of Arcadia universe—which included *Trollhunters*, *3Below*, *Wizards*, and *Rise of the Titans*—had been perfect. So, I went to Ted Sarandos[37] and pitched this film to him, in person, in the room. And he said 'yes' (Del Toro en McIntyre 2022, 6 y 8).[38]

Netflix produjo *Guillermo del Toro's Pinocchio* junto con The Jim Henson Company y aseguró su distribución mundial en la plataforma.[39] La película debutó en el Festival de Cine de Londres y pasó brevemente por "salas selectas" de cine un mes antes de estrenarse en la plataforma de *streaming* el 9 de diciembre de 2022.[40]

---

33 El equivalente de la cita en español sería: "*Bardo* es una experiencia cinematográfica que nos ha motivado a crear una estrategia de lanzamiento que le permita el ingreso en la cultura de la manera más grande y amplia. Les ofreceremos a los cinéfilos de todo el mundo la oportunidad de disfrutar de la película gracias a un estreno internacional en salas de cine y a su lanzamiento mundial en Netflix". La traducción es de la autora.

34 Véase Meouchi (2023).

35 Véase Chuba (2022).

36 Véase Breznican (2023).

37 Ted Sarandos era, en ese momento, codirector ejecutivo (co-CEO) y director de contenido (CCO) de Netflix.

38 La cita equivaldría en español a: "Estábamos desesperados cuando llegó Netflix. Era nuestra última y única esperanza. Nuestra colaboración de muchos años (unos ocho) para crear el universo de Tales of Arcadia –que incluía *Trollhunters*, *3Below*, *Wizards*, and *Rise of the Titans*– había sido perfecta. Así que fui a ver a Ted Sarandos y le propuse la película, en persona, en la sala. Y me dijo que sí". La traducción es de la autora.

39 Véase McIntyre (2022, 48).

40 Véase Thomas (2022).

Con respecto a su éxito comercial, se ubicó en el segundo lugar de la cartelera de Netflix durante la primera semana de exhibición; también tuvo gran repercusión en redes sociales.[41] El reconocimiento artístico tampoco se hizo esperar: ganó, entre otros, el Óscar a la mejor película animada en 2023.

No obstante, al leer algunos titulares de la prensa mexicana, da la sensación de que la historia de *Roma* se repite: "Guillermo del Toro cuestiona a cadenas de cine por no estrenar 'Pinocho' en sus salas" (*El Financiero* 2023). En su cuenta de Twitter (actual "X"), Del Toro lamentaba:

> Cinemex ya había anunciado Pinocho. Mi deseo era que pudiera verse aunque sea dos semanas en más salas accesibles para todos los estados de México. Ojalá y no se hubieran retractado o pudieran apoyar para que la vean en más ciudades. Ojalá, Cinemex (*El Financiero* 2023).[42]

Un usuario, Jorge Ávila Andrade, le preguntaba:

> ¿Y Cinépolis, Memo? ¿Ninguna de las dos quiso exhibirla? Qué poca. Es para verse en pantalla grande. Más allá de que esté en Netflix o no. Si lo hicieron con *Bardo*, que no lo hagan con Pinocho es una grosería (*El Financiero* 2023).

Lo anterior confirma la afirmación de Cuarón del año 2019 con respecto a la gentrificación de las salas de cine, así como el hecho de que las plataformas no necesariamente compiten con las grandes cadenas de cine. Ciertas películas simplemente no se muestran en salas comerciales pese a los esfuerzos de sus realizadores y el deseo del público de verlas.

Cuando le preguntaron a Del Toro en el marco del Festival Internacional de Cine de Marrakech si lamentaba que la mayoría de los espectadores viera su película en pantalla pequeña, respondió: "Me apena que la gente vaya a ver 'Pinocho' en pantalla pequeña, pero me apenaría mucho más no ser capaz de hacerla" (Salvà 2018).

Conclusión

Los ejemplos anteriores, sumados al de *Roma*, demuestran que las plataformas de *streaming* han dinamizado el mercado cinematográfico en los últimos años. Además, el confinamiento durante la pandemia de COVID-19 aceleró aún más los cambios: como las salas de cine estaban cerradas, Disney+ estrenó en 2020 dos *blockbusters* directamente en su plataforma de *streaming*: *Mulan* y *Soul*.[43] Tras la

---

41 Véase Breznican (2023).

42 Hemos corregido algunas faltas de acentuación y puntuación para facilitar la lectura del tuit de Del Toro y del usuario.

43 Véase Rodríguez Canfranc (2021).

pandemia, la Federación de Cines de España (FECE) luchaba por 'normalizar' las ventanas de exhibición: proponía el establecimiento de una ventana de 100 días siguiendo el modelo de Italia. Partiendo de un requerimiento al Ejecutivo, el senado italiano había aprobado una ventana de 90 días para las películas estrenadas en cines.[44] Según la FECE, su mayor ejemplo es Francia, donde dicha ventana se ubica en 15 meses desde el estreno en cines hasta su debut en *streaming*.[45]

A raíz de la experiencia del dúo *Roma*/Netflix, otros directores de cine considerados como autores, que operan tanto en el circuito comercial como en el independiente, han encontrado nuevas formas de producción, distribución y exhibición de proyectos muy personales que no hubieran sido posibles dentro de las estructuras preestablecidas en la industria cinematográfica tradicional. La lista va en aumento e incluye, además de los otros dos amigos del cine mexicano, González Iñárritu y Del Toro, directores como los hermanos Ethan y Joel Cohen (*The Ballad of Buster Scrugs*, 2018), Martin Scorsese (*The Irishman*, 2019) y Noah Baumbach (*Marriage Story*, 2019), por mencionar algunos.

En el panorama actual, este nuevo modelo parece ser una opción para evitar que, como suele afirmar Guillermo del Toro al hablar de sus proyectos frustrados: "[...] el estado natural de una película [sea] no existir [...]" (Del Toro en Salvà 2018). El camino para la próxima *Roma* ya no solamente está abierto, sino que está siendo transitado de manera exitosa.

Referencias

Filmografía

Clariond Rangel, Andrés y Gabriel Nuncio, dir. 2020. *Camino a Roma*. México: Netflix Studios.

Cuarón, Alfonso, dir. 1991. *Sólo con tu pareja*. México: Esperanto Filmoj, Fondo de Fomento a la Calidad Cinematográfica, IMCINE.

—. 2001. *Y tu mamá también*. México: Producciones Anhelo.

—. 2006. *Children of Men*. Reino Unido, Estados Unidos, Japón: Universal Pictures, Strike Entertainment, Toho-Towa.

—. 2006. *Making "Sólo con tu pareja"*. Estados Unidos: The Criterion Collection.

—. 2013. *Gravity*. Reino Unido, Estados Unidos: Warner Bros., Esperanto Fimmoj, Heyday Films.

—. 2018. *Roma*. México, Estados Unidos: Esperanto Filmoj, Participant, Pimienta Films.

De Sica, Vittorio, dir. 1948. *Ladri di biciclette*. Italia: Produzioni De Sica.

Del Toro, Guillermo, dir. 2022. *Guillermo del Toro's Pinocchio*. Estados Unidos, México, Francia: Netflix Animation, The Jim Henson Company, Shadow Machine, Double Dare You, Necropia Entertainment.

---

[44] Véase FECE (2022).

[45] Véase FECE (2022).

González Iñárritu, Alejandro, dir. 2022. *Bardo, falsa crónica de unas cuantas verdades*. México: Estudios Churubusco Azteca S.A., Redrum.
Rossellini, Roberto, dir. 1945. *Roma, città aperta*. Italia: Excelsa Film.

Bibliografía

Ayuso, Rocío. 2023. "Netflix estrenará 'Roma' y las nuevas películas de los Coen y de Susanne Bier en salas antes que 'online'." *El País*, 3 de noviembre, 2023. https://elpais.com/cultura/2018/11/01/actualidad/1541108941_829403.html (último acceso: 21 de agosto, 2023).
Bazin, André. 2021 [1958]. *¿Qué es el cine?* Traducido por José Luis López Muñoz. Madrid: Rialp.
Bergeson, Samantha. 2022. "Netflix Buys Alejandro G. Iñárritu's 'Bardo' and Sets Global Awards Season 2022 Release." *IndieWire*, 27 de abril, 2022. https://www.indiewire.com/features/general/netflix-buys-alejandro-g-inarritu-bardo-1234720197/ (último acceso: 29 de mayo, 2024).
Breznican, Anthony. 2023. "How Guillermo del Toro's Pinocchio Survived Decades in the Hollywood Wilderness." *Vanity Fair*, 17 de febrero, 2023. https://www.vanityfair.com/hollywood/2023/02/guillermo-del-toro-pinocchio-awards-insider (último acceso: 29 de abril, 2024).
Brueggemann, Tom. 2019. "How Much Would 'Roma' Have Grossed With a Traditional Release? We Have An Answer." *Indie Wire*, 6 de marzo, 2019. https://www.indiewire.com/features/general/netflix-roma-box-office-theatrical-release-1202041367/ (último acceso: 21 de agosto, 2023).
Chuba, Kirsten. 2023. "Alejandro G. Iñárritu, Guillermo del Toro and Alfonso Cuarón Reflect on Longtime Friendship, Career Highs and Challenges in Three Amigos Conversation." *Hollywood Reporter*, 7 de enero, 2023. https://www.hollywoodreporter.com/movies/movie-news/alejandro-g-inarritu-guillermo-del-toro-alfonso-cuaron-three-amigos-conversation-1235292916/ (último acceso: 29 de mayo, 2024).
El Economista (Redacción). 2018. "Roma, de Alfonso Cuarón, fuera del Festival de Cannes." *El Economista*, 5 de mayo, 2018. https://www.eleconomista.com.mx/arteseideas/Roma-de-Alfonso-Cuaron-fuera-del-Festival-de-Cannes-20180507-0136.html (último acceso: 15 de abril, 2024).
El Financiero. 2022. "Guillermo del Toro en Televisa: Así era su programa de terror 'La Hora Marcada' en los 80." *El Financiero*, 9 de octubre, 2022. https://www.elfinanciero.com.mx/entretenimiento/2022/10/09/guillermo-del-toro-asi-era-su-programa-de-terror-la-hora-marcada/ (último acceso: 15 de marzo, 2023).
El Financiero. 2024. "Guillermo del Toro cuestiona a cadenas de cine por no estrenar 'Pinocho' en sus salas." *El Financiero*, 24 de noviembre, 2024. https://www.elfinanciero.com.mx/entretenimiento/2022/11/24/guillermo-del-toro-habla-sobre-la-falta-de-pinocho-en-cines-mexicanos/ (último acceso: 25 de marzo, 2025).
FECE. 2022. "Las salas de cine solicitan el establecimiento por Ley de una ventana de 100 días para todas las películas." *Federación de Cines de España*, 20 de julio, 2022. https://www.fece.com/news/las-salas-de-cine-solicitan-el-establecimiento-por-ley-de-una-ventana-de-100-dias-para-todas-las-peliculas/ (último acceso: 1 de mayo, 2024).

Gilmore, Geoffrey. 2001. "Long Live Indie Film. Reports of its demise have been exagerated." *The Nation*, 2 de abril, 2001, 17–20.

Griggs, Brandon. 2019. "This movie has 10 Oscar nominations. Its official box-office haul so far: $0." *CNN*, 18 de febrero, 2019. https://edition.cnn.com/2019/02/18/entertainment/roma-movie-netflix-box-office-trnd/index.html (último acceso: 21 de agosto, 2023).

Hillier, Jim. 2001. *American Independent Cinema. A Sight and Sound Reader*. Londres: BFI.

Jenkins, Henry. 2008 [2006]. *Convergence Culture: Where Old and New Media Collide*. Nueva York: UP.

Lang, Brent. 2022. "Netflix Buys Alejandro G. Iñárritu's 'Bardo,' Plans Global Theatrical Release." *Variety*, 27 de abril, 2022. https://variety.com/2022/film/news/netflix-alejandro-g-inarritu-bardo-global-theatrical-release-1235242592/ (último acceso: 29 de mayo, 2024).

León, Christian. s.f. "Roma: el primer clásico de la era Netflix, la era del postcine." Ocho y medio. https://www.ochoymedio.net/roma-el-primer-clasico-de-la-era-netflix-de-la-era-del-postcine/ (último acceso: 10 de junio, 2024).

Levy, Emanuel. 1999. *Cinema of the Outsiders: The Rise of American Independent Film*. Nueva York: UP.

Martínez, Luis. 2018. "Netflix oculta el posible récord histórico de recaudación de 'Roma' ante el enfado del sector." *El Mundo*, 10 de diciembre, 2018. https://www.elmundo.es/cultura/cine/2018/12/10/5c0e6102fc6c83d5208b4599.html (último acceso: 21 de agosto, 2023).

McIntyre, Gina. 2022. *Guillermo del Toro's Pinocchio. A Timeless Tale Told Anew*. San Rafael CA: Insight Editions.

Meouchi, Lorena. 2023. "Bardo, la película de Alejandro G. Inárritu: Estreno, trailer, sinopsis y más." *Vogue México y Latinoamérica*, 11 de marzo, 2023. https://www.vogue.mx/estilo-de-vida/articulo/bardo-pelicula-estreno-reparto-sinopsis-trailer#:~:text=¿Cuándo%20se%20estrena%20Bardo%20en%20cines%3F,llegará%20el%204%20de%20noviembre (último acceso: 29 de abril, 2024).

Murphy, Mekado. 2019. "¿Cómo reconstruyó Cuarón el México de los setenta?". *New York Times*, 14 de febrero, 2019. https://www.nytimes.com/es/2019/02/14/espanol/cultura/roma-produccion-mexico.html (último acceso: 10 de marzo, 2023).

Perren, Alisa. 2021. *Indie, Inc.: Miramax and the Transformation of Hollywood in the 1990s*. Austin: University of Texas Press. https://doi.org/10.7560/729124.

Pfadenhauer, Katrin. 2021. "El contacto lingüístico del español con el náhuatl y el mixteco en México." En *Manual del español en América*, editado por Eva Martha Eckkrammer, 261–280. Berlín/Boston: De Gruyter. https://doi.org/10.1515/9783110334845-016.

Rodríguez Canfranc, Pablo. 2021. "La disrupción en las ventanas de distribución del sector audiovisual: ¿volverá el público a los cines?". *Telos*, 15 de febrero, 2021. https://telos.fundaciontelefonica.com/la-cofa/la-disrupcion-en-las-ventanas-de-distribucion-del-sector-audiovisual-volvera-el-publico-a-los-cines/ (último acceso: 1 de mayo, 2024).

Salvà, Nando. 2018. "Guillermo del Toro: 'El cine no se acaba, solo se transforma'." *El periódico de Aragón*, 3 de diciembre, 2018.

https://www.elperiodicodearagon.com/cultura/2018/12/03/guillermo-toro-cine-acaba-transforma-46707889.html (último acceso: 1 de mayo, 2024).

Scholz, Pablo. 2019. "Alfonso Cuarón: 'Roma tiene un punto de vista casi crítico acerca de mi propia existencia'." *Clarín*, 5 de enero, 2019. https://www.clarin.com/espectaculos/cine/alfonso-cuaron-roma-punto-vista-critico-acerca-propia-existencia_0_kAa3IPDel.html (último acceso: 15 de marzo, 2023).

Semple, Kirk. 2019. "Alfonso Cuarón: regreso a Roma." *El País* (España), 14 de febrero, 2019. https://elpais.com/elpais/2019/02/04/eps/1549277891_509855.html (último acceso: 15 de marzo, 2023).

Sinwell, Sarah E. S. 2020. *Indie Cinema Online*. Nuevo Brunswick: Rutgers UP.

Thomas, Michael. 2022. "How to Watch 'Guillermo del Toro's Pinocchio': Showtimes and Streaming Status." *Collider*, 5 de diciembre, 2022. https://collider.com/how-to-watch-guillermo-del-toros-pinocchio/ (último acceso: 29 de abril, 2024).

Truffaut, François. 2016 [1966]. *El cine según Hitchcock*. Traducido por Ramón G. Redondo. Madrid: Alianza.

Vértiz de la Fuente, Columba. 2019. "'Roma' es una película 'absolutamente mexicana'." *Revista Proceso*, 22 de febrero, 2019. https://www.proceso.com.mx/reportajes/2019/2/22/roma-es-una-pelicula-absolutamente-mexicana-220675.html (último acceso: 15 de marzo, 2023).

Vincent, Roger. 2005. "Marvel to Make Movies Based on Comic Books." *Los Angeles Times*, 6 de septiembre, 2005. https://www.latimes.com/archives/la-xpm-2005-sep-06-fi-marvel6-story.html (último acceso: 10 de marzo, 2023).

Wood, Jason. 2021. *The Faber Book of Mexican Cinema*. Londres: Faber.

Ximénez de Sandoval, Pablo. 2019. "Cuando Netflix y 'Roma' rompieron las reglas de Hollywood." *El País* (España), 21 de febrero, 2019. https://elpais.com/cultura/2019/02/19/actualidad/1550606904_081854.html (último acceso: 14 de mayo, 2022).

Zapara, Anderson. 2023. "20 semanas de rodaje con Alfonso Cuarón, habla la productora de la película 'Roma'." *El País* (Colombia), 6 de diciembre, 2018. https://www.elpais.com.co/entretenimiento/20-semanas-de-rodaje-con-alfonso-cuaron-habla-la-productora-de-la-pelicula-roma.html (último acceso: 15 de marzo, 2023).

¿Hablar de o desde la marginalidad? La mirada de César González a través de clases sociales y mediales o el triunfo de la belleza sobre el prejuicio

Minerva Peinador

El *streaming* es una forma de consumo audiovisual de carácter diacrónico, individual y deslocalizado, a la cual se accede mediante plataformas conectadas a Internet. Esta práctica cultural, potenciada durante la pandemia por el confinamiento domiciliario, se ha implantado con rapidez hasta casi sustituir las tradicionales proyecciones en las salas de cine. Ha servido también de trampolín para el formato serial, competencia del clásico largometraje, además de transformar las formas de relación dentro de la comunidad de espectadores. Desde el aspecto de la producción, la accesibilidad técnica posibilita asimismo la articulación de nuevas miradas que, de otro modo, no habrían podido enunciarse. Es el caso de César González, destacado joven director de cine y autor argentino, de particulares biografía y empeño estético en la representación digna y veraz de su entorno, la villa miseria del Conurbano argentino. En este artículo construimos un andamiaje básico para la comprensión de este contexto, presentamos al director y las claves de su pensamiento y estética, reflexionando sobre la influencia del *streaming* en su obra y su recepción, para analizar finalmente su exitoso primer largometraje, *Diagnóstico esperanza* (2013).

Palabras clave: desigualdad, cine, marginalidad, villa, autenticidad, Argentina

> [N]adie, hasta ahora, ha determinado lo que puede el cuerpo […], ello basta para mostrar que el cuerpo, en virtud de las solas leyes de su naturaleza, puede hacer muchas cosas que resultan asombrosas a su propia alma.[1]
>
> Spinoza (2019, parte III, proposición II, escolio)

---

[1] Idea fuerza de *Qué puede un cuerpo* (2014), segundo largometraje del cineasta, que alude a los dilatados límites del cuerpo humano. De ellos dan fe las clases populares, puestas duramente a prueba por la precariedad.

¿Qué puede César González? Un cineasta *quereinsteiger* entre la villa y la era digital, o cómo apuntar al centro desde el margen

El escritor y cineasta César González (1989*) nació en la villa Carlos Gardel (Morón, Buenos Aires) como el mayor de ocho hermanos. A los veinte años editó una revista, publicó su primer libro de poesía, realizó un programa de televisión y estrenó su primer largometraje; pero a los dieciséis años ya había sido encarcelado por secuestro y robo, estuvo internado en varios institutos de menores y prisiones. Pareciera que "un pibe que roba es más noticia que un pibe que escribe" (Leiva 2014, 01:49), constata el periodista Leiva. González sigue residiendo en la misma villa de siempre, a pesar de haberse consolidado como creador y ser reconocido por crítica y público. Ello no ha repercutido en su situación económica: "Sigo viviendo en la misma villa de siempre, en una casilla. Y no es por ninguna elección ni por ninguna intervención artística, no es un happening: vivo en la villa porque ese capital simbólico no lo pude traducir en un capital material" (González en Respighi 2023).

Diagnóstico esperanza (2013), su primer largometraje, ha cumplido una década de vida, a lo largo de la cual González ha llevado a cabo una labor cultural frenética: *¿Qué puede un cuerpo?* (2014), *Lluvia de jaulas* (2019), *Atenas* (2019) y *Al borde* (2023) son solo algunos de sus ocho largometrajes, junto con numerosos cortometrajes y videoclips. El también escritor empezó coeditando la revista *¿Todo piola?* (desde 2010) y escribiendo poesía bajo el pseudónimo de Camilo Blajaquis, que vio la luz en diversos volúmenes: *La venganza del cordero atado* (2010), *Crónica de una libertad condicional* (2011), *Retórica al suspiro de queja* (2015) o *Rectángulo y flecha* (2021). En el prodigioso desenvolvimiento inicial del cineasta intervino la figura de un mago, Patricio Montesano, tallerista en espacios privados de libertad, quien lo introdujo en la poesía y en la filosofía de autores como Nietzsche, Marx, Spinoza o Deleuze. González publicó el impactante *El fetichismo de la marginalidad* (2021), ensayo en el que da cuenta de manera programática de su visión acerca de las relaciones de clases, la desigualdad en Argentina y su relación con el cine como modo social de representación, así como su autobiografía hasta su entrada en prisión en *El niño resentido* (2023), obra que "me paró la olla en la pandemia" (González en Respighi 2023), declara.

Merece atención especial por su condición excepcional de flor crecida en los márgenes, por su milagroso acceso a los medios de producción cinematográficos y, en última instancia por la calidad, la singularidad y la fuerza de su obra y lo que consigue con ella tanto estética como discursivamente. En este trabajo consideraremos su lugar en el campo cultural argentino, el rol en su cine de los nuevos medios digitales como vía tanto de producción como de difusión, cada vez más potente, así como aspectos clave de su primer largometraje como sus temáticas y recursos estilísticos, e indagaremos en posibles rasgos distintivos de su cine. En su obra juegan un papel especial los nuevos medios de comunicación, como las posibilidades abiertas por Internet y las redes sociales como vía de difusión alternativa a las más tradicionales, por lo general, hegemónicas, para quienes, como González, lejos de pertenecer a una elitista clase media o alta.

El *streaming* como forma de consumo diacrónica, individual y deslocalizada de producciones audiovisuales, basado en el soporte de plataformas masivas accesibles por Internet, prácticamente se ha universalizado como práctica cultural, impulsada de manera exponencial durante la pandemia de COVID-19 debido al confinamiento domiciliario obligado y global. Se ha implantado con tal rapidez que este modo de recepción, en el que se prescinde de la experiencia física compartida y simultánea en un espacio público, casi llega a sustituir a las tradicionales proyecciones en sala. Ha servido, además, de trampolín para el formato serial, seria competencia del clásico largometraje, además de transformar las formas de relación en la comunidad de espectadores. En cuanto a la producción audiovisual, la accesibilidad del aparataje cinematográfico, gracias a los avances tecnológicos y a su abaratamiento, ha abierto asimismo la puerta a la articulación de nuevas miradas y voces que, de otro modo, no habrían podido enunciarse. Es el caso de César González, de particulares biografía y empeño estético en la representación de su entorno con veracidad y dignidad, la villa del Conurbano bonaerense. No obstante, el cineasta relativiza esta democratización de las posibilidades de hacer cine para los ciudadanos de a pie:

> Hoy gracias a las herramientas digitales la posibilidad de hacer una película es mucho menos descabellada que antaño, pero el cine no se ha liberado, [...] el cine nació extremadamente burgués y debe ser quizás el arte más determinado por el costoso acceso a los materiales que permiten su realización. Ni la democratización innata de lo digital ha podido generar en las clases más desposeídas el sentimiento de que hacer cine es posible. [...]. La democratización de lo digital trajo una igualdad de la posibilidad de ser filmado y de filmar, pero estas actividades se hacen contribuyendo a la lógica de las redes sociales (González 2021, 26–27).

Siguiendo esta estrategia, González ha puesto a disponibilidad global y gratuita la casi totalidad de su producción audiovisual en la plataforma de YouTube. Si sus primeros largos han alcanzado casi un millón y medio (*Diagnóstico esperanza*, 2013) o incluso tres millones y medio de visualizaciones (*¿Qué puede un cuerpo?*, 2016) en diez años, *Al borde* (2023), rodado en tres meses y coproducido con la emisora comunitaria Futurock, logró 90 mil visualizaciones en tan solo tres meses, sin tener en cuenta las proyecciones en sala. En este documental, González recorre la Argentina para indagar en el calado de Javier Milei en el imaginario colectivo en el momento inmediatamente anterior a las elecciones presidenciales, que finalmente ganaría, acorde a la tendencia global de expansión de las nuevas extremas derechas.

La doble marginalización de la pobreza: desigualdad y exclusión social, *pendants* de la sociedad argentina

Para comprender la particularidad del lugar de César González y su cine en el campo cultural argentino, resulta imprescindible hacer un alto en el lugar desde el que se enuncia desde un punto de vista social. Las ciencias sociales latinoamericanas discuten sobre la marginalidad desde la década de los sesenta, a raíz de lo cual se desarrollaron teorías culturalistas, ecológico-urbanísticas y otras de factura económica como la teoría de la dependencia. Si en la década de los noventa se ahondó en cuestiones como la pobreza, la precarización y la exclusión, en los años dosmil el concepto de desigualdad traspasó las fronteras de la academia para instalarse en la esfera pública y la agenda global, con la ulterior intención de arrojar luz sobre el fenómeno de la pobreza:[2]

> [L]a desigualdad, en tanto noción relacional, permitió reinscribir a la pobreza dentro de la dinámica social y entenderla como un producto de las inequidades; a su vez, puso en conexión la cuestión social con debates políticos y filosóficos [...], con los principios de justicia, con las formas de ciudadanía (Kessler 2014, 17).

En Argentina, la desigualdad creció a partir de un neoliberalismo "que trajo consigo desempleo, pobreza y una distribución del ingreso más desigual: las condiciones de vida de argentinas y argentinos empeoraron notablemente, el malestar social, la inestabilidad y la incertidumbre se incrementaron" (Ortale y Rausky 2021, 13). Esta tendencia se inició con el corralito en el dosmil y se agudizó con los ajustes del gobierno macrista y la pandemia de COVID-19; desde diciembre de 2023, con la toma del bastón de la Casa Rosada por parte de Javier Milei al frente de La Libertad Avanza, experimenta, además, un veloz y despiadado aumento.

Mientras que con la pobreza se miden las condiciones de vida en función de la capacidad de los individuos para satisfacer necesidades básicas, la desigualdad sirve de instrumento de comparación de estas condiciones en diferentes personas u hogares.[3] Ya sea que una persona sea incapaz de solventar sus necesidades esenciales o que pueda subsistir con su salario pero sin costear otros gastos, en ambos casos estaremos hablando de pobreza en tanto parte de "un problema social más amplio" (Eguía 2021, 23) relacionado con la propiedad, la distribución de la riqueza y las funciones asumidas por el Estado. La vivienda, la sanidad, la educación o el acceso a la información, así como la alimentación, la energía, las condiciones laborales, la familia o el ocio son sus principales factores de medición.[4] En este sentido, ser pobre significa no ser partícipe del bienestar *común*, es una forma de exclusión social:

---

2 Véase Ortale y Rausky (2021, 9–10).

3 Véase Eguía (2021, 21).

4 Véase Boltvinik (2009–2010).

> La pobreza no es un estado absoluto. Es privación relativa. La sociedad misma está cambiando e imponiendo constantemente nuevas obligaciones a sus miembros. Ellos, a su vez, desarrollan nuevas necesidades. Son ricos o pobres en función de su participación en los recursos disponibles para todos (Townsend 2010, 99).[5]

Ello alumbraría la dificultad para paliar situaciones de pobreza, a pesar de una aparente existencia de recursos. La popular socióloga argentina Mayra Arena, criada en una villa en Bahía Blanca, desafía a la reflexión sobre por qué los pobres usan "unas zapatillas que parecen traídas de otro planeta", pero sobre todo "¿por qué los pobres no salimos de la pobreza? ¿Por qué repetimos las historias? ¿Nos gusta vivir así?" (Arena 2018). Si ser pobre es "'tener' menos que un grupo de referencia", la pobreza y la desigualdad van de la mano (Boltvinik 1990, 29–30). El propio González constata que en la búsqueda de explicaciones a la situación de la pobreza en zonas urbanas industriales se recurrió al concepto de marginalidad, parte del sello de identidad de las villas argentinas aunque:

> la mayoría de las personas de la villa, el 98% va a trabajar, no va a robar [...], yo tomé esa decisión porque [...] veía que todos los que andábamos haciendo lo mismo teníamos la misma historia. Y no creo en las casualidades yo, ahí hay causalidades económicas, políticas, culturales, morales que hacen que esté tan estrictamente determinado así el acontecer de un adolescente de una villa como fue el mío, donde estuve a milímetros de morir (Leiva 2014, 12:15–12:59).

Las llamadas "villas miseria" argentinas son zonas emergentes a menudo construidas por sus propios habitantes, sin una planificación urbanística estatal, condicionadas por la carencia materiales, en las que confluyen "situaciones macroestructurales, políticas estatales, las prácticas de sus habitantes y de organizaciones colectivas" (Eguía 2021, 35). Con el aumento de la delincuencia en los noventa nació el "fenómeno de la inseguridad", lo que Rodríguez Alzueta llama la "máquina de meter miedo", en un "desdoblamiento entre el delito y el miedo al delito" (Rodríguez Alzueta 2016, 13). En él se conglomeraron otros miedos tanto difusos, como el miedo al desempleo, como concretos, como el miedo a no llegar a fin de mes, miedos que el corralito transfiguró en colectivos. En este contexto de histeria colectiva emergió la figura del *pibe chorro*, de un joven delincuente de barrios populares, diana de estos temores. La imagen del villero acumula, por tanto, "procesos de estigmatización social", origen de "todos los males" bajo la mirada de la "vecinocracia" (Rodríguez Alzueta 2016, 14). Así, el miedo quedó asociado al delito, desvinculado de procesos sociales y estructurales (Rodríguez Alzueta

---

5 En el original: "Poverty is not an absolute state. It is relative deprivation. Society itself is continuously changing and thrusting new obligations on its members. They, in turn, develop new needs. They are rich or poor according to their share of the resources that are available to all". La traducción es de la autora.

2016, 14), y el miedo a ser asaltado por "los villeros" pasó a integrar el imaginario de las clases media y alta argentinas.

Señalar el margen para volverlo nítido: voltear el objetivo y, con él, el lado de la otredad

Pero, ¿qué hace particularmente interesante la obra de González? Si nos fijamos en las representaciones de la villa y la marginalidad en el cine y la literatura, encontramos abundantes y notables ejemplos desde la década de los cincuenta, destacando la película *Los inundados* (1962) de Fernando Birri o la novela *Villa Miseria también es América* (1957), de Bernardo Verbitsky. En la actualidad se popularizaron la serie de Netflix *El marginal* (Ortega 2016), así como las novelas *La Virgen Cabeza* (2009), de Gabriela Cabezón Cámara, o *Cuando muera quiero que me toquen cumbia* (2003), de Cristian Alarcón, por nombrar solo algunos ejemplos. González se posiciona al respecto afirmando que, si bien "hay una sobrerrepresentación del universo villero en la cultura argentina. El problema no es que no nos ven, sino cómo nos ven, y ahí es donde hay que atacar" (Leiva 2023, 22:25–22:40). Dicho de otro modo, el cineasta denuncia que "[s]e filma sobre ellos [los villeros], ni siquiera con ellos. Cuando la cámara se prende, esos pibes se apagan" (González 2021, 22).

La literatura y el cine actuales sobre las villas argentinas, en tanto representaciones ficcionales realistas de la misma, son solo su "posible real" (Metz 1970, 19 y 28), parecidas a una verdad que no son, meramente autorreferenciales en su reactualización de "uno de esos posibles", cuyo contenido hace referencia a "las obras anteriores del mismo arte" (Metz 1970, 25) de manera implícita, pero obviando eventualmente la realidad misma a la que hacen referencia. González alude a su contexto: "[s]e va a filmar una villa, pero no se filma siquiera lo verosímil, todo se reduce a generar imágenes deformistas que actualicen y robustezcan todos los prejuicios preexistentes. [...] No se filma lo que es, sino lo que hay en el imaginario social" (González 2021, 21).

Los discursos de las representaciones de la villa son formas de acercamiento e intervención que influyen en los imaginarios sobre ella. Aquí resulta central la cuestión del testimonio y preguntarnos quién estaría habilitado para enunciarse sobre ella sin caer en un extractivismo cultural reproductor de estereotipos, en una pornomiseria o un "fetichismo de la marginalidad", en un espectáculo morboso del otro, como denuncia el propio González. Colaborador en sus inicios en *El Marginal*, considera que la serie ofrece meras "imágenes de estricta fantasía" (González 2021, 11), que de continuar en ella "iba a fortalecer los prejuicios ya preexistentes" faltantes a la realidad (Leiva 2023, 11:00–11:04). De ahí que una de las intenciones del cineasta sea recuperar agencia y erigir una voz sobre la villa que hable desde dentro para contrarrestar los efectos de los infinitamente más numerosos discursos y representaciones hegemónicos de la misma y de la visión punitivista, paternalista en el mejor de los casos, que instalan en la sociedad:

> La mirada de los pobladores originarios o de los villeros, ¿dónde está en la literatura argentina? Solo aparecen como personajes. [...] No hay nada como la voz propia. [...] Hay un vacío enorme de autores de origen popular. No digo que haya una inexistencia, sino que hay un evidente vacío de apoyo, desinterés de que formen parte de la cultura argentina (González en Respighi 2023).

Sin embargo, niega que solo tengan autoridad para hablar de la villa exclusivamente quienes formen parte de ella, ya que "el problema no pasa por el hecho de que el objeto [...] es representado artísticamente por un burgués extranjero al territorio representado" (González 2021, 13), sino que el resultado dependerá de la puesta en escena: "la verdadera política de una película está en su puesta en escena, en sus formas más que en sus contenidos" (González 2021, 19), coincidiendo con la premisa general del historiador Hayden White (1987), para quien la forma es el mismo contenido. Para él, quien se considera hijo de la era digital (Leiva 2023, 18:58), el cine es "un diálogo entre tres partes: lo que se filma, cómo se lo filma, y cómo se lo mira. Y a la vez el intervalo entre lo que la imagen muestra y lo que la imagen no muestra" (González 2021, 22). Así, exploraremos en este trabajo guiados por la intuición de que el cine del argentino César González, en su corta e intensa trayectoria, logra renovar el cine al ampliar su campo de lo decible.[6]

Diagnóstico esperanza I. Detenerse en el (d)espacio: la villa, la cárcel, la ciudad

Para el imaginario de la clase media argentina la villa supone una amenaza cuando menos potencial. González, por su parte, defiende que "no puedo negar de dónde vengo. Y de donde vengo está realmente la materia prima de mi cine, es el corazón" (Leiva 2014, 14:15). Más aún, con su trabajo pretende articular contradiscursos que enfrenten los estereotipos sobre la villa, mostrándola desde dentro para invertir esta carga simbólica.[7] Si la villa suele representarse como un lugar de carencia material e intelectual en un margen espacial y simbólico, es, en González, origen y destino, lugar de descanso y convivencia familiar, pues "[l]a villa siempre se miraba para adentro" (González 2023, 13). Logra, así, referirse a representaciones previas sobre la villa y ampliar el campo de lo "decible fílmico" (Metz 1970, 30) sobre ella. Al convertirla en el centro de su objetivo, en punto de partida y de llegada de sus protagonistas, logra invertir discursivamente unas relaciones de poder hegemónicas dominantes.

---

6 Véase Metz (1970, 30).

7 Veliz (2019, 164).

El título de su primer largometraje, *Diagnóstico esperanza* (2013), hace referencia a un poema que escribió mientras estaba preso, que bien sirve para describir su obra artística: "diagnóstico es lo que narro con imágenes del espacio y el tiempo actuales, y la esperanza nos caracteriza a los de clase baja, porque la conservamos contra las adversidades" (Recursos culturales 2013). Toda su obra contiene abundantes tintes autobiográficos, coincidiendo con su último relato: "salíamos siempre con las banditas así de pibitos del barrio a caminar por afuera, viste, era eso, a dar una vuelta por afuera" (Leiva 2014, 11:06). Lugar de la colectividad y la sociabilidad, de la convivencia intergeneracional a pesar de las carencias materiales, se le opone la ciudad, el 'afuera' fuente de riqueza material, donde los habitantes de la villa laburan para garantizar la subsistencia, pero a quienes les queda vetada la pertenencia a la primera.

En la cinta predominan imágenes de la villa vista como un espacio geográficamente delimitado, pero abierto, relacional y dinámico, de intersección entre una naturaleza silvestre y un ámbito urbano en ciernes, ambos a medio hacer. En ella, las infancias son la esperanza que da título a la cinta, cuya alegría, energía e ingenuidad decrecen a medida que se incorporan a la vida adulta, participando progresivamente en el consumo de drogas y la comisión de pequeños delitos, inducidos por los adultos, tutelados por la policía y a iniciativa de miembros de la clase media en la cinta. Se trata de un círculo vicioso con origen y final en la clase media, en sus pulsiones de ascenso social individual y consumismo ilimitados y sin escrúpulos.

Un estático plano panorámico del campo de fútbol del barrio de la villa Gardel abre la cinta. Estas primeras imágenes descriptivas en blanco y negro sin un alma a la vista ofrecen una perspectiva distante y superficial de un descampado, un espacio semi-urbanizado inundado de agua y de desperdicios por igual. No obstante, aquí se asienta y convive una comunidad que hace barrio y sale adelante a pesar de infraestructuras básicas deficientes, que evidencian la ausencia estatal, con la exclusión social por omisión como resultado. La entrada en diagonal de un adolescente en el espacio quiebra esta inmovilidad del campo de fútbol, insinuando que la villa quizás no sea lo que a primera vista aparenta.[8] Retoma la perspectiva el adolescente Alan (interpretado por Alan Garvey, íntimo amigo de González e integrante habitual de su elenco), retratado en un primer plano en color. En esta escena inesperada, el joven cavila cabizbajo y en silencio en la vereda. A lo lejos se escuchan motores de autos y ladridos de perros callejeros.

Si bien estos primeros planos de paisajes desolados de la villa corresponderían a la mirada de la clase media, la perspectiva se transmuta con la mirada del adolescente, integrando al espectador para hacerlo parte de este lugar de convivencia y habitabilidad, de una comunidad orgánica, dinámica y vital pese a todo. La villa es, en González, una comunidad a cielo abierto, de relación y convivencia, de infancias y juventudes, vitalidad, alegría y sentimiento de pertenencia barrial, plena

---

[8] Véase González (2013, 00:14).

de colores saturados oprimidos por una atmósfera plomiza, tiene el efecto de un bálsamo.[9] Combinación de espacios precarios e imperfectos, las fuerzas de seguridad acceden a ella con tanta regularidad como impunidad, para reforzar el orden y las relaciones de poder existentes.

La alegría, uno de los afectos más enriquecedores, hace "entrar en un individuo más amplio o superior" (Deleuze y Parnet 1980, 70) según Deleuze, referencia clave en la poética del director. Para el mismo González:

> la felicidad en un barrio está de lo más presente, y vos decís, ¿cómo puede ser tanta ausencia en tanta necesidad? La música fuerte, la gente se ríe, se hablan los vecinos, los niños están solos a cualquier hora en la calle y nadie los secuestra, nadie los roba, nadie, eso es, para mí, es felicidad, y sucede en una villa a pesar de toda la pobreza económica que hay (Leiva 2014, 06:00–06:28).

A pesar de que los villeros mantienen las condiciones de posibilidad de la clase media urbana, realizando las labores más ingratas y en peores condiciones, en la ciudad son percibidos con ambivalencia, como cosificados como fuerzas de trabajo, invisibilizadas e indeseadas por quienes al mismo tiempo los necesitan para sostener su estatus material y simbólico. Atraídos a su centro por su funcionalidad, son expelidos en tanto sujetos ciudadanos. En esta tensa relación con el afuera de la ciudad se corre el peligro de 'caer preso', aquí en la cárcel de Devoto, cuyas fachadas González retrata desde diversos ángulos con sucesivos planos secuencia, insinuando disciplinamiento y sufrimiento tras sus muros. Los planos se suceden en perfecta sincronía y contraste semántico con música clásica de fondo (*Claro de luna* de Beethoven). Este contraste sensorial, sumado a la armonía visual de las imágenes, escupe una semiótica de elevada densidad semántica, una grotesca belleza en representación de la desigualdad.[10] No en vano, César González se siente responsable de:

> representarnos a la altura. De representar esa vida con la mayor de las bellezas posibles. Iba a decir dignidad, pero es una palabra que me parece que no le hace honor a lo que intento a expresar. Por eso digo belleza. Esta altura de la belleza compleja de la vida. La melancolía, las heridas, el dolor (Criales 2024).

La prisión materializa aquí un lugar intermedio, una intersección insoslayable entre la villa y la ciudad, entre las lógicas internas de la comunidad villera y las normas institucionales. En una relación de contigüidad con la villa, su interdependencia aparece naturalizada. Mientras Alan observa un coche policial patrullando, la voz en *off* del director confiesa que, para la sociedad, "fui preso antes que persona".[11] En su autobiografía, el director relata que "yo esa precariedad [de la

---

[9] Véase González (2013, 10:43–10:53, aquí 10:49).

[10] Véase González (2013, 12:50–14:25).

[11] Véase González (2019, 01:12:22).

cárcel] la viví de niño y de niño no robaba, [...] ¿por qué lo viví también? Parecía una celda la pieza de una villa, no hay mucha diferencia [...] y no me moría de frío porque ya estaba re curtido".[12]

La operación principal de la obra de González consiste en situar la villa y sus habitantes en el centro con su mirada. Abre la posibilidad de una relación dialógica que contrarresta la invisibilización y la demonización de la villa por parte de las clases privilegiadas, llamando la atención de manera implícita sobre el abandono institucional, la privación de infraestructuras y servicios básicos, pilares básicos del estado de bienestar y de derecho. Al articular un diálogo en una relación de fuerzas opuestas y desiguales, González pone la realidad en movimiento.

Diagnóstico esperanza II. Mosaico de figuras en un movimiento inútil, de la inocencia al delito a través de la violencia

César González no niega los aspectos problemáticos de la villa, como la delincuencia o el consumo de estupefacientes, sino que los expone abiertamente, obligando a su contemplación. Como señala Veliz en referencia a Rancière, no debemos dejarnos distraer por "el horror en las imágenes", sino concentrarnos en los "dispositivos de visibilidad construidos" que lo hacen perceptible (Veliz 2019, 164), esto es, en cómo González consigue vehicular el universo villero sin desvirtuarlo. Muestra y descontractura estereotipos sobre la villa y visibiliza las barreras que impiden la interacción entre las clases. Con su obra trata de revelar las lógicas de poder instaladas, quiénes son los actores de las clases sociales, los lazos que los unen, sus motivaciones, herencias y legados. Al desmenuzar estas agencias y sus relaciones sorprende la estrecha conexión entre mundos aparentemente distantes.

El hilo argumental de *Diagnóstico esperanza* es un acontecimiento que nunca llegará a tener lugar y, no obstante, articula una constelación de personajes y acciones en torno a él: la planificación de un robo que se frustrará. Los personajes son piedras angulares representativas de distintos colectivos: separa a los habitantes de la villa y la clase media una invisible línea divisoria de clase o *grieta* que, sin embargo, las fuerzas de seguridad transitan con despreocupación, entre el abuso de autoridad y la impunidad. Todos actúan movidos por un mismo *leitmotiv*: el deseo de ascenso social rápido y acceso al consumo a cualquier precio, para lo cual se sirven de la violencia.

Esta dualidad resulta nítida en un sombrío adolescente abandonado a su suerte, en un hogar sin adultos que estén al cuidado de los menores. De madrugada y sin desayunar, con la mirada triste y la vestimenta raída, el *pibe* toma el tren al microcentro.[13] Este (y no la escuela) es su destino, ya que se dedica a la venta informal de medias o calcetines. La arquitectura de la imagen es elocuente: el adolescente

---

12 Véase Leiva (2014, 26:00–26:08).

13 Véase González (2013, 05:30).

atraviesa una marea de pasajeros cansados, presumiblemente trabajadores precarizados, entre quienes se abre paso elevando una mercadería que a nadie interesa, entonando una misma cantinela sin lograr que nadie le preste atención: "¡Soquetes Nike, Adidas, tres por diez [pesos]!".[14] Finalmente, y sin haber obtenido ganancias, el chico abandona el recinto vial saltando el torniquete. Solo, mira en silencio al vacío mientras fuma sentado en la vereda en una zona comercial. Contempla impotente el escaparate de una tienda de deportes de marca. Solo unos milímetros transparentes de vidriera, implacables en su materialización del insalvable escalafón social, lo separan de estos objetos inalcanzables: ni siquiera su reflejo rozará la mercadería expuesta. Una delgada línea separa dos mundos simétricos: la realidad del villero, a la izquierda, y la del bienestar material y el estatus social, a la derecha. La imagen del Che Guevara en su mochila, estandarte de una revolución fallida y convertida en un producto de *marketing*, vela inútil por el muchacho y sus zapatillas desgastadas.[15] Ignorado como vendedor a pesar de su empeño, a pesar de los discursos meritocráticos vigentes, el espectador queda confrontado al contraste de la desigualdad. De regreso en el barrio, un prolongado primer plano le restituye la atención que la sociedad le niega, mientras se desahoga llorando en silencio;[16] un primerísimo primer plano dignifica la mirada del joven.[17]

Tras su experiencia de quiebre, el adolescente acepta el sinsentido de toda vía honesta para ganarse el sustento. Condenada al fracaso, solo quedará el delito como vía alternativa. Por tanto, la ruptura del contrato social será inevitable para la supervivencia. A partir de aquí, la constelación de figuras se estructura según la lógica del robo, ideado, no obstante, por un pequeño comerciante de clase media. Organizará el asalto con Ledesma, un agente de policía corrupto, y que habrá de ejecutar un reducido grupo de villeros: Beto, la madre de Alan y algunos jóvenes: el propio director en un cameo, el expreso Lautaro y el adolescente. A falta de la posibilidad de ejercer un oficio formal o empresas más honestas, consideran el delito una profesión más: "– Yo quiero salir a laburar hoy, amigo. – [Si] querés salir a laburar, podemos ir a laburar, guacho" (González 2013, 41:00–42:19). Tan válido y legítimo como cualquier otro desde esta perspectiva, sus herramientas se basan en el empleo de la violencia: "viste la gente que labura, el albañil, ¿qué hace? Se compra una máquina, se compra la pala, esto y lo otro. El carpintero, ¿qué hace? Se compra agujereadoras, se compra taladros, cepilladoras [...]. [Y] nosotros, ¿qué hacemos? Nosotros tenemos que tener plata, nave, fierros..., cortá, esas siempre" (González 2013, 01:08:00).

---

14 Véase González (2013, 07:00–08:00).

15 Véase González (2013, 08:38 y 09:46–09:51).

16 Véase González (2013, 09:53–10:15).

17 Véase González (2013, 10:25–10:43).

El reto de la esperanza: enfrentarse a la violencia de un odio ubicuo

Las relaciones humanas en el gran Buenos Aires argentino retratado por González oscilan entre las fuertes raíces de una violencia matriz y la esperanza y la alegría de los pibes. Salvaguarda la esperanza la mirada de Alan, adolescente meditabundo que comparte con los otros pibes, deambula en la villa entre la ingenuidad de la infancia y su pérdida en la adultez, entre la ilusión por poder ser diferente a lo esperado y el disciplinamiento de clase: "lo principal es la idea de la violencia entre tus padres, a la que te someten, porque eso es para mí lo más perverso, cómo te odiás con el otro" (Leiva 2014, 26:09–26:15), declara González al respecto. Encarna esta violencia la madre de Alan, madre soltera de numerosa prole y vendedora de droga barrial (Carla Nazarena Moreno, madre del director en la vida real): "¡Qué odio que tengo, qué odio! Les voy a romper la cabeza a los chicos ahora, después que esté todo limpio, la concha de su madre" (González 2013, 01:19:47–01:19:52). Finalmente, la madre recibe la noticia de la frustración del golpe mientras fuma y amamanta su bebé.[18]

No en vano el odio es, según el director, el motor de la vida pública argentina: "en Argentina discriminar resulta insuficiente. Se reclama al odio como un derecho [...]: es la inseguridad el gran flagelo existencial del ciudadano y por ende la certeza principal que tiene el odio para ser" (González 2021, 34), coincidiendo con Alzueta. Así, se producen linchamientos públicos, numerosas muertes por violencia durante detenciones policiales, junto con asesinatos por gatillo fácil, sostenidos por la doctrina Chocobar[19] recuperada por la ministra de seguridad Patricia Bullrich del gobierno de Macri en el de Milei.[20] Con amargura, González reflexiona que "se le asigna de por sí a los pobres y a los sectores populares un mal innato. Un mal que además es un conjunto de pequeños males. Son tantos males que son capaces de todo" (Respighi 2023), piensa la clase media. Este mal es fuente de un odio que "da sentido a muchas vidas" (González 2021, 35), "[u]n asco recíproco [que] nos permite convivir" (González 2021, 103–105; 2017, 27:26).

Esperanza y resistencia a pesar del diagnóstico

Dos grandes colectivos de pertenencia habitan la villa: la familia, desestructurada, con adultos ausentes e infancias tan poco deseadas como atendidas, encargada de

---

18 Véase González (2013, 01:19:30–01:19:34).

19 Reglamento sobre el uso lícito extendido de armas de fuego por parte de las fuerzas de seguridad, implementado a raíz del homicidio por parte del policía del mismo nombre al adolescente Pablo Kukoc (Boca, CABA 2017).

20 Los casos de asesinato por gatillo fácil suponen "más del 70% de las muertes por violencia institucional". Entre 1983 y 2022 se cometieron al menos 8701 asesinatos, 529 solo en 2023, según el informe anual de la Coordinadora contra la Represión Policial e Institucional (CORREPI 2023, 2024).

instruir en los mandatos sociales, y grupos unidos por la amistad, fuente de la fuerza y la cohesión necesarias para vivir. Alentado por la necesidad material, el delito pierde en este contexto su cariz moral. Ante este panorama, surge la pregunta sobre la ausencia del Estado y la falta de garantía de unas condiciones mínimas de habitabilidad, educación y proyección de futuro, de unos derechos básicos más allá de la constante vigilancia policial.

Al "transformar este dolor en algo productivo" (Cacopardo s.f., 09:48–09:51), César González rompe esquemas no solo en lo relativo a paradigmas sociales, sino también en los modos de hacer cine. Autodidacta y perseverante, este autor que comenzó a escribir "de toque, en simultáneo" (Leiva 2014, 38:28–38:29), revela que "me gusta estudiar y hacer a la vez" (Leiva, 49:08–49:14), modo de hacer arte y pensamiento con el que cuestiona paradigmas y cánones de tradición y contribuye a la convivencia.

Con su primer largometraje, César González homenajea a la comunidad villera, con sus claroscuros y una mirada humanizadora enfocada en las distintas caras del villero como sujeto y agente sociopolítico. Es consciente de la potencial repercusión de su obra, en el plano cultural como en la configuración social, teniendo para sí un claro mandato:

> Mi aporte es para que, el día de mañana, al hijo de esa persona que le robaron no le roben, y para que el hijo de ese pibe que robó no sea chorro, esa es la verdadera lucha, de [*sic*] que las generaciones que vienen realmente sufran menos violencia. Demanda mucha seriedad y algo que no es abstracto: demanda mucho amor (Leiva 2014, 55:45–56:07).

Una década más tarde, su "diagnóstico [ya] sin esperanza" (González 2019, 17:00) se torna será más realista y escéptico:

> Ya quedó claro y quedó demostrado con creces que el amor no vence al odio en este país.[21] […]. Yo creo que al odio lo vence otro tipo de odio […] más creativo, más sofisticado, pero hay que odiar este estado de cosas, hay que odiar que 50% del país sea pobre […], sinónimo, si quieren, rechazar, despreciar, resistirse a eso, […] hay que ser creativos en el odio (González en Mengolini 2024, 12:37–14:36).

Con ello, frente a una representación fetichizada del mundo villero y su estigmatización, frente a unas relaciones de poder que niegan a los villeros agencia en tanto sujetos y seres humanos y pertenencia social, defiende como cineasta que:

> hay que reclamar que tenemos derecho a construir nuestras propias imágenes […]. A las imágenes que siempre se han creado de la villa ridiculizándola, banalizándola,

[21] En referencia al eslogan del Partido Justicialista, heredero del peronismo y liderado ahora simbólicamente por Cristina Fernández de Kirchner.

tratándola como un objeto en sí mismo, hay que responderle con otras imágenes (Leiva 2023, 21:00–21:15).

Por último, con sus trabajos parece responder al reto de pensar la realidad desde una perspectiva otra, al interrogante de imaginar qué piezas se caerían, cuáles se sostendrían si cambiáramos el orden y la jerarquía establecidos, esto es, "¿qué pasaría si la alteridad fuera invertida?" (Leiva 2023, 27:25). Para ello, González realiza un uso inteligente y generoso de los nuevos medios digitales de producción y de *streaming* gratuito en su difusión, en un país donde a día de hoy un libro tiene el mismo precio que en Europa, el equivalente a unos 20 euros en pesos argentinos (20 000 ARS), mientras el salario mínimo ronda los 200 000 y el promedio los 300 000 pesos (200 y 300 euros respectivamente).

Referencias

Filmografía

González, César. 2023b. *Al borde*. Argentina: Futurock.
— (con Sofía Gala Castiglione). 2023c. *Fobia*. Argentina: César González.
—. 2020. *Castillo y Sol*. Argentina: César González.
—. 2019. *Lluvia de jaulas*. Argentina: Pensar con las manos.
—. 2018. *Atenas*. Argentina: Pensar con las manos.
—. 2017. *Exomologesis*. Argentina: César González.
—. 2014. *¿Qué puede un cuerpo?* Argentina: César González.
—. 2013. *Diagnóstico esperanza*. Argentina: Todo Piola producciones.
Ortega, Sebastián et al. 2016. *El marginal*. Argentina: TV Pública, Underground Contenidos.

Bibliografía

Alarcón, Cristian. 2003. *Cuando muera quiero que me toquen cumbia. Vidas de pibes chorros*. Buenos Aires: Grupo Editorial Norma.
Boltvinik, Julio. 2009–2010. "Peter Townsend y el rumbo de la investigación sobre pobreza en Gran Bretaña." *Mundo Siglo XXI* 19: 45–62.
—. 1990. *Pobreza y necesidades básicas. Conceptos y métodos de medición*. Caracas: PNUD.
Cabezón Cámara, Gabriela. 2009. *La Virgen Cabeza*. Buenos Aires: Eterna Cadencia.
Cacopardo, Ana. s.f. "E3 César González." *Historias debidas III. Canal Encuentro*. https://www.youtube.com/watch?v=uyN7FxOl8Sk&t=21s (último acceso: 20 de abril, 2023)
CORREPI (Coordinadora contra la represión policial e institucional). 2023. "ARCHIVO 2022: A 40 años de democracia, es urgente una agenda contra la represión." *correpi.org*, 17 de marzo, 2023. https://www.correpi.org/2023/archivo-2022-a-40-

anos-de-democracia-es-urgente-una-agenda-contra-la-represion/ (último acceso: 25 de febrero, 2024).

—. 2024. "ARCHIVO 2023: No a la legalización del gatillo fácil", *correpi.org*, 17 de marzo, 2023. https://www.correpi.org/2024/archivo-2023-no-a-la-legalizacion-del-gatillo-facil/ (último acceso: 25 de marzo, 2025).

Criales, José Pablo. 2024. "César González, el 'pibe chorro' que vivió para contarlo: 'Nunca pedí permiso. Ni para robar, ni para escribir'." *El País*, 11 de febrero, 2024. https://elpais.com/argentina/2024-02-11/cesar-gonzalez-el-pibe-chorro-que-vivio-para-contarlo-nunca-pedi-permiso-ni-para-robar-ni-para-escribir.html (último acceso: 23 de febrero, 2024).

Deleuze, Gilles y Claire Parnet. 1980. *Diálogos*. Valencia: Pre-textos.

Eguía, Amalia. 2021. "Relaciones entre pobreza y desigualdad: Aportes para un estado de la cuestión." En *Desigualdad en plural: Miradas, lecturas y estudios en el Gran La Plata*, editado por Susana Ortale y María Eugenia Rausky: 21–51. La Plata: Universidad Nacional de La Plata.

González, César. 2023a. *El niño resentido*. Buenos Aires: Editorial Sudamericana.

—. 2021. *El fetichismo de la marginalidad*. Lomas de Zamora: Sudestada.

—. 2015. *Retórica al suspiro de queja*. Buenos Aires: Ediciones Continente.

—. 2011. *Crónica de una libertad condicional*. Buenos Aires: Tinta Limón.

—. 2010. *La venganza del cordero atado*. Prólogo de Luis Mattini, ilustraciones de Rocambole. Buenos Aires: Ediciones Continente.

—. 2010. *Todo piola. Revista de Cultura Marginal*. Antes bajo el dominio: http://www.todopiolarevista.com.ar, inhabilitado. Ahora bajo el dominio: https://www.dropbox.com/sh/r78udqgbx4zaq2q/AADWfhDHU1kSUXhfMpNPEb-Ba?dl=0 (último acceso: 31 de enero, 2025).

Kessler, Gabriel. 2021. *Controversias sobre la desigualdad: Argentina, 2003–2013*. Buenos Aires: Fondo de Cultura Económica.

Leiva, Julio. 2023. "César González: 'Cuesta menos aceptar un villero en la política que en el arte'." *Caja Negra. Filo News*, 30 de agosto, 2023. https://www.youtube.com/watch?v=WiDlvGV3rsc (último acceso: 27 de febrero, 2024).

—. 2014. "César González. 'La máquina de escribir voces'." *Vorterix Media*, 31 de enero, 2020. https://www.youtube.com/watch?v=N9mrhBGLwO0 (último acceso: 10 de mayo, 2023).

Mengolini, Julia. 2024. "'El amor no vence al odio en este país'. César González con Julia Mengolini." *Segurola y Habana*, Futurock FM, 16 de febrero, 2024, https://www.youtube.com/watch?v=1NEbKUpn358 (último acceso: 3 de marzo, 2023).

Metz, Christian. 1970 [1968]. "El decir y lo dicho en el cine: ¿hacia la decadencia de un cierto verosímil?". En *Lo verosímil*, editado por Eliseo Verón, 17–30. Buenos Aires: Editorial Tiempo Contemporáneo.

Ortale, Susana y María Eugenia Rausky. 2021. "Introducción." En *Desigualdad en plural: Miradas, lecturas y estudios en el Gran La Plata*, editado por Susana Ortale y María Eugenia Rausky, 9–17. La Plata: Universidad Nacional de La Plata.

Recursos culturales. 2013. "César González, director de Diagnóstico Esperanza: 'Toda la película está hecha por manos villeras'." *Recursos culturales*, 26 de julio, 2013. https://www.recursosculturales.com/cesar-gonzalez-director-de-diagnosticoesperanza-toda-la-pelicula-esta-hecha-por-manos-villeras/ (último acceso: 25 de marzo, 2025).

Respighi, Emmanuel. 2023. "César González: 'Hay un vacío enorme de autores de origen popular'." *Página 12*, 21 de octubre, 2023. https://www.pagina12.com.ar/600318-cesar-gonzalez-hay-un-vacio-enorme-de-autores-de-origen-popu (último acceso: 23 de febrero, 2024).

Rodríguez Alzueta, Esteban. 2016. *La máquina de la inseguridad*. La Plata: EME.

Spinoza, Baruch. 2019. *Ética demostrada según el orden geométrico*. Traducido por Atilano Domínguez. Madrid: Guillermo Escolar.

Townsend, Peter. 2010 [1962]. "The meaning of poverty." *The British Journal of Sociology* 61, nro. 1 (enero): 85–102. https://doi.org/10.1111/j.1468-4446.2009.01241.x.

Veliz, Mariano. 2019. "Dispositivos de percepción de las villas miseria en el cine de César González." *L'Atalante. Revista de estudios cinematográficos* 28 (julio–diciembre): 157–170.

White, Hayden V. 1987. *The Content of the Form: Narrative Discourse and Historical Representation*. Baltimore: Johns Hopkins UP.

Streaming glocal: Netflix adapta a Harlan Coben

Jörg Türschmann

El único núcleo definitorio del término "transnacionalidad" es el aspecto de que algo existe independientemente de las peculiaridades de las culturas nacionales y, sin embargo, permanece anclado en ellas al mismo tiempo. Esta paradoja también determina el interés por las culturas del *streaming*. Las series de televisión, por ejemplo, están disponibles más allá de las fronteras y, por tanto, también se conciben a nivel "glocal" (Robertson 1996). Para ello, se reducen las peculiaridades locales para que puedan ser entendidas por los espectadores de fuera del país de producción. El internacionalmente conocido escritor estadounidense Harlan Coben escribió varias novelas negras que se adaptaron en producciones de Netflix de diferentes países. El siguiente artículo explora la cuestión de hasta qué punto un único autor puede ser el nexo entre los catálogos nacionales de Netflix y es crucial que las adaptaciones estén disponibles vía *streaming*.

Palabras clave: adaptación, *thriller*, miniserie, Coben, transnacionalidad

Streaming y cine de autor

David Bordwell afirmó en su blog "Observations on Film Art" que el *streaming* ha llegado a sus límites: el público quiere que vuelva la televisión tradicional, con ella, una estructura de canales que ofrezcan sus emisiones a una hora determinada y que, por tanto, garanticen que el individuo sepa que otros están viendo lo mismo a la misma hora.[1] Esta añoranza de los viejos tiempos no solo afecta a la televisión pública, sino en general al deseo de distribución periódica en horarios fijos. Los canales de pago en Estados Unidos, incluido HBO, que se menciona a menudo en relación con la televisión de calidad, no suelen ofrecer temporadas completas para el *binge-watching*, sino que emiten periódicamente los episodios de una serie. Netflix y Amazon también lo hacen en algunos casos. De esta manera, el *streaming* vuelve a tener un carácter de televisión en tiempo real, cuyo núcleo es la retransmisión en directo de un partido de fútbol. La televisión en *streaming* es, en gran medida, una re-mediatización de la literatura, el cine y la televisión clásica como medio en tiempo real.[2] Sin embargo, las series son mucho más importantes para Netflix que los largometrajes. Se plantea la cuestión de si la causa es su

1 Véase Bordwell (2022).
2 Véase Zündel (2017, 44).

énfasis en la oferta de series o, más bien, la demanda de la audiencia. La propia plataforma Netflix afirma que los espectadores dedican el 70% de su tiempo a ver series y el 30% a ver películas.[3]

La característica decisiva de la distribución periódica en el caso de las series de televisión es que cada episodio se convierte en un espectáculo mediático, al menos para la comunidad de fans de la serie en cuestión, que espera ansiosamente la continuación. Pero el *streaming* contradice el carácter de evento de la distribución de medios. Netflix y otras plataformas se asemejan, en definitiva, al catálogo de una filmoteca, cuyas entradas sirven de enlace para acceder directamente a las ofertas más atractivas. Con ello, Netflix conserva una característica de sus inicios, cuando aún distribuía DVD. Sin embargo, la diferencia entre el catálogo de Netflix y el catálogo en línea de una filmoteca es que la presencia de Netflix en internet promueve a la vez las actuales novedades. De este modo, el lanzamiento de una serie se celebra como un evento. Estos eventos son necesarios puesto que la selección es tan grande y a menudo tan redundante que muchos espectadores pierden el interés de navegar por ella.

David Bordwell es un devoto de la cinefilia tradicional. Por eso sigue de cerca lo que ocurre con los largometrajes que se estrenan exclusivamente en las plataformas de *streaming*. Señala que están siendo olvidados. Entre otros, cita como ejemplo *The Irishman* (Scorsese 2019). En el sector de habla hispana es debido acordarse de *Roma* (Cuarón 2018), una película que se presentó al menos en Cannes un año antes, pero que desapareció inmediatamente de las pantallas de cine. Pensar en los largometrajes es importante porque tienen un carácter de obra de arte que no se les suele conceder a las series. Esta diferencia no solo tiene que ver con la diferente valoración de la calidad artística de las películas y las series, sino con el hecho de que las series, según la opinión generalizada, no tienen un final en el sentido de que su narrativa no lleva en cada temporada a una resolución. La duración de una serie depende de la aprobación del público. En consecuencia, Bordwell se pregunta si conocidos clásicos de la historia del cine habrían permanecido en la memoria colectiva durante tanto tiempo como lo hicieron sin haber sido proyectados en una sala de cine.

La autonomía artística y la distribución en DVD: el caso de *Twin Peaks*

Así pues, hay tres criterios que también resultan relevantes en el *streaming*: 1) El espectáculo del estreno de una conocida película de cine, un largometraje de producción especial o el lanzamiento de una nueva serie; 2) el carácter de obra de arte autónoma; 3) el poder de la canonización. En cuanto al último aspecto, las series como *The Wire* (Simon 2002) han conseguido al menos inspirar a representantes del mundo académico para que escriban monografías (p. ej. Kelleter 2014). En

---

[3] Véase Richter (2020, 155).

este caso, la canonización conlleva un factor económico. Y aquí destaca especialmente *The Wire* porque no es posible ver la serie sin más costes como parte de la tarifa plana de una plataforma. En su lugar, la serie se archiva en formato DVD para que el aficionado la pueda adquirir. Se aplica, por tanto, el principio mercantil de la oferta y la demanda: a mayor demanda, mayor precio. *The Wire* es considerada por muchos críticos como la mejor serie jamás realizada, una valoración que recuerda a la de los críticos de cine que afirman lo mismo de la película *La Règle du jeu* (Renoir 1939).

El abonado a una plataforma piensa detenidamente si quiere comprar además una película o una temporada de la serie. Esto se debe a que solo adquiere acceso al producto mientras la plataforma tenga la licencia. El abono no incluye el derecho a la propiedad garantizada. Por esta razón, muchos espectadores prefieren adquirir un DVD, ya sea como DVD único o como colección por "el valor cultural de las series de televisión estadounidenses" (Mittell 2009). También en este caso se pueden contextualizar la canonización, el espectáculo mediático y la autonomía de obra de arte.

Un ejemplo muy conocido es la serie *Twin Peaks* (Lynch y Frost 1990) en el mercado de habla alemana. Es llamativo porque la comercialización de *Twin Peaks* en DVD corresponde básicamente a las estrategias de *streaming*, sin que el *streaming* haya asegurado el acceso directo en el sentido de que habría hecho posible la oferta de la serie como una mezcla de archivo y sitio de presentación. En cuanto a la distribución de *Twin Peaks* en DVD y Blu-ray, cuyos títulos siempre empiezan por las palabras "Twin Peaks" y ofrecen versiones dobladas como subtituladas en varios idiomas, se puede recapitular la comercialización como sigue: hay una edición especial de la primera temporada.[4] Las dos primeras temporadas, emitidas en 1991 y 1992, de las cuales la segunda temporada se editó en un solo DVD[5] y también en dos partes por separado,[6] se publicaron juntas en *The Definitive Gold Box Edition* (Lynch y Frost 2016b). La tercera temporada, producida en 2017, aparece sin referencia a su numeración, con el añadido de *The Return* o, más frecuentemente, *A Limited Event Series* (Lynch y Frost 2018a), luego junto con las dos primeras temporadas en *The Television Collection* (Lynch y Frost 2019). El largometraje *Fire Walk With Me* de 1992, una precuela, se estrena el mismo año que la tercera temporada.[7] *The Definitive Gold Box Edition* incluye abundante material extra, pero al Blu-ray *The Entire Mystery* o *Das ganze Geheimnis* (Lynch y Frost 2016a) lo compone más material que incluye *Fire Walk With Me* con escenas alternativas junto a las dos primeras temporadas. *A Limited Event Series* y *The Television Collection* también ofrecen material adicional. Por último, el Bluray *From Z To A* (Lynch y Frost 2020) incluye las tres temporadas y *Fire Walk*

4 Véase Lynch y Frost (2011).
5 Véase Lynch y Frost (2014).
6 Véase Lynch y Frost (2006, 2007).
7 Véase Lynch y Frost (2018b).

With Me con material extra. Además, las colecciones –como la de *From Z To A* para el octavo episodio de *A Limited Event Series* en 4K– anuncian una calidad de imagen renovada, en parte supuestamente con la aportación del propio David Lynch. El largometraje es, como ya se ha dicho, la precuela de las dos primeras temporadas y el punto de referencia para la tercera, cuya trama se sitúa 25 años después de los acontecimientos relatados en las dos primeras temporadas. Por desgracia, este listado es muy poco sistemático, especialmente en lo que se refiere a las fechas de estreno. Pues no solo aparecen continuamente nuevas ediciones, lo que se desprende únicamente del cambio de los números de año, sino que también hay desplazamientos entre los DVD y los Blue-ray. Todo ello revela un flujo comercial que hace irreconocible el anclaje temporal y confiere repetidamente a los episodios y temporadas de la serie el carácter de una nueva edición. Llama la atención que el intento de obtener una visión de conjunto solo se haya realizado para la emisión en televisión, pero no para los DVD ni los Blue-ray.[8]

Entonces, ¿es la distribución de *Twin Peaks* en DVD un caso de *streaming avant la lettre* de una serie y su precuela cinematográfica en un soporte físico de la versión digitalizada? ¿O se trata de una televisión de las de antes, con la diferencia de que los episodios de las series no aparecen, pero los lanzamientos de los soportes de datos se celebran y se comercializan como eventos, como en el catálogo de Amazon donde se pueden comprar los DVD? Una plataforma tiene entonces al mismo tiempo la función de un catálogo de biblioteca en el que se pueden identificar los DVD que están disponibles para su compra y la función de un espectáculo publicitario cuando se anuncia una nueva edición.

Algunas características del *streaming* en el mercado de habla alemana

La comercialización en DVD de *Twin Peaks* es un fenómeno que tiene que ver con la industrialización del arte en general y con la narración de historias en los medios de comunicación de masas en particular. El reciclaje de un producto de este tipo siempre se ha celebrado como una secuencia de acontecimientos mediáticos y ya era habitual en los tiempos de la llamada *littérature industrielle*,[9] los folletines del siglo XIX. Ya se ha escrito mucho sobre la comparación entre las novelas por entregas y las series de televisión. Los criterios más citados son: la autoría de un genio (en contraste con los *nègres* de Alejandre Dumas), la narrativa cíclica del *Heptamerón*, el *Decamerón* y las *1001 noches*,[10] la prensa de suscripción, pues la prensa diaria, la novela por entregas y los folletines, las adaptaciones teatrales, las versiones posteriores en libro ilustrado, las traducciones, los géneros literarios y las técnicas de *cliffhanger*. Además, ya en esta época temas y motivos

---

8 Véase Frank y Schleich (2020).

9 Véase Sainte-Beuve (1839).

10 Véase Mielke (2006).

se desarrollaron y se canonizaron a nivel transnacional, como demuestra el ejemplo de las traducciones y adaptaciones de *Les Mystères de Paris*.[11]

Llama la atención que, al comparar la novela periodística y la serie de televisión, los expertos consideren principalmente ejemplos y literatura que corresponden a su entorno cultural, lingüístico y nacional. La única excepción es la televisión estadounidense, que dominaba el mercado de Europa Occidental con sus series incluso antes del *streaming* y que también ha dado forma a los académicos de hoy en día desde entonces. Netflix ha contribuido significativamente a este dominio internacional del mercado estadounidense. "The most contentious issue across the board is the relative lack of local content within the platform compared to the abundance of U.S. programming" (Lobato 2019, 135). Por eso, no solo en Alemania, los expertos apenas tienen en cuenta las otras series televisivas no anglófonas y sus precursores en la prensa del siglo XIX, al menos en lo que respecta a Europa. Más bien, son ciertos temas y estereotipos los que llaman la atención sobre las culturas de las series extranjeras, como el narcotráfico colombiano y mexicano, cuya representación en *streaming* es luego, sin embargo, recibida de nuevo en forma de versiones estadounidenses, como muestra el ejemplo de la versión colombiana frente a la producción estadounidense *Narcos* y las versiones de *La Reina del Sur*.[12] A partir de esto, varias series mexicanas han llegado al mercado europeo de Netflix en lengua no española y en versiones subtituladas. Pero en los países de habla alemana también son frecuentes las series españolas, la mayoría con subtítulos y sin doblaje. Cabe suponer que Netflix se dirige así al público hispanohablante de los países de habla alemana en particular y que, en el mejor de los casos, ofrece subtítulos para el público de habla alemana.

Lo más sorprendente es que las investigaciones estadounidenses hacen referencia a un concepto básico tradicional, tal y como se concebía en el mundo germanohablante, para describir el enfoque pedagógico y didáctico de las series de *streaming*:[13] la comprensión hermenéutica (*Verstehen*) en las humanidades, que, como es bien sabido, se contrapone a la explicación (*Erklären*) practicada en las ciencias exactas. La pretensión al carácter científico de las actividades investigativas queda así reservada a las ciencias exactas, mientras que las humanidades, incluso cuando indagan un fenómeno mediático reciente como el *streaming*, se aferran entonces a la intuición, la empatía (incluso al 'método' tradicional de la *Einfühlung*) y les imputan un carácter introspectivo e intuitivo, aunque el análisis de series esté bien sistematizado desde hace tiempo con fines didácticos.[14] Sin embargo, es acertado señalar que la investigación de series no puede limitarse a la estadística y el empirismo para estudiar su distribución, las estrategias mercantiles

---

11 Véase Stein y Wiele (2019, 3).

12 Véase Türschmann (2020), Bobineau y Türschmann (2022).

13 Véase Besek y Pandey (2023).

14 Véase Gordillo (2009), López Gutiérrez y Nicolás Gavilán (2015), Berton y Boni (2019a, 2019b), Nesselhauf y Schleich (2016).

y las reacciones de la audiencia. Es sobre todo la semántica de los procedimientos expresivos lo que es sustancial para la interpretación y no debe contraponerse a los métodos de investigación cuantitativos.[15]

Streaming y *flow*

Se plantean algunas preguntas sobre la estructura discursiva de las series de televisión con vistas a su distribución digital. Los aspectos filosóficos desafían constantemente nuevas definiciones y catálogos de criterios hasta que el punto de partida –la serie televisiva– no es más que un fenómeno de serialidad entre otros.[16] En última instancia, no es la narración serializada en sí lo que ha inspirado tantos estudios, sino su difusión a través de internet y, en relación con ello, la calidad artística que se concede a algunos productos. Sin embargo, los criterios de calidad son completamente divergentes,[17] por lo que, del canon de series apreciadas artísticamente, algunas de las cuales ya se han mencionado anteriormente, solo se puede afirmar que este canon está formado por series estadounidenses distribuidas sin publicidad en canales de pago estadounidenses.[18] Concretamente, es la tan citada "complejidad" de las tramas intrincadas lo que distingue a la narración serializada en la *Quality TV*.[19] Sin embargo, esta complejidad también puede abrumar al público, como atestiguan algunos ejemplos individuales.[20] Así que lo que importa para asegurar el éxito no es en absoluto el arte a cualquier precio.

Merece la pena distinguir los distintos aspectos que caracterizan el *streaming*. Un aspecto que tiene que ver con la aceptación y apreciación de las series de ficción es el hecho de que puedan verse en distintos dispositivos (ordenador, teléfono móvil, *Smart TV*, proyector). Este fenómeno, llamado "transmedia", afecta al *streaming* en general, pero hace que las series sean más accesibles. Transmedia tiene otra característica además de su omnipresencia en los medios electrónicos:

> Y en segundo lugar, y aún más significativo, los espectadores somos partícipes centrales y activos que solo entendemos, completamos y seguimos las historias de ficción y no ficción que nos cuentan si éstas nos hacen sentir implicados en ellas, si nos hacen formar parte. Esto es central (Notar 2017, 73).

Sin embargo, sigue sin estar claro cómo se desencadena este efecto en la audiencia: ¿se trata de temas familiares o actuales, motivos típicos del género o del formato (telenovela, culebrón, *soap opera*, *true crime*, *sitcom*, etc.), clichés o estereotipos

---

15 Véase Türschmann (2022b).
16 Véase Beil et al. (2012, 11).
17 Véase Pujadas (2011), Nesselhauf y Schleich (2014).
18 Véase Blanchet (2010).
19 Véase Mittell (2015).
20 Véase Türschmann (2022a).

en una puesta en escena espectacular, diferenciación del producto mediante la serialización o simplemente "una trama interesante a tono con lo que en este momento sabían que queríamos ver" (Notar 2017, 152)? Al fin y al cabo, además de la complejidad, puede registrarse un grado más o menos intenso de inmersión como otra característica de la televisión de calidad en cuanto a las series.

El *streaming* de series está sujeto a las mismas condiciones que caracterizan a las formas convencionales de televisión por internet, es decir, el contraste con la televisión como medio de distribución en tiempo real (*broadcasting*): "Im Vergleich vom *Flow* und *Stream* spielt die in der Fernseh- und Serienforschung häufig vorgenommene Gegenüberstellung von traditionellen Massenmedien (Fernsehen) und personalisierten Medien (Onlineplattformen) eine zentrale Rolle" (Zündel 2023, 3).[21] En contraste con el *flow*, el *streaming* requiere que los espectadores se vuelvan activos y elijan, lo que a menudo les abruma y les lleva a una "incapacidad para tomar una decisión"; este problema, a su vez, es contrarrestado por Netflix y otros ofreciendo un *hyperflow* a nivel de la plataforma, es decir, la recomendación de más series, y un "*flow* aislado" a nivel de una serie individual, por ejemplo, con la ayuda de enganches (*cliffhangers*) entre episodios y temporadas, ambos destinados a generar una forma de *nextness* o cercanía de la audiencia (Zündel 2023, 7, 13 y 15). *Browsing* es ahora la nueva manera del *switching* de antes. Puede provocar que los espectadores utilicen la función de hiperflujo a través del televisor inteligente no para permanecer en una plataforma única, sino para migrar fácilmente de una plataforma a otra.

Medios impresos y aplicaciones de *streaming*, literatura y adaptación de series

Existe una sorprendente 'intermedialidad' entre los mensajes lingüísticos y su visualización televisiva. Por un lado, están las informaciones sobre el programa de las que depende no solo la televisión convencional, sino también una plataforma de *streaming*:

> Die linearen Rezeptionslogiken des klassischen Fernsehens (Sendung, Programm, zeitliche Standardisierung) erfahren durch Streaming-Plattformen eine Umfunktionierung, insofern sie sich mit den nichtlinearen Parametern des Web (Datei, Datenbank, zeitliche Entgrenzung) vermischen. Grundsätzlich kombinieren Webseiten, Plattformen und Portale verschiedene mediale Ästhetiken und Praktiken: Die Layouts und Rubrikstrukturen von Printmedien bilden die Vorlage für die Zusammenstellung und Vernetzung von Inhalten; Sortierungsmuster nach Themen, Genres, inhaltlichen Spezifika oder Textsorten aus Tageszeitungen, Radio- und

[21] "En la comparación del *flow* y el *streaming*, la contraposición de los medios de comunicación de masas tradicionales (televisión) y los medios personalizados (plataformas en línea), que a menudo se realiza en la investigación sobre televisión y series, desempeña un papel central". La traducción es del autor.

> Fernsehprogrammen werden in Angebotscluster und -listen übersetzt (Zündel 2023, 4).[22]

Este nexo se asemeja a la comercialización de *Twin Peaks* y al mencionado catálogo de colecciones de DVD en la plataforma de ventas Amazon.

Por otra parte, no se trata solo de referencias de programas, sino también de literatura, es decir, de un lenguaje artístico. Cuando se adaptan novelas para la televisión, se puede dar un sello especial a una colección de series con el nombre del novelista. Quien busque series en Netflix en los países de habla alemana con la palabra clave "Harlan Coben", se encontrará con una colección precedida de una viñeta etiquetada como "Harlan Coben Kollektion". ¿Promete esta colección al espectador el hiperflujo habitual entre varias series de una plataforma o el flujo aislado dentro de la colección de adaptaciones basadas en las novelas de un mismo autor? Si, como en el segundo caso, se trata de una selección limitada de series, es como si se pudiera abrir una caja de DVD y ver las series individuales en cada DVD de la colección. Esta oferta es excepcional y comparable a la caja de DVD, siempre que la plataforma ofrezca la colección de forma fiable. Sin embargo, la transición a series del mismo género es fluida si se cambia ligeramente la palabra clave de búsqueda. Entonces no solo se ofrecen adaptaciones literarias y, desde luego, no las basadas en las novelas de un solo autor.

Quizás la manera de definir la calidad artística de las series de televisión sea recurrir a los criterios que ya se han utilizado en otras formas narrativas. Entre ellos se encuentran la autonomía de la obra, ya mencionada anteriormente, y la autoría, es decir, el logro artístico individual. Así que la pregunta es: ¿cómo se justifica la calidad artística de 'series de autor' como *Twin Peaks*, *The Wire* y otras? Según David Lynch, solo importa la intuición:

> I believe there are rules to follow which apply to painting and cinema. These rules are very friendly and abstract. The rules make us feel there are infinite possibilities. They make us feel that even there are no rules! Yet the rules are there. They are not in a book but exist inside us in the mind and heart. They reveal themselves through intuition just before and just after each action or decision. These rules apply to all mediums. Following them brings happiness (David Lynch en Nochimson 2019, 237).

---

22 "Las lógicas de recepción lineal de la televisión clásica (emisión, programa, estandarización temporal) experimentan una refuncionalización a través de las plataformas de *streaming*, en la medida en que se mezclan con los parámetros no lineales de la web (archivo, base de datos, delimitación de tiempo). Básicamente, los sitios web, las plataformas y los portales combinan diferentes estéticas y prácticas mediáticas: las maquetaciones y las estructuras de rúbrica de los medios impresos constituyen la plantilla para la compilación y la conexión de contenidos; los modelos de clasificación por temas, géneros, contenidos específicos o tipos de texto de los periódicos diarios y los programas de radio y televisión se traducen en agrupaciones y listas de ofertas". La traducción es del autor.

En consecuencia, la empatía y la *Einfühlung* son, al fin y al cabo, la base del análisis y la interpretación, porque corresponden al enfoque del director. Pero quizá el comentario de Lynch pueda interpretarse en el sentido en que la intermedialidad también puede ser la base de la recepción sistemática de series. Como es bien sabido, los estudios literarios ya han utilizado un 'truco' que podría denominarse "definición pragmática" de la calidad artística. Cuando se trataba de ampliar el enfoque al cine y la televisión, simplemente se invocaba la calidad reconocida de la literatura canonizada que servía de modelo para sus adaptaciones. En la mayoría de los casos se demostró que el original literario era más valioso que la adaptación fílmica. Pero al menos se aseguró así el acceso al análisis de las narraciones en los medios electrónicos. Este desarrollo conduce en última instancia a la aparición de una nueva filología de los medios que se interesa por la polivalencia y la interpretación de una narración, pero no por los requisitos previos específicos de los medios.[23]

Al principio, se intentaba sobre todo estudiar las adaptaciones de la literatura en forma de películas de cine. La situación es diferente en el caso de las adaptaciones televisivas de la literatura. En cuanto a España, las adaptaciones de *La regenta* de Leopoldo Alas 'Clarín' (Méndez-Leite 1995) y *La plaça del Diamant* (Betriu 1983), basada en la novela homónima de Mercè Rodoreda, son unas de las más conocidas en el extranjero. También existen adaptaciones en forma de largometrajes para el cine. El propio Betriu había realizado la versión cinematográfica de su miniserie (Betriu 1982), pero la serie es más apreciada que la película. Gonzalo Suárez realizó una versión cinematográfica de *La regenta* con un éxito moderado (Suárez 1974). En todos los casos, las series han gozado de cierto prestigio. El largometraje y la serie de televisión mantienen así una estrecha relación cuando se adapta la literatura. Por lo tanto, la adaptación de obras literarias en forma de películas y series se examinan conjuntamente en una perspectiva diacrónica.[24]

Estos ejemplos son adaptaciones televisivas de literatura canonizada. Por lo tanto, en el caso de España, se pueden distinguir dos tipos de relación entre la literatura y la televisión:

> Así, en primer lugar, hablaremos de las adaptaciones realizadas a partir de textos que pueden inscribirse en el canon de la literatura del país; en general coincide con la etapa de las grandes series, genéricamente los años ochenta. Para este modelo de adaptaciones la fidelidad con el original es un valor incuestionable hasta el punto de anteponerse, en ocasiones, al mismo valor audiovisual del texto televisivo. Y en segundo lugar atenderemos a unas adaptaciones que dejan de ser un género con fronteras establecidas, sino que estas se hallan contaminadas por otras concepciones audiovisuales; de una manera simple, lo acaecido en los últimos veinte años. En esta categoría la fidelidad al original carece de importancia (Palacio 2022, 203).

---

[23] Véase Leschke (2003, 305).

[24] Véase Faulkner (2023).

Si esta distinción se mantiene, entonces el *streaming* entra en el segundo grupo de adaptaciones, donde la traducción fiel del original literario no es decisiva. Sin embargo, dado que el *streaming* no es un fenómeno nacional, sino que afecta al consumo de medios en todo el mundo, cabe suponer que puede observarse una evolución similar a escala internacional. Resulta sorprendente, sin embargo, que en las escasas publicaciones dedicadas a las adaptaciones televisivas de la literatura no se aborde específicamente el tema del *streaming*.[25] En su lugar, se hace referencia repetidamente al legado de los folletines y las series de novelas del siglo XIX, del que deriva la pretendida complejidad de las series de televisión en la era del *streaming*.

La colección Harlan Coben

Harlan Coben ha proporcionado varias novelas a Netflix a partir de las cuales se han creado miniseries. Llama la atención que las adaptaciones, salvo una excepción, no sean series de muchas temporadas con un elevado número de episodios. Esta circunstancia es interesante porque, al menos en el caso de las novelas de Harlan Coben, Netflix está dispuesta a ofrecer un producto artísticamente independiente y autónomo a pesar del carácter gajoso de su obra completa. Posiblemente, este alcance limitado pretende crear la impresión de que se trata de una obra coherente que tal vez pueda incluirse en un canon del género del *thriller*.

Todas las adaptaciones de Coben están dobladas al alemán, incluyendo la adaptación *El inocente* de la novela homónima de 2005. También hay adaptaciones polacas, francesas e inglesas de las novelas de Coben. Pero la pregunta sigue siendo por qué estos cuatro países europeos en particular se abastecen de adaptaciones de Coben. En el mejor de los casos, se puede suponer que solo se adaptan aquellas novelas que ya han sido publicadas en la respectiva lengua nacional. El público correspondiente ya conoce los libros y el nombre de su autor. Si uno se dirige, por ejemplo, a las páginas nacionales de Amazon, encontrará en oferta las novelas de Coben que han sido adaptadas en esos países.

Harlan Coben ha escrito 33 novelas que han vendido 75 millones de ejemplares a escala mundial y han sido traducidas a 43 idiomas.[26] En 2018, firmó un acuerdo multimillonario de cinco años con Netflix para adaptar 14 de sus libros como series de televisión, algunas de las cuales ya se han estrenado.[27] A continuación, se ofrece un listado de las que se exhiben en la región germanohablante. La información está organizada de la siguiente manera: título original; título en español o traducción al español/ título en alemán; título de la novela. Cuando los títulos están entre comillas es porque no hay título oficial en español:

---

[25] Véase Fröhlich, Gotto y Ruchatz (2019).
[26] Véase Baxter-Wright (2023).
[27] Véase Grater (2021).

- *Safe* (Coben 2018); *Safe*/ *Safe*; guion original.
- *The Stranger* (Coben 2020a); "El extranjero"/ *Ich schweige für dich*; novela: *The Stranger* (2015).
- *W głębi lasu* (Coben 2020b); "En las profundidades del bosque"/ *Das Grab im Wald*; novela: *The Woods* (2007).
- *El inocente* (Coben 2021); *The Innocent – Kein Friede den Toten*; novela: *The Innocent* (2005).
- *Disparu à jamais* (Elkaïm y Poymiro 2021); "Desaparecido para siempre"/ *Kein Lebenszeichen*; novela: *Gone for Good* (2002).
- *Stay Close* (O'Hara 2021); *Quédate a mi lado – Quédate cerca*/ *Wer einmal lügt*; novela: *Stay Close* (2012).
- *Zachowaj spokój* (Coben 2022); "Mantenga la calma"/ *Sie sehen dich*; novela: *Hold Tight* (2009).

Los títulos no oficiales indican que, además de *El inocente*, el público español solo puede ver las producciones inglesas excepto *The Stranger*. En la primera serie que es la única basada en un guion original de Coben figuran Michael C. Hall de *Dexter* (Manos Jr. 2006) y Audrey Fleurot de *Engrenages* (Clert 2005) y *Un village français* (Krivine, Triboit y Daucé 2009) porque *Safe* es una coproducción franco-inglesa. No es el único ejemplo que demuestra la presencia de estrellas al servicio de los distintos mercados nacionales.

Al menos otras nueve novelas podrían ser objeto de adaptación.[28] En cuanto a las adaptaciones listadas, *Safe* es, como se ha dicho, una excepción porque es una coproducción internacional y no está basada en una novela, mientras que *Quédate a mi lado* es la única serie hasta ahora para la que se anunció una segunda temporada, pero que no se realizó. Mientras tanto, Coben tiene sus otras series de novelas filmadas por Apple, MGM International, Sat.1, TF1, RTL y Amazon. Así que la multiplicidad de estas adaptaciones de novelas no es solo un fenómeno de Netflix, sino el comienzo de una amplia presencia de un único novelista en plataformas. Un análisis más detallado tendría que profundizar la comparación de las novelas y sus adaptaciones cinematográficas para averiguar cómo se adaptan las localizaciones y los personajes a la cultura del respectivo país de producción sin ser demasiado específicos a nivel local con el riesgo de excluir al público internacional. También sería interesante investigar si las diferentes plataformas afectan la naturaleza de las adaptaciones.

---

28 Véase Baxter-Wright (2023).

El inocente

La extensa entrada de Wikipedia sobre Harlan Coben está disponible en 21 idiomas. Además, la página web del autor ofrece mucha información, pero esta debe interpretarse al servicio de la promoción de sus obras: Coben explica que lo que le gusta de trabajar con una plataforma de *streaming* como Netflix es que la duración y el número de episodios no están predeterminados.[29] Sin embargo, todas las series constan de unos pocos episodios, por lo que su alcance no es en absoluto arbitrario. En ocasiones, Coben ha viajado de un país a otro de Europa para ver el rodaje simultáneo de varias de sus novelas. Explica su pasión por los viajes diciendo que trabajó como agente de viajes antes de convertirse en novelista. Coben lanza una mirada crítica sobre el público estadounidense, porque está muy centrado en Estados Unidos y no acepta las películas extranjeras dobladas. Esto fue diferente con *El inocente*. La producción española fue muy bien recibida por el público estadounidense. Coben subraya que le ha sorprendido la cantidad de "talento" que hay en Europa y se alegra de que el *streaming* permita la contratación de talentos extranjeros.[30]

En el caso de *El inocente*, los llamados "talentos" son el director Oriol Paulo y el actor Mario Casas. Ambos tienen experiencia sobre todo en largometrajes y series que pueden verse en Netflix en los países de habla alemana. Por lo tanto, puede ser instructivo observar estos productos para entender, en el caso de *El inocente*, si la imagen y los temas de las películas en las que Casas y Paulo han trabajado tienen características que también se pueden encontrar en *El inocente*. A primera vista, el factor obvio es que son *thrillers*. Un examen más detallado revela que hay fórmulas y motivos narrativos similares, pero también una estética fílmica comparable. En cualquier caso, resulta que conocidas estrellas de Netflix aparecen en las películas anteriores, como el filme de ciencia ficción *Durante la tormenta* (Paulo 2018), que cuenta con Álvaro Morte, el actor que desempeña el rol del "profesor" en la serie de Netflix *La casa de papel* (Pina 2017–2021). Una cuestión podría ser si las plataformas de *streaming* intentan y consiguen producir estrellas que se convierten en marcas de su programación, al menos en el segmento del programa general que forman las películas y las series. Mario Casas ya tiene una larga carrera a sus espaldas y aparece en el drama histórico romántico *Palmeras en la nieve* (González Molina 2015). Allí se muestra como un amante sensible que tiene que valerse por sí mismo en una situación difícil. Este papel tiene mucho en común con el protagonista que interpreta en *El inocente*.

Sin embargo, desde el punto de vista de la historia del cine, hay que tener en cuenta que Hollywood siempre ha mirado a Europa para reclutar nuevos talentos o hacer *remakes* de filmes europeos. Por lo tanto, hay que preguntarse si el estadounidense Coben se ha vuelto realmente "un poco español" al trabajar en *El*

---

29 Véase Coben (2017).

30 Véase Coben (2017).

inocente, como él afirma. O no será más bien que, una vez más, la industria mediática estadounidense somete a las culturas europeas a una aculturación en su propio beneficio.

> For television studies, a legacy of the cultural imperialism debates has been the idea of the one-way flow. This is a much-contested notion, but the term itself simply refers to the argument that the United States (and to a lesser extent the United Kingdom and Western Europe) dominates the global television trade [...] (Lobato 2019, 139).

Al menos este enfoque se insinúa en los comentarios de Coben sobre las producciones polacas, donde dice que tuvo cuidado de hacer el guion un poco más "americano" para tener éxito.[31] Lo que más le interesaba era un ritmo más rápido, es decir, –se puede suponer– un alejamiento de las escenas demasiado contemplativas. Sin embargo, en lo que respecta a la estética fílmica, también se puede encontrar aquí una aculturación al diseño fotográfico estadounidense. Cualquiera que vea la última producción polaca de Netflix "Mantenga la calma" percibirá el horizonte de Varsovia como visualmente igual a una metrópolis estadounidense.

¿Es realmente *El inocente* un producto típico del *streaming*? La miniserie también podría haberse realizado en los tiempos de la televisión clásica e incluso podría imaginarse como una película de cine si se hicieran los cortes adecuados. Incluso hay algunos motivos que parecen proceder no solo del cine extranjero, sino también de la literatura del siglo XIX, especialmente de la literatura popular española. Puesto que el efecto de los motivos depende de la interpretación y el conocimiento previo del público, su tradición no es una cadena jerárquica de consecuencias históricas estrictamente demostrables.[32] Como lo explica Lynch: las reglas son una cuestión de intuición. Así viendo el final de *El inocente* se piensa en las películas de Brian de Palma, en particular *Dressed To Kill* (De Palma 1980). Como en otras películas del director, hay un epílogo en la tradición de Alfred Hitchcock, parecido a la última escena de *El inocente*, donde el protagonista Mateo Vidal resulta ser un asesino. La identidad desconocida de su novia Olivia Costa (Aura Garrido) recuerda a la literatura española decimonónica y la protagonista enigmática de *Pobres y ricos ó la bruja de Madrid* (Wenceslao Ayguals de Izco, 1849–1850). La "bruja" que oculta su pasado y su verdadera identidad tiene el rostro desfigurado,[33] al igual que el supuesto cadáver de Olivia, cuyo cráneo destrozado la cámara lo exhibe con detalle varias veces, al igual que el de otra víctima femenina, una monja y exprostituta... como Olivia. Olivia Castro se llama en verdad Cándida Isabel Russo o "Cándance" y le desvela a Mateo su identidad confesando: "Si algo he aprendido es que nunca el pasado te deja en paz" (Coben 2021, T5.E5; 51:29).

---

31 Véase Coben (2017).

32 Véase Balló y Bergala (2016, 16).

33 Véase Türschmann (2016).

Conclusión

Si se busca un hilo conductor en las adaptaciones de las novelas de Coben, destaca un rasgo común: en su mundo narrativo, los protagonistas no son lo que pretenden ser o creen ser para la gente de su entorno inmediato. El pasado les alcanza porque un acontecimiento imprevisto, un accidente o un pequeño paso en falso les saca de sus vidas familiares. Lo extraño y lo familiar están, pues, muy cerca el uno del otro –es decir, *das Un/Heim/ische/liche* freudiano– y se escenifican con la ayuda de la inevitable anagnórisis final. Esta figura retórica es una estrategia narrativa crucial en las novelas populares del siglo XIX, y en las series puede, al menos, remontarse a una tradición desde la aparición del periódico como medio de comunicación de masas.

El *streaming* permite el *binge-watching* y, por tanto, ver toda una serie de un tirón. Por su complejidad y multitud de tramas, las series de Coben se asemejan al *roman-fleuve* de la primera mitad del siglo XX, entre cuyos precursores figuran las novelas de Honoré de Balzac, Emile Zola y Marcel Proust. Pero a diferencia de estas obras canonizadas, con sus descripciones exuberantes y sus largos pasajes contemplativos, las series de Coben siempre apuntan al *showdown*, con la complejidad a su servicio. En este sentido, no igualan a las telenovelas infinitas, sino más bien a la estructura de largometrajes. Sin embargo, el *streaming* es preciso porque ofrece, en efecto, un "flujo aislado" imprescindible para entender la complejidad de estas historias. Además, lo extraordinario es que el "hiperflujo" de una serie a otra es posible dentro de un abanico de series basadas todas ellas en las novelas de un mismo autor. Surge una especie de "metaserialidad" auctorial (Sudmann 2017, 271–302). Las fórmulas: historias escritas por un *spiritus rector* y situadas en países distintos aclaran bien que "Netflix executives consistently link the global popularity of original series to cultural specificity" (Wayne 2023, 58). La comparación de estas series demuestra que, a pesar de todas las diferencias, se trata de un único universo narrativo.

Referencias

Filmografía

Betriu, Francesc. 1982. *La plaça del Diamant*. España. Figaro Films.
—. 1983. *La plaça del Diamant*. España: Figaro Films, Televisión Española.
Clert, Alexandra. 2005. *Engrenages*. Francia: Canal+ et al.
Coben, Harlan. 2018. *Safe*. Inglaterra, Francia: Red Production Company.
—. 2020a. *The Stranger*. Inglaterra: Red Production Company.
—. 2020b. *W głębi lasu*. Polonia: ATM Grupa.
—. 2021. *El inocente*. España: Sospecha Films, Think Studio.
—. 2022. *Zachowaj spokój*. Polonia: ATM Grupa.

Cuarón, Alfonso. 2018. *Roma*. México, Estados Unidos. Esperanto Filmoj, Participant, Pimienta Films.

Elkaïm, David y Vincent Poymiro. 2021. *Disparu à jamais*. Francia: Xavier Matthieu.

González Molina, Fernando. 2015. *Palmeras en la nieve*. España, Colombia: Nostromo Pictures, Atresmedia Cine.

Krivine, Frédéric, Philippe Triboit y Emmanuel Daucé. 2009. *Un village français*. Francia: France 3 et al.

Lynch, David y Mark Frost. 1990. *Twin Peaks*. Estados Unidos: Lynch/Frost Productions, Propaganda Films, Spelling Television.

—. 2006. *Twin Peaks. Zweite Season, Teil Eins von Zwei*. Unterföhring: Paramount Pictures.

—. 2007. *Twin Peaks. Zweite Season, Teil Zwei von Zwei*. Unterföhring: Paramount Pictures.

—. 2011. *Twin Peaks. Erste Season, Special Edition*. Unterföhring: Paramount Pictures.

—. 2014. *Twin Peaks. Season 2*. Hamburgo: Paramount Pictures (Universal Pictures).

—. 2016a. *Twin Peaks. Das ganze Geheimnis*. Hamburgo: Universal Pictures.

—. 2016b. *Twin Peaks. The Definitive Gold Box Edition*. Hamburgo: Paramount Pictures (Universal Pictures).

—. 2018. *Twin Peaks. A Limited Event Series*. Hamburgo: Universal Pictures.

—. 2018b. *Twin Peaks. Fire Walk With Me*. Berlín: Studiocanal.

—. 2019. *Twin Peaks. The Television Collection*. Hamburgo: Paramount Pictures (Universal Pictures).

—. 2020. *Twin Peaks. From Z To A*. Hamburgo: Universal Pictures.

Manos Jr., James. 2006. *Dexter*. Estados Unidos: The Colleton Company.

Méndez-Leite, Fernando. 1995. *La regenta*. España: Televisión Española.

O'Hara, Daniel. 2021. *Stay Close*. Inglaterra: Red Production Company.

Palma, Brian de. 1980. *Dressed To Kill*. Estados Unidos: George Litto.

Paulo, Oriol. 2018. *Durante la tormenta*. España: Atresmedia Cine et al.

Pina, Alex. 2017. *La casa de papel*. España: Vancouver Media.

Renoir, Jean. 1939. *La Règle du jeu*. Francia: Nouvelles Éditions de Films.

Scorsese, Martin. 2019. *The Irishman*. Estados Unidos: Tribeca Productions et al.

Simon, David. 2002. *The Wire*. Estados Unidos: Blown Deadline Productions.

Suárez, Gonzalo. 1974. *La regenta*. España: Emiliano Piedra.

Bibliografía

Balló, Jordi y Alain Bergala. 2016. "Presentación." En *Motivos visuales del cine*, editado por Jordi Balló y Alain Bergala, 11–16. Barcelona: Galaxia Gutenberg.

Baxter-Wright, Dusty. 2023. "Harlan Coben's Netflix Shows: A Guide To What To Watch Next." *Cosmopolitan*, 22 de febrero, 2023. https://www.cosmopolitan.com/uk/entertainment/a38756237/harlan-coben-netflix-shows/ (último acceso: 26 de julio, 2023).

Beil, Benjamin, Lorenz Engell, Jens Schröter, Herbert Schwaab y Daniela Wentz. 2012. "Die Serie. Einleitung in den Schwerpunkt." *Zeitschrift für Medienwissenschaft* 7, nro. 2: 10–16. https://doi.org/10.25969/MEDIAREP/2711.

Berton, Mireille y Marta Boni. 2019a. "Comment étudier la complexité des séries télévisées ? Vers une approche spatiale." *TV/Series* 15. https://doi.org/10.4000/tvseries.3691.

—. 2019b. "How to Study the Complexity of Television Series? Towards a Spatial Approach." Traducido por Laura Haydon. *TV/Series* 15. https://doi.org/10.4000/tvseries.4991.

Besek, Jordan Fox y Anupriya Pandey. 2023. "Streaming *Verstehen*: Whither Feature Film In The Classroom?" *Teaching Sociology* 51, nro. 2 (abril): 1–11. https://doi.org/10.1177/0092055X221123337.

Blanchet, Robert. 2010. "Quality-TV. Eine kurze Einführung in die Geschichte und Ästhetik neuer amerikanischer TV-Serien." En *Serielle Formen. Von den frühen Film-Serials zu aktuellen Quality-TV- und Online-Serien*, editado por Robert Blanchet, Kristina Köhler, Tereza Smid y Zutavern Julia, 37–71. Marburgo: Schüren.

Bobineau, Julien y Jörg Türschmann. 2022. "Zur Einführung." En *Quotenkiller oder Qualitätsfernsehen? TV-Serien aus französisch- und spanischsprachigen Kulturräumen*, editado por Julien Bobineau y Jörg Türschmann, 1–22. Wiesbaden: Springer. https://doi.org/10.1007/978-3-658-36169-3_1.

Bordwell, David. 2022. "Streaming media: All you can eat, until it eats you." *Observations On Film Art* (blog), 22 de febrero, 2022. http://www.davidbordwell.net/blog/2022/05/22/streaming-media-all-you-can-eat-until-it-eats-you/ (último acceso: 28 de julio, 2023).

Coben, Harlan. 2017. The Official Harlan Coben Website. https://www.harlancoben.com/ (último acceso: 27 de julio, 2023).

Faulkner, Sally. 2023. *Adaptaciones literarias en el cine y la televisión españoles. Historia, espacio, género*. Fráncfort del Meno, Madrid: Iberoamericana Vervuert.

Frank, Caroline y Markus Schleich. 2020. "Episodenliste und Cast." En *Mysterium* Twin Peaks. *Zeichen – Welten – Referenzen*, editado por Caroline Frank y Markus Schleich, 345–352. Wiesbaden: Springer. https://doi.org/10.1007/978-3-658-29752-7.

Fröhlich, Vincent, Lisa Gotto y Jens Ruchatz. 2019. "Einleitung." En *Fernsehserie und Literatur. Facetten einer Medienbeziehung*, editado por Vincent Fröhlich, Lisa Gotto y Jens Ruchatz, 7–21. Múnich: edition text + kritik.

Gordillo, Inmaculada. 2009. *Manual de narrativa televisiva*. Madrid: Síntesis.

Grater, Tom. 2021. "Harlan Coben Discusses His Unique Netflix Deal That Sees His Books Adapted For Series In Spain, France, Poland & More." *Deadline* (blog), 27 de abril, 2021. https://deadline.com/2021/04/harlan-coben-discusses-unique-netflix-deal-books-adapted-series-spain-france-poland-1234744708/ (último acceso: 24 de julio, 2023).

Kelleter, Frank. 2014. *Serial Agencies. The Wire and Its Readers*. Winchester (Reino Unido), Washington (Estados Unidos): John Hunt Publishing.

Leschke, Rainer. 2003. *Einführung in die Medientheorie*. Múnich: Fink.

Lobato, Ramon. 2019. *Netflix Nations. The Geography of Digital Distribution*. Nueva York: UP. https://doi.org/10.18574/9781479882281.

López Gutiérrez, María De Lourdes y María Teresa Nicolás Gavilán. 2015. "El análisis de series de televisión: construcción de un modelo interdisciplinario." *Revista Com-Humanitas* 6, nro. 1 (marzo): 22–39.

Mielke, Christine. 2006. *Zyklisch-serielle Narration. Erzähltes Erzählen von 1001 Nacht bis zur TV-Serie*. Berlín: Walter de Gruyter.

Mittell, Jason. 2009. "Serial Boxes. DVD-Editionen und der kulturelle Wert amerikanischer Fernsehserien." En *Serielle Formen. Von den frühen Film-Serials zu aktuellen Quality-TV- und Online-Serien*, editado por Robert Blanchet, Kristina Köhler, Tereza Smid y Julia Zutavern, 133–152. Marburgo: Schüren.

—. 2015. *Complex TV. The Poetics Of Contemporary Television Storytelling*. Nueva York: UP.

Nesselhauf, Jonas y Markus Schleich. 2014. *Quality-Television. Die narrative Spielwiese des 21. Jahrhunderts?!* Berlín: LIT.

—. 2016. *Fernsehserien. Geschichte, Theorie, Narration*. Tubinga: UTB.

Nochimson, Martha P. 2019. *Television Rewired. The Rise Of The Auteur Series*. Austin: University of Texas Press.

Notar, Natalia. 2017. *La televisión del futuro. Streaming, big data, on demand y el nuevo espectador*. Buenos Aires: Ariel.

Palacio, Manuel. 2022. "Televisión y literatura en España." En *Cine global, televisión transnacional y literatura universal. Estéticas hispánicas en el contexto de la globalización*, editado por Matthias Hausmann y Jörg Türschmann, 197–208. Fráncfort del Meno: Peter Lang.

Pujadas, Eva. 2011. *La televisión de calidad. Contenidos y debates*. Barcelona: Aldea Global.

Richter, Christian. 2020. *Fernsehen – Netflix – Youtube. Zur Fernsehhaftigkeit von On-Demand-Angeboten*. Bielefeld: transcript. https://doi.org/10.1515/9783839454817.

Robertson, Roland. 1996. "Glocalization. Time-Space and Homogeneity-Heterogeneity." En *Global Modernities*, editado por Mike Featherstone, Scott M. Lash y Roland Robertson, 25–44. Londres, Thousand Oaks (California): SAGE.

Sainte-Beuve, Charles-Augustin de. 1839. "De la littérature industrielle." *La Revue des Deux Mondes* H. XIX (4e série): 675–691.

Stein, Daniel y Lisanna Wiele. 2019. "Introducing Popular Culture-Serial Culture: Serial Narrative in Transnational Perspective, 1830s–1860s." En *Nineteenth-Century Serial Narrative In Transnational Perspective, 1830s–1860s*, editado por Daniel Stein y Lisanna Wiele, 1–15. Cham: Palgrave Macmillan.

Sudmann, Andreas. 2017. *Serielle Überbietung. Zur televisuellen Ästhetik und Philosophie exponierter Steigerungen*. Stuttgart: Metzler.

Türschmann, Jörg. 2016. "Das allegorische Groteske in der spanischen Populärliteratur des 19. Jahrhunderts: *Pobres y ricos ó la bruja de Madrid* von Wenceslao Ayguals de Izco (1849–1850)." En *Das Groteske in der spanischen und lateinamerikanischen Literatur*, editado por Jörg Türschmann y Matthias Hausmann, 89–117. Gotinga: Vienna UP, V&R Press.

—. 2020. "Sociedades paralelas y anulación de fronteras en las series televisivas del narcotráfico." En *Escenarios postnacionales en el Nuevo Cine Latinoamericano. Argentina – México – Chile – Perú – Cuba*, editado por Mónica Satarain y Christian Wehr, 93–108. Múnich: AVM.

—. 2022a. "Galego oder glokal: *O sabor das margaridas* oder wie Galicien ins Quality-TV kam." En *Quotenkiller oder Qualitätsfernsehen? TV-Serien aus französisch- und spanischsprachigen Kulturräumen*, editado por Julien Bobineau y Jörg Türschmann, 95–113. Wiesbaden: Springer.

—. 2022b. "Tematología y *content análisis*." En *De lo viejo a lo nuevo. Teorías, métodos e instituciones de investigación en comunicación*, editado por Alejandro Barranquero y Francisco Rodríguez Gómez, 339–350. Madrid: Dykinson.

Wayne, Michael I. 2023. "Place In Netflix Original Police Drama." En *Streaming Video. Storytelling Across Borders*, editado por Amanda D. Lotz y Ramon Lobato, 54–70. Nueva York: UP. https://doi.org/10.18574/nyu/9781479816866.001.0001.

Zündel, Jana. 2017. "Netflix und die Remediatisierung des Fernsehens auf Streaming-Plattformen." *montage/AV. Zeitschrift für Theorie und Geschichte audiovisueller Kommunikation* 26, nro. 1: 29–47. https://doi.org/10.25969/mediarep/14348.

—. 2023. "Streamen." En *Handbuch televisuelle Serialität*, editado por Sven Grampp y Olga Moskatov, 1–20. Wiesbaden: Springer. https://doi.org/10.1007/978-3-658-35305-6_38-1.

Nuevos espacios para el *thriller* sociopolítico en el Cono Sur: la serie de televisión en *streaming* de Netflix Argentina *El reino* (2021)

Christian von Tschilschke

Bajo las condiciones de la pandemia de COVID-19, las plataformas de distribución en línea han dado un empuje considerable al desarrollo de series televisivas de compromiso y suspense sociopolítico en el ámbito latinoamericano. Entre las series con mayor éxito, incluso a nivel internacional, destaca *El reino* (2021, ocho episodios), producida y distribuida exclusivamente por Netflix Argentina. *El reino* constituye una distopía política en el género del *thriller* en la que el relato de la candidatura a la presidencia de Argentina de un carismático pastor evangélico se combina con una historia de abuso sexual de niños y con elementos genuinamente fantásticos. Además del tratamiento dramáticamente eficaz de temas de gran actualidad y repercusión mediática, la serie llama la atención por su ilustre elenco y por el renombre de sus creadores. En el presente artículo se indagan sobre todo los mecanismos empleados para convertir un esquema genérico bastante convencional en un ejemplo de la "televisión de calidad", típico de las nuevas culturas del *streaming*.

Palabras clave: plataforma de *streaming* Netflix, serie televisiva, *thriller* sociopolítico, iglesias evangélicas, lo fantástico

Introducción: una fórmula de éxito

Desde septiembre de 2011, la afirmación de Cory Barker y Myc Wiatrowski "Netflix is the central force in the contemporary experience of media consumption" (Barker y Wiatrowski 2017, 2) también se puede aplicar a América Latina. En aquel momento se produjo el desembarco de la empresa estadounidense en América Latina y pronto se convirtió en la plataforma de *streaming* dominante desde el punto de vista de la cuota de producción y el número de suscriptores.[1]

---

1 Dado que la propia Netflix no comunica oficialmente ningún dato comercial, hay que conformarse con estimaciones. Véase en relación con el liderazgo de Netflix en la región el capítulo: "Netflix en Iberoamérica" en García Leiva, Albornoz y Gómez (2021, 4–8). Ahí, los autores comentan: "En la presentación de resultados del primer trimestre de 2021, Netflix reportó un total de 37,89 millones de suscriptores en América Latina,

Como es bien sabido, la fórmula de éxito de Netflix consiste en seleccionar historias, temas y personajes que satisfagan tanto las expectativas de la audiencia local como las de un público mundial. Por lo tanto, en el ámbito cultural latinoamericano, si bien no solamente allí, el número de producciones originales de Netflix realizadas en un país, los así llamados *Netflix Originals*, se ha convertido desde hace tiempo en una cuestión de orgullo nacional.

En Argentina, la primera serie de producción original de Netflix, *Edha*, se realizó en 2018 y ya contó con la colaboración de un destacado representante del Nuevo Cine Argentino, el director Daniel Burman (*El abrazo partido*, 2003). Otras series siguieron: *Go! Vive a tu manera* (2019), *Apache: la vida de Carlos Tévez* (2019), *No hay tiempo para la vergüenza* (2019) y *Puerta 7* (2020). Sin embargo, en comparación con México, por ejemplo, Argentina está claramente a la zaga. En México, la primera producción original de Netflix ya se realizó en 2015: la serie de ficción *Club de Cuervos* (2015–2019). Desde entonces, se han realizado bastantes más producciones originales de Netflix en México que en Argentina.[2] Si la hipótesis de Guillermo Mastrini y Fernando Krakowiak de que el enorme éxito mercantil de Netflix en Argentina –en el primer trimestre de 2020 la empresa tiene una cuota de mercado del 68% en el segmento de la televisión bajo demanda– "no fue acompañado de una estrategia destinada a desarrollar la producción de contenidos locales" (Mastrini y Krakowiak 2021, 19) es correcta, el proyecto de prestigio *El reino*, objeto de estudio del presente artículo, quizás pueda verse como un intento de cambiar algo en esta estrategia y aumentar la oferta de producciones originales argentinas.[3]

La serie de televisión por internet *El reino* es un *thriller* ambientado en la Argentina contemporánea en el que la religión y la política entablan una siniestra alianza. La producción original de Netflix Argentina, con ocho episodios de 34 a 52 minutos, se emitió por primera vez el 13 de agosto de 2021.[4] La serie estaba obviamente preparada para tener una secuela: posee un final abierto y termina con un fuerte *cliffhanger*. De hecho, solo dos semanas después del estreno, se anunció la segunda y última temporada, cuyo rodaje comenzó en abril del año 2022 y cuya

siendo Brasil y México sus mercados punteros y ocupando los lugares tercero y cuarto a nivel global, respectivamente" (García Leiva, Albornoz y Gómez 2021, 4).

2 Véase la estadística en Mastrini y Krakowiak (2021, 16); véase Cornelio-Marí (2017) sobre el desarrollo de Netflix en México.

3 En cuanto a una posible explicación, Mastrini y Krakowiak proponen la idea de que "[u]na de las razones que puede ayudar a entender este flojo desempeño es la profunda inestabilidad económica de la región en general y de Argentina en particular" (Mastrini y Krakowiak 2021, 20).

4 Para una reflexión sobre la presencia del género policial en la plataforma Netflix, que incluye también *El reino*, véase Guevara et al. (2022).

primera emisión tuvo lugar el 22 de marzo de 2023. No obstante, esta continuación no se considerará aquí.[5]

En el caso de *El reino*, Netflix apostó desde el principio por la calidad. La productora argentina K&S Films, fundada en 2004 por Oscar Kramer y Hugo Sigman, que ya se había hecho un nombre con los exitosos largometrajes *El perro* (Carlos Sorín, 2004), *Tiempo de valientes* (Damián Szifron, 2005), *Relatos salvajes* (Damián Szifron, 2014) y *El clan* (Pablo Trapero, 2015), fue elegida como coproductora. Para escribir el guion y dirigir la película se contrató a Claudia Piñeiro y Marcelo Piñeyro. Desde su *best seller Las viudas de los jueves* (2005), una novela negra con la crisis económica de 2001 como telón de fondo, Claudia Piñeiro es la escritora argentina más leída dentro y fuera de su país. Asimismo, Marcelo Piñeyro, que en 2009 adaptó a la pantalla bajo el título homónimo el *thriller* de Claudia Piñeiro, es uno de los directores argentinos de mayor éxito internacional. Con sus películas de los años 2000, *Plata quemada* (2000), que escenifica a dos gánsteres gais, *Kamchatka* (2002), que aborda el tema de los desaparecidos bajo la dictadura militar, y *Las viudas de los jueves* ha demostrado que puede presentar temas difíciles de una forma técnica y dramatúrgicamente tan perfecta que atraigan a un gran público.

Ambos escribieron, según cuenta Piñeiro, el guion a cuatro manos.[6] Marcelo Piñeyro dirigió cinco de los ocho episodios y Miguel Cohan, también conocido director que ya había llevado a la pantalla la novela *Betibú* (2014) de Piñeiro, los tres restantes. Según Netflix, los artistas tuvieron total libertad para diseñar la película. La lista del reparto parece un *all-star team* que reúne a algunos de los actores y actrices más famosos de Argentina: Mercedes Morán, Nancy Dupláa, Diego Peretti, Chino Darín, Joaquín Furriel y Peter Lanzani, entre otros.[7] La serie se emitió simultáneamente en 190 países, con 37 versiones lingüísticas disponibles.

---

5 Por supuesto, desde una perspectiva tradicional, es insatisfactorio analizar un fragmento y no una obra "completa", si de todos modos no se aplicaran otras normas en el ámbito de la investigación de las series, donde el fenómeno de los *broken narratives* no es del todo una excepción, véase Wagner (2016).

6 Véase Pomeraniec (2021).

7 En este sentido, Guevara et al. (2022, 96) hablan de "una suerte de *star system* específico en torno al género policial producido en la Argentina y que [...] abarca no solo a actores estelares, sino también a guionistas y directores". La aplicación de un concepto parecido se puede observar en la serie chilena *La jauría* (2020, 8 episodios) que trata sobre un caso de agresiones sexuales a mujeres jóvenes en un colegio católico de Santiago de Chile y sobre las protestas civiles y pesquisas policiales que resultan de aquellas. Producida por el director internacionalmente renombrado Pablo Larraín (*El club*, 2015) y su hermano Juan de Dios Larraín, y dirigida en parte por la escritora y directora argentina Lucía Puenzo (*Wakolda*, 2013), la serie es también protagonizada por muchas estrellas del cine chileno: Antonia Zegers, Daniela Vega, Paula Luchsinger, Alejandro Goic y Luis Gnecco, entre otros. *La jauría* fue emitida por Amazon Prime Video (y luego por la Televisión Nacional de Chile).

Las reacciones al primer estreno de *El reino* fueron en general buenas en Argentina. Por ejemplo, los dos principales diarios argentinos *La Nación* y *Clarín* calificaron la serie unánimemente de "muy buena" (Courau 2021, Galante 2021). Al mismo tiempo, el retrato crítico de las iglesias evangélicas y su supuesta afinidad con la derecha política desencadenó fuertes debates en las redes sociales, que no podrían haber sido más del gusto de los estrategas de mercadotecnia de Netflix. Las críticas también vinieron de la propia Alianza Cristiana de Iglesias Evangélicas de la República Argentina, que afirmó:

> Crear un producto cultural, como es una ficción de cine o una serie, desde la base del odio, para generar rechazo social a un colectivo religioso, es un acto que no realza la belleza de una profesión que se debería caracterizar por la transparencia y pureza intelectual y creativa, y no por usar la actuación para denostar y fogonear el rechazo social a quienes piensan distinto a quien produce esa obra (cit. por Sánchez Mariño 2021).

Hay que decir que las críticas se dirigieron principalmente a Claudia Piñeiro, probablemente a causa de su conocido compromiso a favor de la defensa del derecho al aborto, que ya había sido tematizado en su novela *Elena sabe* (2007) y que reaparece en su reciente novela negra *Catedrales* (2021). En esta novela, que salió el mismo año que *El reino*, Piñeiro ataca con gran vehemencia las consecuencias del fanatismo religioso y el rigorismo moral, esta vez en el seno de la Iglesia católica. Ya en la primera frase de *Catedrales* obliga a declarar a una de sus protagonistas, Lía Sardá, su convicción ateísta, que se corresponde también con la actitud que la propia autora defiende públicamente: "No creo en Dios desde hace treinta años" (Piñeiro 2021, 13).

A continuación, me centraré primero en las referencias genéricas de *El reino* al *thriller* sociopolítico. Después, analizaré la serie de televisión en *streaming* desde el punto de vista de la distopía política y, por último, me dedicaré al aspecto de lo fantástico, que aparece en *El reino* en forma del milagro religioso. Parto de la tesis de que la combinación de las pautas estereotipadas del *thriller* con los elementos desviantes de lo distópico y lo fantástico en el caso de *El reino*, más allá de todas las referencias intrínsecas que puedan establecerse entre estas tres dimensiones, está también motivada extrínsecamente de una manera específica, a saber, por los principios de la llamada "televisión de calidad", que exigen una narración poco convencional y, en lugar de ello, sorprendente.[8] Como se verá, en *El reino* esto sucede mediante los elementos distópicos, pero sobre todo a través de la inclusión de lo fantástico religioso que rompe con las expectativas realistas asociadas al género del *thriller*. A nivel del discurso cinematográfico y de la estética formal, sin embargo, la serie no sale tanto de lo convencional, si no se tienen en cuenta algunas extravagancias que Marcelo Piñeyro sí se permite y que pueden ser

---

[8] Sobre el concepto de televisión de calidad, véase entre otros McCabe y Akass (2007), Blanchet (2011) y Tschilschke (2014).

interpretadas como las "marcas de autor" (Guevara et al. 2022, 98), típicas de una serie de esta categoría.

Los fundamentos convencionales: el *thriller* sociopolítico

Aunque la serie no contiene muchas referencias a lugares concretos, desde el principio está anclada en un determinado contexto nacional y urbano, presentando así los típicos rasgos "glocales". En el *intro* de *El reino* (T1.E1; 03:32–04:51), estéticamente muy elaborado como en muchas de las nuevas "series de calidad" y acompañado por la emblemática canción *Sobre mi tumba* de la joven cantante argentina de éxito Cazzu (Julieta Emilia Cazzuchelli), no solo se resumen los motivos más importantes de toda la serie, sino que también se sitúa la acción inequívocamente en Buenos Aires.[9] Así aparece ya en los primeros planos, desde varios ángulos, el Obelisco, el monumento emblemático de la Ciudad de Buenos Aires. En cuanto a la ambientación temporal del argumento, no hay pistas precisas, pero está claro que se desarrolla muy cerca del presente.

Cabe considerar, en primer lugar, los elementos del *thriller* que conforman la vertiente más convencional de la serie.[10] Comienza con el asesinato de un político. Durante el último mitin electoral antes de las elecciones presidenciales argentinas, el candidato Armando Badajoz (Daniel Kuzniecka), que comparece con su vicepresidente designado, el pastor evangélico Emilio Vázquez Pena (Diego Peretti), es asesinado en un escenario abierto. El autor del asesinato es capturado inmediatamente y pronto se descubre que el atentado no iba dirigido contra Badajoz, sino contra su compañero de fórmula, el influyente líder de la "Iglesia del Reino de la Luz", una exitosa Iglesia evangélica.

Dado que conocemos al autor del crimen en los primeros minutos de la serie –se trata de Remigio Cárdenas (Nico García), un empleado de la Iglesia libre–, no estamos ante un clásico *whodunit* en el que el resto de la trama se centraría en la búsqueda del perpetrador. Se sigue más bien un esquema analítico aclarando en *flashbacks* el enigma del motivo, o sea, la cuestión de cómo pudo ocurrir el crimen, y contando sus consecuencias. Rápidamente queda claro que la "Iglesia del Reino de la Luz" está involucrada en transacciones financieras fraudulentas. También se hace evidente que el pastor Emilio Vázquez Pena tiene tendencias pedófilas y abusa sexualmente de chicos de familias pobres en un hogar de niños administrado por la Iglesia.

Pronto los espectadores reconocen que el asesino Remigio Cárdenas actuó por motivos comprensibles: quería castigar al pastor por sus actos y evitar más daños

---

9 En cuanto al tema musical, una estrategia similar se siguió en el *intro* de la serie *La jauría* con la canción *No estamos solas*, escrita por la comprometida rapera franco-chilena Ana Tijoux.

10 Respecto a los rasgos más elementales del *thriller*, véase Nusser (2009, 48–65).

a los jóvenes. Sin embargo, el hecho de que se equivocara con su víctima ha creado un vacío político que los más influyentes de la política argentina en ese momento intentan llenar convirtiendo al pastor directamente en candidato presidencial. Si bien esto se ajusta a las inclinaciones misioneras del pastor, también lo pone en conflicto con su propia Iglesia y lo hace vulnerable al chantaje político. Sin embargo, al final de la primera temporada, gracias a su genio demagógico y a su hábil manejo de los medios de comunicación, Emilio Vázquez Pena ha conseguido que las élites argentinas, algunas de las cuales seguían siendo escépticas, se pasen a su lado y está a punto de ser elegido próximo presidente de Argentina.

En *El reino* se enfrentan cuatro grupos de personas claramente delimitados. El centro de atención es la "Iglesia del Reino de la Luz", que se presenta como una especie de negocio familiar mafioso. Entre ellos se encuentran el carismático, aunque fácilmente influenciable pastor Emilio Vázquez Pena, su esposa Elena Vázquez Pena (Mercedes Morán), el verdadero líder de este imperio religioso, y sus tres hijos, Magdalena (Victoria Almeida), Pablo (Patricio Aramburu) y Ana (Vera Spinetta), que cumplen importantes funciones dentro de la congregación. Además, está Julio Clamens (Chino Darín), confidente del pastor y prometido de su hija Ana, que mantiene la conexión con el mundo de la política. Hay otras dos personas del círculo eclesiástico que reciben rasgos individuales: Remigio Cárdenas, el asesino, y el sobrino de Emilio, Tadeo Vázquez (Peter Lanzani), un joven piadoso que se ocupa desinteresadamente del hogar infantil.

El segundo grupo de personas, el mundo de la política, aparece, sobre todo, en la figura del opaco y poco escrupuloso asesor político y director de campaña Rubén Osorio (Joaquín Furriel), que ni siquiera descarta el asesinato como medio para conseguir sus fines. Representa los intereses neoliberales de la élite económica burguesa-conservadora argentina y es, a la vez, un agente secreto al servicio del gobierno estadounidense. Como se revela en el capítulo seis, *El archivo Osorio*, en una serie de *flashbacks*, Osorio ha sido entrenado para influir en la política argentina. Es Osorio el que ha puesto en marcha la carrera política de Badajoz y su coalición con el predicador evangélico Vázquez Pena. Este capítulo también es uno de los que más llaman la atención a nivel formal, dado que las cuatro secuencias de *flashbacks* (T1.E6; 01:00–02:07, 09:15–10:47, 15:40–17:50, 28:01–30:09) que lo estructuran están organizadas en forma de un documental ficticio, mezclando documentos fotográficos y fílmicos ficticios y factuales, todo ello acompañado de un comentario de voz en *off* en inglés.

El tercer grupo está formado por la policía y el poder judicial. Lo encarnan la fiscal Roberta Candia (Nancy Dupláa) y su equipo, que se encargan de la investigación del asesinato y defienden la justicia y la verdad sin dejarse intimidar. Esto les hace entrar en conflicto con el fiscal general (Alejandro Awada), que está bajo presión política para detener la investigación.

El cuarto grupo de actantes es anónimo, pero omnipresente. Son los medios de comunicación masiva a los que están dirigidas las acciones de los otros tres grupos: la Iglesia evangélica, la política y la esfera de la policía y del poder judicial.

A primera vista, los límites entre *ingroup* y *outgroup*, los 'buenos' y los 'malos', están claramente trazados si pensamos en personajes como la honrada fiscal Candia o el malévolo agente Osorio. Sin embargo, hay una serie de personajes que no son tan fácilmente clasificables. Entre ellos se encuentra el propio asesino Remigio Cárdenas, pero también el personaje límite Julio Clamens o incluso el cura pederasta Emilio Vázquez Pena. Por un lado, este "hombre de Dios", como reza el título del segundo capítulo, queda prácticamente estilizado como una encarnación del diablo, sobre todo en el capítulo siete *La marca del demonio*, pero por otro lado también se hace patente, en un monólogo tan largo como atrevido (T1.E6; 30:40–33:40), que comprende su inclinación pedófila, la cual le lleva a cometer actos delictivos, como un destino impuesto por el poder divino al que no puede, y según su propia opinión, no debe resistirse.[11]

En cuanto al planteamiento de los personajes y el desarrollo de la trama se puede entonces constatar que *El reino* sigue claramente las pautas tradicionales del *thriller* sociopolítico. Conforme a este género, la serie crea la imagen de una sociedad moralmente corrompida en la que los abismos humanos, así como los intereses financieros y de poder político y religioso se esconden tras una fachada montada para los medios de comunicación.

Desviación uno: lo distópico

Esta construcción, comparativamente convencional, se eleva por encima de las convenciones y se vuelve interesante mediante la adición de algunos elementos distópicos. Esta perspectiva ya se anuncia en una cita del filósofo marxista italiano Antonio Gramsci que precede al primer episodio, una cita que señala además al espectador una cierta ambición intelectual y una actitud crítica hacia la sociedad: "El viejo mundo muere, el nuevo tarda en aparecer, y en ese claroscuro... surgen los monstruos. Antonio Gramsci" (T1.E1; 00:20–00:30). La dimensión distópica y el primer momento sorprendente de la serie –en función de las normas de la "televisión de calidad"– proviene del hecho de que se pinta un escenario político para la Argentina del presente o del futuro próximo que parece encajar más en Brasil o en los Estados Unidos que en un país donde la Iglesia católica sigue dominando innegablemente: la toma del poder político por parte del movimiento evangélico con el apoyo de las élites económicas y financieras neoliberales

[11] A este respecto Claudia Piñeiro comenta: "Hay un monólogo del pastor en el capítulo 7 que es un monólogo en el cual él tiene que hablar de por qué hace ciertas cosas y eso fue difícil. O sea, es un texto difícil de transitar. Uno tiene que poder permitirse ponerse en esa cabeza. Esto lo repito con respecto a otros textos, no solamente con respecto a *El Reino*, yo creo que a mí me gustan los personajes que en un policial pueden cometer un crimen pero no que son criminales en el sentido de que les gusta matar. Nadie siente que es malo" (Pomeraniec 2021).

conservadoras y de derecha, tal como se inicia en el transcurso de la serie y parece estar cerca de completarse al final.

La cuestión que plantea *El reino* es cómo se presentaría el futuro de Argentina tras una victoria del partido ficticio ECR "Ética Ciudadana por la República" y de su candidato principal, el pastor Emilio Vázquez Pena. La respuesta no deja lugar a dudas. Se da en un breve diálogo hacia el final del último episodio de la primera temporada de la serie, cuando Tadeo y el joven Jonathan (Uriel Nicolás Díaz), a quien quiere poner a salvo de sus perseguidores, están a punto de salir del país y de cruzar la frontera con Bolivia: "Se vienen tiempos oscuros, ¿no? –Muy oscuros–" (T1.E8; 34:11).

El atractivo de este diseño distópico, en el que los límites entre la religión y la política se difuminan, se alimenta de dos fuentes. Por un lado, el juego con la realidad histórica y la ficción cinematográfica nos invita a especular sobre los acontecimientos representados en la serie y a hacernos la siempre interesante pregunta de "qué pasaría si…": ¿Qué pasaría si esa constelación de poder surgiera en Argentina o en otro país latinoamericano o en cualquier otro lugar? ¿Habría que evitarlo y, en caso afirmativo, cómo? ¿Quién se opondría? Por otro lado, además de apelar a nuestro sentido de la posibilidad, la serie funciona con pautas populares de teorías de la conspiración, que en general son muy adecuadas para cautivar al público. En *El reino* aparecen en forma de la amenaza de una alianza impía entre las iglesias evangélicas, la política, las finanzas, el poder judicial y los medios de comunicación o de la influencia de los Estados Unidos que se encarna en el papel de Rubén Osorio, el gran manipulador y agente al servicio de la CIA, del que se sugiere que ya había metido las manos en la crisis financiera que afectó a Argentina en otoño del año 2001.

Ahora bien, los acontecimientos representados en la serie no apuntan a una realidad argentina muy concreta. Más bien condensan fenómenos que se pueden observar actualmente en toda América Latina, así como en Estados Unidos y en otras partes del mundo. Como señala Claudia Piñeiro en una entrevista, ella y Marcelo Piñeyro habían comenzado a trabajar en la serie aún antes de que Jair Bolsonaro, quien trató de cerrar filas entre las iglesias evangélicas y los ultraconservadores políticos, fuera gravemente herido en un atentado durante su campaña electoral y luego elegido presidente de Brasil en 2018.[12] Aun así, el título de la película fue utilizado en los medios para comentar las imágenes de cómo Bolsonaro se presentó a su público.[13]

---

[12] Véase la afirmación de Claudia Piñeiro en Romero (2021): "Cuando con Marcelo empezamos a escribir *El Reino*, Bolsonaro estaba lejos de ser presidente de Brasil", e igualmente Morello (2021). Sobre la simbiosis entre la política y el movimiento evangélico en los países latinoamericanos en general, véase Pérez Guadalupe y Grundberger (2018), y en Brasil en particular, Franzen (2022, 95–113).

[13] El miércoles 8 de septiembre de 2021, el diario argentino *Página/12* publicó en portada una foto de una aparición pública de Jair Bolsonaro el día anterior en una manifestación

Además, aunque la "Iglesia del Reino de la Luz" que aparece en la serie combina muchos aspectos muy a menudo asociados a las iglesias evangélicas, como los servicios teatrales, los exorcismos, el blanqueo de dinero, los sobornos y las prácticas dudosas de recaudación de dinero, también se le atribuyen características más comúnmente relacionadas con la Iglesia católica, como la pederastia y los abusos sexuales a menores.[14]

Los métodos utilizados por la Iglesia para cobrar los impuestos de sus creyentes es el tema de otra secuencia estéticamente impactante y al mismo tiempo particularmente sarcástica justo al principio del cuarto capítulo (T1.E4; 00:06–02:50). En pantalla dividida, en parte a cámara lenta y acompañados por la canción *Superstar* de la famosa ópera rock *Jesucristo Superstar* (1971), vemos a Pablo Vázquez Pena y a Remigio Cárdenas recogiendo bolsas de plástico con dinero de los feligreses, que luego son bendecidas por el padre Emilio y contadas y empaquetadas por toda la familia.

Pero eso no significa que en Argentina no se den las bases para una situación como la que se muestra en la serie. En Argentina, más del 90% de las personas sigue diciendo en las encuestas que cree en Dios. Al mismo tiempo, las iglesias evangélicas han crecido exponencialmente. El Consejo Nacional de Investigaciones Científicas y Técnicas (CONICET) habla de un 15,7% de evangélicos en toda la Argentina. En algunos sectores del Gran Buenos Aires, la proporción es incluso de casi el 30%, aunque las iglesias individuales no son tan grandes como en *El reino*.[15]

Sin rodeos, en sus discursos extáticos y religioso-políticos, el pastor de la "Iglesia del Reino de la Luz" pone a "Cristo por encima de cualquier república" (T1.E1; 12:25), un aspecto que se expresa a nivel visual por el hecho de que, ya en el *intro*, una enorme cruz domina la imagen de la ciudad como emblema de la Iglesia. Las palabras del futuro presidente de Argentina Emilio Vázquez Pena revelan una clara actitud moral-conservadora y a la vez neoliberal, que igualmente se puede encontrar en los programas populistas de los partidos y movimientos de derecha. Condena la "ideología de géneros", la "masturbación", la "homosexualidad" y el aborto y pide que se protejan "nuestros valores", como, por ejemplo, la "familia" y la vida humana (T1.E3; 43:31–44:44). La frase central de su mensaje, en la que se funden la piedad y el éxito económico, se corresponde perfectamente con la "teología de la prosperidad" que subyace a la mayoría de las corrientes evangélicas: "El éxito es una prueba del amor que Dios siente por cada uno de nosotros" (T1.E8; 41:39).

---

con motivo del Día de la Independencia de Brasil y la tituló "El reino", véase a este respecto Tremsal (2021, 07:36).

14 Este es el caso en la película *El club* (2015) de Pablo Larraín y la serie chilena *La jauría* (2020).

15 Véase Sánchez Mariño (2021).

No hay más alusiones políticas concretas en *El reino*, aparte de que el asesor Rubén Osorio –un pequeño guiño al público local argentino– prohíbe a Emilio utilizar la palabra "compañeros" en su discurso porque "da peronista" (T1.E8; 19:30). No obstante, en el ya mencionado repaso de la trayectoria profesional del *spin doctor* Rubén Osorio que se efectúa en el capítulo seis, sus actividades se contextualizan explícitamente con el movimiento del Tea Party, la campaña electoral de Donald Trump, la creciente importancia política de las religiones y la manipulación sistemática de las redes sociales.

Con todo esto, sin embargo, no debe pasarse por alto que la imagen de la Iglesia retratada en *El reino* no es únicamente negativa. Independientemente de sus rasgos distópicos, la serie también da una impresión realista de la labor caritativa que realizan las iglesias evangélicas en el mantenimiento de hogares de niños, en las cárceles del país o en el suministro de alimentos a los pobres.

Desviación dos: lo fantástico

Aunque los elementos distópicos de la serie, a pesar de su carácter algo sorprendente en cuanto al ámbito argentino, se refieren en última instancia a la realidad extrafílmica, la serie abandona conscientemente el terreno de la realidad empírica con la inclusión de lo fantástico. De hecho, lo fantástico se presenta en forma de lo maravilloso, lo que significa que dentro de la ficción no hay duda de la facticidad de lo sobrenatural. En otras palabras: en el mundo ficticio de *El reino*, que es tan realista en todos los demás aspectos, ocurren milagros.

Estos milagros los provoca Jonathan, un chico de unos 13 a 14 años que se presenta justo al principio de la serie, en la primera secuencia del primer episodio, cuando le pone la mano encima a otro chico para bendecirlo. Jonathan, también llamado "el Pescado", cuyo emblema es un pez estilizado, ya había reunido un círculo de jóvenes a su alrededor en un barrio pobre de Buenos Aires antes de instalarse en el hogar de niños de la "Iglesia del Reino de la Luz" bajo la tutela de Tadeo Vázquez. Jonathan tiene el don de poder curar a la gente, influir en sus acciones y hacerse desaparecer y trasladarse a sí mismo y a los demás. Para Tadeo está claro "que a Jonathan lo envió Dios" (T1.E7; 28:18) y se somete completamente a su liderazgo: "vos sos nuestro guía" (T1.E4; 37:04), y Remigio Cárdenas lo llama rotundamente "el Mesías" (T1.E7; 30:23). Para proteger a Jonathan de las persecuciones sexuales del cura y sacarlo de las garras de sus aliados, Tadeo huye con él al final de la primera temporada a Bolivia, donde literalmente predican la palabra de Dios en el desierto y quieren empezar una nueva vida.

En lo referente a la puesta en escena cinematográfica de los dones sobrenaturales de Jonathan, la serie se muestra bastante discreta sin modificar fundamentalmente el marco realista. En algunas ocasiones se evocan a través del diálogo; en otras, se enfocan los gestos de bendición de Jonathan o su mirada expresiva. Más raros son los casos en los que se produce un cambio repentino e inexplicable de la situación, de lo que se desprende que él o una fuerza divina lo provocó. Esto sucede, por ejemplo, cuando, en el capítulo cinco, la policía, que quiere registrar el hogar de los niños, se retira sin tomar medidas, o cuando, en el capítulo siete, después de un encuentro entre Jonathan y su adversario Emilio, espontáneamente en los cuerpos de ambos aparecen estigmas, o, finalmente, en el último capítulo, cuando Jonathan y Tadeo, de camino a la frontera boliviana, esquivan inexplicablemente a sus perseguidores.

Con todo, algunos de los comentarios de los espectadores sobre el personaje de Jonathan y la huida de Jonathan y Tadeo a Bolivia al final de la serie fueron bastante negativos. En la plataforma IMDb, por ejemplo, se puede leer: "'El Pescado' fue una muy mala idea" y "esperemos que por favor no vuelvan en la 2da temporada" (Grondonamanu 2021). Sin embargo, hay buenas razones para replicar a estas opiniones, a saber, que el recurso a lo fantástico da a la serie una mayor complejidad temática y la hace seguramente más interesante a nivel estético.

En el fondo, el motivo que retoma *El reino* en cuanto al personaje de Jonathan recuerda el famoso pasaje "El gran inquisidor" de la última novela de Fiódor Dostoyevski, *Los hermanos Karamázov* (1880). Es la cuestión de cómo reaccionaría la Iglesia si Jesús volviera inesperadamente al mundo. La aparición de Jonathan como el nuevo Mesías, que realiza auténticos milagros y encarna la verdadera fe con toda modestia y discreción, crea el mayor contraste posible con la "Iglesia del Reino de la Luz", que está organizada como una empresa comercial. Los supuestos "milagros" que se producen durante los espectáculos religiosos del pastor Emilio Vázquez Pena y su esposa Elena, como el exorcismo del demonio de Julio Clamens en el quinto capítulo, *Bastardos*, son montajes baratos con los que se engaña deliberadamente a los fieles. Utilizando el ejemplo ficticio de la "Iglesia del Reino de la Luz", *El reino* critica la instrumentalización, politización y mercantilización de la fe por parte de las iglesias evangélicas confrontándolas con sus propios argumentos, o sea, la distopía con la utopía: el encuentro directo con Cristo, las convicciones del cristianismo primitivo, la palabra auténtica de la Biblia y el mandamiento del amor al prójimo.

Conclusión: los cuatro elementos del éxito

Con *El reino*, Netflix logra tanto cumplir con las expectativas de un público global como satisfacer a la audiencia nacional en Argentina. Hasta la propia guionista, Claudia Piñeiro, expresa su contento por el hecho de que no solo todo el trabajo artístico, sino también el técnico, se haya realizado en Argentina: "La serie tiene un trabajo de producción anterior y de post producción tremenda que me alegro que se note porque es todo trabajo para técnicos argentinos" (Pomeraniec 2021). La fórmula de este éxito artístico y comercial, más allá de sus condiciones materiales propicias, reside sobre todo en la combinación de cuatro elementos: el esquema narrativo universal del *thriller*, un elenco estelar, una temática sociopolítica controvertida y una narración que se desvía lo suficiente de los patrones establecidos. En el caso de *El reino* es la introducción de los elementos de la distopía y de lo fantástico la que le da a un *thriller* bien hecho y temáticamente relevante, pero a fin de cuentas convencional, ese toque provocador y poco convencional al que nos tienen acostumbrados las mejores de las nuevas series en *streaming*.

Referencias

Filmografía

Piñeyro, Marcelo y Claudia Piñeiro, dir. 2021–2023. *El reino*. Netflix, 2 temporadas, 14 episodios; Argentina: K&S Films.

Bibliografía

Barker, Cory y Myc Wiatrowski. 2017. "Introduction." En *The Age of Netflix. Critical Essays on Streaming Media, Digital Delivery and Instant Access*, editado por Cory Barker y Myc Wiatrowski, 8–17. Jefferson: McFarland & Company.

Blanchet, Robert. 2011. "Quality-TV. Eine kurze Einführung in die Geschichte und Ästhetik neuer amerikanischer Fernsehserien." En *Serielle Formen. Von den frühen Film-Serials zu aktuellen Quality-TV- und Online-Serien*, editado por Kristina Köhler, Tereza Smid y Julia Zutavern, 38–70. Marburgo: Schüren.

Cornelio-Marí, Elia Margarita. 2017. "Digital Delivery in Mexico: A Global Newcomer Stirs the Local Giants." En *The Age of Netflix. Critical Essays on Streaming Media, Digital Delivery and Instant Access*, editado por Cory Barker y Myc Wiatrowski, 201–229. Jefferson: McFarland & Company.

Courau, Guillermo. 2021. "El Reino: potentes recursos puestos al servicio de una historia que cuestiona, incomoda y sostiene el ritmo hasta el final." *La Nación*, 13 de agosto, 2021. https://www.lanacion.com.ar/espectaculos/series-de-tv/el-reino-potentes-recursos-puestos-al-servicio-de-una-historia-que-cuestiona-incomoda-y-sostiene-el-nid13082021/ (último acceso: 25 de febrero, 2023).

Franzen, Niklas. 2022. *Brasilien über alles. Bolsonaro und die rechte Revolte*. Berlín/Hamburgo: Assoziation A.

Galante, Sabrina. 2021. "En pleno año electoral, *El Reino* desnuda en Netflix la mugre política." *Clarín*, 13 de agosto, 2021. https://www.clarin.com/espectaculos/tv/pleno-ano-electoral-reino-desnuda-netflix-mugre-politica_0_cEr7FiZCy.html (último acceso: 25 de febrero, 2023).

García Leiva, María Trinidad, Luis A. Albornoz y Rodrigo Gómez. 2021. "Netflix y la transnacionalización de la industria audiovisual en el espacio iberoamericano." *Comunicación y Sociedad* 18 (julio): 1–18. https://doi.org/10.32870/cys.v2021.8238.

Grondonamanu 2021. "Review of *El Reino*." *IMDb*, 31 de agosto, 2021, https://www.imdb.com/review/rw7292989/?ref_=rw_urv (último acceso: 25 de febrero, 2023).

Guevara, Martina, Hernán Maltz, Mariano Rodríguez y Martina Sclauzero. 2022. "Género policial y plataformas de contenido audiovisual: reflexiones exploratorias a partir del catálogo de Netflix (Argentina, 2018–2021)." *AURA. Revista de Historia y Teoría del Arte* 15 (junio): 87–108. http://ojs.arte.unicen.edu.ar/index.php/aura (último acceso: 25 de marzo, 2025).

Mastrini, Guillermo y Fernando Krakowiak. 2021. "Netflix en Argentina: expansión acelerada y producción local escasa." *Comunicación y Sociedad* 18 (julio): 1–23. https://doi.org/10.32870/cys.v2021.7915.

McCabe, Janet y Kim Akass, eds. 2007. *Quality TV. Contemporary American Television and Beyond.* Londres/Nueva York: Tauris.

Morello, Antonella. 2021. "Claudia Piñeiro: 'Cuando escribíamos *El Reino* nos pasaba que la realidad nos pisaba los talones'." *Filo.news*, 13 de agosto, 2021. https://www.filo.news/cine-y-series/Claudia-Pineiro-Cuando-escribiamos-El-Reino-nos-pasaba-que-la-realidad-nos-pisaba-los-talones-20210813-0059.html (último acceso: 25 de febrero, 2023).

Nusser, Peter. 2009. *Der Kriminalroman.* Cuarta edición. Stuttgart: Metzler.

Pérez Guadalupe, José Luis y Sebastian Grundberger, ed. 2018. *Evangélicos y poder en América Latina.* Lima: Instituto de Estudios Social Cristianos.

Piñeiro, Claudia. 2021. *Catedrales.* Barcelona: Penguin Random House.

Pomeraniec, Hinde. 2021. "Claudia Piñeiro, guionista de *El Reino*: 'Tratamos de tener muchísimo respeto por quien tiene una fe genuina dentro de cualquier religión'." *Infobae*, 20 de agosto, 2021. https://www.infobae.com/cultura/2021/08/20/claudia-pineiro-guionista-de-el-reino-tratamos-de-tener-muchisimo-respeto-por-quien-tiene-una-fe-genuina-dentro-cualquier-religion/ (último acceso: 25 de febrero, 2023).

Romero, Ivana. 2021. "Claudia Piñeiro sobre los ataques evangélicos contra ella y la serie: 'Buscan desactivar a una para desactivar a muchas'." *Página/12*, 27 de agosto, 2021. https://www.pagina12.com.ar/363852-claudia-pineiro-sobre-los-ataques-evangelicos-contra-ella-y- (último acceso: 25 de febrero, 2023).

Sánchez Mariño, Joaquín. 2021. "El pastor evangélico Osvaldo Carnival le responde a *El Reino*: 'Lo que cuenta la serie no tiene nada que ver con la realidad'." *Infobae*, 22 de agosto, 2021. https://www.infobae.com/sociedad/2021/08/22/el-pastor-evangelico-osvaldo-carnival-le-responde-a-el-reino-lo-que-cuenta-la-serie-no-tiene-nada-que-ver-con-la-realidad/. (último acceso: 25 de febrero, 2023).

Tremsal, Gastón. 2021. "Córdoba Mata. *El reino*: distopía política en el género negro [entrevista con Claudia Piñeiro y Marcelo Piñeyro]." *Cultura Córdoba Ciudad*, 04 de octubre, 2021, https://www.youtube.com/watch?v=QwjQO7ZjCVg (último acceso: 25 de febrero, 2023).

Tschilschke, Christian von. 2014. "Europäisches Qualitätsfernsehen? Die TV-Miniserie Carlos von Olivier Assayas." En *TV glokal. Europäische Fernsehserien und transnationale Qualitätsformate*, editado por Sabine Schrader y Daniel Winkler, 73–93. Marburgo: Schüren.

Wagner, Birgit, ed. 2016. *Bruch und Ende im seriellen Erzählen. Vom Feuilletonroman zur Fernsehserie.* Gotinga: V & R unipress/Vienna UP.

"Yo no soy tu papá". Masculinidades y corrupción en las series mexicanas *Club de Cuervos* (Alazraki 2015–2019) y *Monarca* (Gutiérrez 2019–2021)

Javier Ferrer Calle

Este artículo se dedicará al análisis de las representaciones cinematográficas de la corrupción en el cine mexicano contemporáneo en relación con la virulencia del neoliberalismo en México desde finales de los años ochenta. El foco en México obedece a dos criterios principales: la importancia adquirida por el fenómeno de la corrupción en los últimos años en el debate público en el país y la posición de México como uno de los estados latinoamericanos en los que el cuestionamiento del modelo neoliberal como causa del actual nivel de corrupción ha cobrado recientemente mayor protagonismo. Estas representaciones cinematográficas de la corrupción no deben entenderse, por tanto, como un problema moral, sino como un signo de la despolitización de la esfera pública y de la privatización del Estado impulsadas por el neoliberalismo y, al mismo tiempo, como un intento de establecer narrativas de resistencia en busca de un espacio posneoliberal. Para ello se examinarán, a modo de ejemplo, dos de las series mexicanas en *streaming* producidas por Netflix que más éxito han cosechado en los últimos tiempos en el país: *Club de Cuervos* (2015–2019) y *Monarca* (2019–2021). Dos series que, pese a su diversidad genérica, tienen como protagonistas a dos poderosas familias de la clase alta mexicana que, tras la muerte del patriarca, se ven enfrentadas por la dirección del negocio familiar. Uno de los objetivos fundamentales será analizar cómo estas producciones legitiman los patrones neoliberales de interpretación de lo corrupto erigiendo una estética cínica de la corrupción que, impulsada por plataformas en *streaming* como Netflix, se vuelve hegemónica en el cine mexicano conforme avanza el siglo XXI.

Palabras clave: corrupción, neoliberalismo, México, estética cínica, Netflix

Introducción

El concepto de masculinidad hegemónica ha experimentado una evolución significativa desde su introducción por la socióloga australiana Raewyn Connell en la década de 1980. A partir de dos de sus obras fundacionales, *Gender and Power. Society, the Person and Sexual Politics* (1987) y *Masculinities* (1995), Connell expone la idea de la existencia de una multiplicidad de formas de masculinidad que, sin embargo, quedan subordinadas a la hegemonía de una de ellas tanto en términos de poder social como cultural. Esta noción de masculinidad perpetúa, por tanto, las expectativas sobre la significación del "hombre real", el cual se manifiesta a partir de un conjunto de discursos y prácticas que legitiman la dominación de los hombres sobre las mujeres, y también sobre otros hombres. Desde las contribuciones de Connell, han sido numerosos los autores que han ampliado y reformulado este concepto. Entre ellos se encuentra James Messerschmidt (1993), quien ha examinado los vínculos entre masculinidad hegemónica y criminalidad, analizando cómo las expectativas de género consiguen influir en los comportamientos delictivos, y afectan no solamente a las mujeres, sino también a aquellos varones que no se ajustan a sus normas. En esta línea, Michael Kimmel (1997) ha estudiado cómo instituciones como el trabajo, la familia o los medios de comunicación refuerzan esta noción de masculinidad y reproducen las inequidades de género.

Otras investigaciones más recientes se han ocupado de la relación entre masculinidad hegemónica y corrupción. De esta forma, estos trabajos han hecho hincapié en cómo esta promueve los comportamientos corruptos al estimar conceptos como poder, dominación o competencia agresiva. En este sentido, Enloe (2017) sostiene que en contextos donde la noción de masculinidad es dominante, los hombres se sienten presionados a participar en actos corruptos con el objetivo de preservar su estatus y poder, ya que en este tipo de entornos institucionales la corrupción no solo es tolerada, sino esperada. Esto conecta, al mismo tiempo, con la teoría de la racionalidad de Becker (1968), quien argumenta que la toma de decisiones se basa en el cálculo racional entre los costos y los beneficios, lo que en un entorno dominado por este tipo de masculinidad supondría que la percepción sobre las oportunidades de actuar de manera corrupta es superior a sus costes.

Las interacciones entre masculinidad hegemónica y otros ejes de poder como la clase o la etnia a la hora de influir en patrones específicos de corrupción han sido también ampliamente examinadas.[1] En el caso concreto de América Latina, son varios los estudios que han resaltado cómo la corrupción es utilizada por las élites con el objetivo de consolidar tanto su poder político como económico, perpetuando de esta manera las desigualdades estructurales y la exclusión social.[2] Uno de los conceptos que emerge en este contexto, y que se ha convertido en determinante para explicar las desigualdades sociales existentes en América Latina desde finales de los años setenta, es el de neoliberalismo. Un neoliberalismo que, más allá de su propósito por reducir el rol del Estado en la actividad económica, abraza, según Harvey (2010), una serie de valores entre los que se encuentran la competencia, el individualismo y el éxito material, los cuales están frecuentemente asociados a la noción de masculinidad hegemónica.[3] De esta manera, la presión por demostrar el éxito y el poder intensifica la vulnerabilidad ante las prácticas

---

1 Véase Beasley (2008), Christensen y Jensen (2014) y Park (2015).

2 Véase Nieto (2020), Roberts (2014) y Flores Márquez et al. (2023).

3 Véase Harvey (2010).

corruptas, en particular entre aquellos que se adhieren a las normas establecidas. Este hecho se puede observar en aquellos países adscritos a las políticas neoliberales desde finales de los años setenta, como es el caso de México, donde la riqueza se concentra en manos de una reducida élite que a menudo recurre a la corrupción para mantener su *status*.[4]

Las correspondencias entre corrupción, masculinidad hegemónica y neoliberalismo han sido retratadas en numerosas ocasiones en las últimas décadas tanto a través de la literatura como del cine. En el caso mexicano y colombiano estas relaciones se han manifestado a partir de la conocida como narcoliteratura, donde destacan novelas como *Rosario Tijeras* (Franco 1997) o *La virgen de los sicarios* (Vallejo 1994) y, asimismo, series en *streaming* como *Narcos* (2015–2017) o *Narcos México* (2018–2021). De este modo, podemos decir que la relación entre masculinidad hegemónica y corrupción también se expresa en la proliferación de series en *streaming* nortamericanas y latinoamericanas en plataformas globales como Netflix. La expansión del *streaming* ha permitido con ello que estas historias y narrativas locales se globalicen, y se difundan estas representaciones de masculinidades y dinámicas de poder específicas de América Latina a una audiencia mundial. En este sentido, en este trabajo nos centraremos en analizar dos series en *streaming* mexicanas que consideramos representativas de la intersección de estos dos conceptos, más allá de aquellas que podríamos agrupar bajo la noción de narcocultura. Nos referimos a las series *Club de Cuervos* (2015–2019) y *Monarca* (2019–2021), las cuales alcanzaron una buena recepción tanto en México como en el contexto internacional. El objetivo de este artículo es, por tanto, explorar cómo se representa la masculinidad hegemónica en estas series en *streaming*, así como la relación existente entre estas representaciones y las narrativas de la corrupción. En consecuencia, partimos de la hipótesis de que ambos productos audiovisuales muestran una representación de la masculinidad hegemónica que refuerza patrones de dominación y competencia agresivos, y mantiene con ello la normalización de lo corrupto.

La corrupción como herencia familiar

Club de Cuervos (Alazraki 2015–2019)

La primera de las series que abordaremos en este artículo es *Club de Cuervos*. Se trata de una comedia dramática mexicana, estrenada mundialmente en agosto de 2015 en Netflix, y que se convirtió en la primera serie original de la plataforma en

---

4 Véase Nieto (2011).

español.[5] La recepción por parte de la crítica fue en su mayoría positiva.[6] En enero de 2019, Netflix estrenó la última temporada de esta serie que comprende, en total, cuatro temporadas de entre diez y trece episodios.

Respecto al argumento, *Club de Cuervos* cuenta la historia de una familia mexicana propietaria del ficticio club de futbol “Los Cuervos de Nuevo Toledo”. La serie se inicia con el fallecimiento del patriarca, Salvador Iglesias (Luis Gerardo Méndez), presidente y dueño del club. Un presidente que se transforma en una importante figura pública en Nuevo Toledo, ya que ayuda al desarrollo y prosperidad económica de la ciudad. Tras su muerte, sin embargo, sus dos hijos se disputan el control del equipo. Por un lado, se encuentra el primogénito, Salvador Junior (Chava), quien decide tomar la presidencia del equipo con el objetivo de convertirlo en “El Real Madrid de Latinoamérica”, a pesar de su evidente inexperiencia. Por otro lado, encontramos a la hija del fallecido presidente, Isabel, una persona controladora, pero que sin embargo se encuentra mejor preparada para presidir el club y tratar de evitar su descenso. Este conflicto inicial entre hermanos se agrava con la aparición del personaje de Mary Luz, quien dice estar embarazada del fallecido presidente Salvador Iglesias y reclama un tercio de la herencia de este.

La trama se centra así en las rivalidades entre los miembros familiares donde los hombres compiten constantemente por demostrar su poder y autoridad. Estas dinámicas no solo moldean la interacción entre los personajes masculinos, sino que también refuerzan estructuras jerárquicas empresariales paternalistas, donde la corrupción se convierte en un medio legítimo para alcanzar el éxito y el estatus. Los personajes principales, en especial Chava, simbolizan con ello la noción de masculinidad hegemónica expuesta por Connell al exhibir comportamientos autoritarios, competitivos y corruptos en un intento por consolidar su poder tanto dentro como fuera del club. De este modo, en esta serie se refleja cómo las expectativas de la masculinidad hegemónica reproducen la corrupción y la inequidad, especialmente en un contexto neoliberal donde el éxito económico y la competencia son altamente estimados.

Un ejemplo paradigmático de ello lo encontramos en la primera escena del capítulo siete, titulado *Nuestro Guggenheim*. En ella, el protagonista, Chava Iglesias, actual presidente del club, conoce en una fiesta a Aitor Cardoné, una famosa estrella de fútbol español, que terminó su contrato con el Club Barcelona, y a la que ahora Chava quiere fichar de manera desesperada. Su hermana, Isabel, y el director técnico del club, Félix, se oponen, sin embargo, a la propuesta, pues ya

---

5 Véase Najar (2015).

6 Alvaro Cueva, en el diario *Milenio*, escribe respecto a la última temporada de *Club de Cuervos*: “Hoy termina una de las grandes aventuras de toda la historia de la televisión mexicana” (Cueva 2015). Ben Travers, en el portal digital *IndieWire*, recomendaba la segunda temporada de *Club de Cuervos* como una de las siete mejores series para hacer *binge-watching* en Netflix en diciembre de 2016: “While far from the most original series Netflix has released, the story is effectively told and features a handful of engaging characters” (Travers 2016).

tienen firmado un acuerdo previo con otro promotor de futbol. Este conflicto se reflejará en el marco de una reunión de la directiva del club en la que también participan el Gobernador del ficticio Nuevo Toledo, así como otros miembros, y que muestra la jerarquía paternalista de la institución:

- Isabel: A ver, antes de que continuemos, es importante que aclaremos que Félix y Eliseo Canales ya tienen un acuerdo previo.
- Félix: Es correcto.
- Chava: El mismo Eliseo Canales con el que mi papá nuca quiso tratar en toda su vida.
- Hermana: ¡Eso no es verdad!
- Chava: ¡Claro que sí!
- Gobernador: Chava, continúa.
- Chava: Gracias.
- Diego, miembro de la Junta: Realmente no veo el punto de discusión. Aitor cuesta 50 millones de dólares.
- Chava: No, 30 millones. Es una diferencia, y además...si mi tío Luis acepta invertir 15 millones del flujo de la fábrica de jabón, Aitor puede ser nuestro. Los ratings se irían al cielo, las playeras de Aitor Cardoné se venderían en todo el mundo. Señor gobernador, más vale que vaya contratando un secretario de turismo porque lo va a necesitar. Isabel, no mames, los boletos podríamos venderlos al doble, y por fin, nos convertiríamos en el Real Madrid de América Latina.
- Tío Luis: Hablas de invertir 15 millones de la fábrica. Se necesitan 30 en total.
- Chava: Bueno, afortunadamente la vida abre muchas puertas, y en el día de ayer tuve la oportunidad de platicar con el gobernador Gómez Prieto y está dispuesto a poner la mitad. Si nosotros invertimos 15 millones, ellos ponen lo demás.
- Gobernador: Los nuevotoledanos necesitan nuevamente sentirse orgullosos de su ciudad.
- Chava: ¡Será nuestro Guggenheim!
- Diego, miembro de la Junta: ¿Perdón?
- Chava: Perdón, Diego. Haz de cuenta que Bilbao era una ciudad muy mierda y hace unos años decidieron construir el museo Guggenheim, y a partir de ese momento, prácticamente de la noche a la mañana, se convirtió en un destino turístico internacional, en una ciudad chingona, gober, en una ciudad del primer mundo (T1.E7; 39:25–41:15).

Esta escena refleja el tema principal de la serie, que no es otro que la rivalidad entre los dos hermanos que heredan un equipo de futbol. Pero al mismo tiempo a través de este enfrentamiento familiar se simbolizan algunos de los principios y narrativas defendidos por el neoliberalismo. Primero, la absolutización del crecimiento económico amparada por el pensamiento neoliberal, y que es en este caso encarnada por la figura del protagonista Chava Iglesias. De esta forma, para este personaje, el fichar al jugador no persigue un objetivo deportivo, como se deja traslucir en mayor o menor medida en la postura enfrentada de su hermana, Isabel, sino que busca el beneficio económico. Asimismo, el principal propósito del protagonista de convertir a los Cuervos de Nuevo Toledo en el "Real Madrid de Latinoamérica", más allá de la mitificación del club español como símbolo de éxito, subraya la confianza del personaje en las bondades de la globalización y el libre mercado a través de la venta de camisetas o el aumento del precio de las entradas.

Otro aspecto interesante de esta escena es el papel que se le asigna a la figura del Gobernador Gómez Prieto. Este carácter personifica la crítica del neoliberalismo al intervencionismo estatal y, en concreto, el argumentario de que la intervención del Estado favorece, o en este caso se transforma, en una fuente de corrupción, pues este no está sujeto a ningún tipo de control social. Asimismo, el rápido cambio del sujeto de la primera persona del singular a la primera del plural en la frase que emplea el protagonista al referirse al acuerdo con el Gobernador resulta fundamental: "Y el día de ayer tuve la oportunidad de platicar con el gobernador Gómez Prieto, y él está dispuesto a poner la mitad. Si nosotros invertimos 15 millones ellos ponen lo demás" (T1.E7; 39:45–39:56). La ambigüedad del sujeto yo/ellos en el diálogo desvela por tanto el carácter ilícito de la procedencia del dinero. De esta forma, el Gobernador en esta escena adopta el papel que el neoliberalismo le asigna al Estado: el de la creación de un marco que favorezca al mercado, es decir, que promueva el crecimiento empresarial privado. A esta narrativa neoliberal sobre la corrupción del Estado contribuyen en esta serie además ciertos rasgos del género de la comedia, así como características y personajes propios del melodrama: el conflicto generacional y, sobre todo, el no reconocimiento de la paternidad.[7] Respecto a la comedia en esta serie hallamos el carácter excéntrico del protagonista, Chava Iglesias, que, como ciudadano acomodado, se enmarca en un mundo sin conflictos reales, sino más bien de conflictos creados. Un carácter excéntrico que, no obstante, es legitimado por la figura del Gobernador que permite el acuerdo y, por tanto, el *quid pro quo*. Este papel legitimador que se le otorga a la figura del Gobernador establece una caricatura de la autoridad política que recuerda a las películas del cineasta mexicano Luis Estrada, y que toma forma en la escena exhibiendo la incapacidad del Gobernador por pronunciar la palabra "Guggenheim".

Por otro lado, se hace ineludible destacar aquí otra posible lectura de este fragmento considerando los postulados expuestos ya anteriormente sobre la noción de masculinidad hegemónica de Connell. De esta manera, se puede observar la necesidad de Chava de demostrar su capacidad y valor en un entorno donde el éxito es medido en términos económicos y de poder. La inversión en el futbolista Aitor Cardoné, no solo busca, por tanto, validar su propuesta, sino que persigue además establecer su posición como líder en el contexto tanto privado (familia) como público (club). Esta necesidad de liderazgo y triunfo revela un ideal de masculinidad donde el valor se asocia directamente con el poder financiero y la capacidad de control frente a los otros.

---

[7] Véase Weber (2013).

Este fragmento pone también de manifiesto cómo la concepción de la masculinidad hegemónica se reproduce en la dinámica de la conversación. Chava interrumpe y minimiza las contribuciones de personajes como Isabel, desestimando de este modo cualquier perspectiva crítica en el debate. La forma en que las ideas de Isabel son desestimadas fortalecen así una jerarquía de género en la que los hombres asumen el control de la narrativa. Esta escena acentúa, por tanto, los formalismos de la masculinidad hegemónica, los cuales desvalorizan la voz femenina, y perpetuán una cultura paternalista donde las decisiones son tomadas por hombres que asumen la autoridad sin posibilidad de discusión.

Por último, la estructura de este diálogo resalta no solo las relaciones de poder entre hombres y mujeres, sino también la competencia entre estos mismos realzando su control e influencia. Esta dinámica propone así que la masculinidad hegemónica no solo se erige como un sistema de poder, sino como un marco de referencia que condiciona las interacciones sociales, y sustenta los rasgos dominantes, e incluso corruptos, considerados normativos en la serie, a la hora de describir su figura.

Monarca (Gutiérrez 2019–2022)

La segunda serie en *streaming* que analizaremos en este trabajo es *Monarca,* una producción audiovisual mexicana creada y distribuida por Netflix. La primera temporada de esta serie se estrenó en septiembre de 2019 y constaba de un total de diez capítulos. En enero de 2021 se emitió la segunda, de ocho capítulos. En 2022 Netflix anunciaba, sin embargo, la cancelación de la tercera temporada prevista, debido a los elevados costos que implicaba la producción de la serie.[8]

Respecto al argumento, *Monarca* narra la historia de la familia Carranza, una estirpe que construyó su fortuna a partir del negocio del tequila apoyada en la corrupción y el narcotráfico. Todo cambia, sin embargo, cuando Fausto Carranza, presidente del Grupo Monarca, decide romper los lazos tanto con narcos como con políticos. Para ello, el patriarca de la familia le pide a su hija Ana María, que vive en Estados Unidos desde hace 20 años, que regrese y se haga cargo del grupo Carranza. Esta decisión, no obstante, despertará numerosos conflictos por la gestión de la empresa entre los tres hermanos Joaquín, Andrés y la propia Ana María, sacando a la luz secretos familiares.

En *Monarca* el tema de la rivalidad por la herencia y la dirección de la empresa familiar suponen también una de las temáticas principales. No obstante, en este caso, como se desprende del diálogo que analizaremos más adelante, las características propias del melodrama hacen que en este relato cinematográfico el discurso neoliberal de la corrupción se conjugue de manera distinta. La serie no se desarrolla en una ciudad ficticia, como *Club de Cuervos*, sino en el Estado de

8 Véase Barrera (2021).

Jalisco y otras localidades mexicanas, lo que, acompañado de diferentes fragmentos a lo largo de las dos temporadas vinculados con la actualidad política de México –como las protestas contra los feminicidios en el país– dotan al relato de una mayor verosimilitud. De esta manera, *Monarca*, a través de estos paralelismos con la realidad mexicana, junto a otros elementos propios del melodrama como el sentimentalismo,[9] erige un discurso de normalización con respecto a la privatización del Estado mexicano. Un discurso que refleja, la simbiosis, o lo que es lo mismo, la inexistente frontera entre el espacio privado y público.

En el octavo episodio de la segunda temporada, *El verdugo*, el último de la serie, se relata como México elige un nuevo presidente y los hermanos de la familia Monarca, Joaquín, Andrés y Ana María, se encuentran enfrentados, puesto que cada uno de ellos apoya a un candidato diferente. En ese momento, el presidente del Grupo es Andrés, el más joven de los hermanos. Finalmente, como se recoge a continuación en el diálogo de una de las escenas de este episodio, será el candidato del partido oficialista, Jorge Laborde, quien obtenga la victoria en las elecciones. Un candidato que es apoyado por el primogénito de la familia, Joaquín, y que además de ser el actual Secretario de Economía del Gobierno, se transforma en la persona de contacto y artífice en el gobierno mexicano de los tratos de favor al Grupo Monarca:

- Jorge Laborde: Andrés, habla Jorge Laborde.
- Andrés: Señor presidente, felicidades, qué gusto. Yo nunca lo dudé.
- Jorge Laborde: Mira Andrés, sólo te hablo para informarte que a partir de mañana Joaquín va a asumir la presidencia del Grupo Monarca.
- Jorge Laborde: Así como lo escuchaste.
- Andrés: Mira Jorge.
- Jorge Laborde: Señor Presidente.
- Andrés: Yo creo que tu familia sabe perfectamente lo que le conviene y espero que tú también. Porque no me gusta repetir mis órdenes (T2.E8; 16:10–16:44).

La afirmación del personaje de Jorge Laborde, el electo presidente, "así como lo escuchaste", establece su autoridad y refleja la vigencia de una masculinidad hegemónica donde la agresividad y el control son fundamentales. Esta conversación también revela un marcado paternalismo, en el que el personaje asume que su decisión es lo que más le conviene a la familia. Esta declaración, por tanto, no solo subestima la capacidad de Andrés para tomar decisiones, sino que refuerza la idea de que dentro del ámbito familiar las decisiones familiares son determinadas por hombres en posiciones de autoridad, relegando al personaje de Andrés a un segundo plano. Aquí se evidencia, en consecuencia, cómo el paternalismo se entrelaza con la corrupción: Jorge, en su papel de Secretario de Economía, emplea su influencia para colocar a Joaquín, ratificando una red de lealtades que favorece a su aliado a expensas de una competencia justa. Este tipo de interacción denota la

---

9 Véase Papenbroock (2023, 86).

prevalencia de lo corrupto, donde la masculinidad hegemónica solidifica los lazos familiares y personales que sustituyen a la meritocracia, reproduciendo con ello un ciclo de desigualdad.

Esta interacción revela además otra de las características señaladas por Connell sobre el concepto de masculinidad hegemónica: el establecimiento de cómo ciertos ideales masculinos dominan y estructuran las relaciones de poder, a menudo en detrimento de aquellas que no se ajustan a este modelo. El personaje de Andrés –circunstancial presidente del Grupo Monarca– es homosexual, y este aspecto de su identidad influye en su posición. La postura dominante de Jorge al desestimar la autoridad de Andrés, así como su condescendencia, se convierten en una manifestación representativa de los prejuicios que subyacen con respecto a este tipo de masculinidad. Aunque es cierto que Andrés ocupa la presidencia del Grupo Monarca, su homosexualidad se transforma en un factor que el presidente electo emplea para cuestionar su papel como líder. Esta dinámica, por tanto, concuerda con los principios de la masculinidad de carácter autoritario expuestos por Connell y, en consecuencia, con la alienación de los estereotipos tradicionales de poder propios del patriarcado.[10]

Por otro lado, la simbiosis corrupta se sintetiza en la frase que el candidato Jorge Laborde pronuncia con anterioridad ante el primogénito del Grupo Monarca, Joaquín Carranza, tras ganar las elecciones: "Ahora sí prepárate para tener poder verdad, pendejo. Este pinche país es nuestro"(T2.E8; 15:55–16:00). Esta posesión del país y, sobre todo, el intercambio de papeles, con la irónica felicitación del electo presidente del Gobierno al nuevo presidente de Monarca, al que acaba de designar, subrayan la connivencia entre el espacio público y privado extrapolando al propio país como figura corrupta. De igual manera, la reacción emocional y la impotencia del personaje de Andrés ante su madre por esta imposición y, sobre todo, la resignación de la madre, quien responde "Mira, México funciona así, y yo no soy tu papá" (T2.E8; 17:30–17:34), sintetiza cómo esta serie legitima los patrones de interpretación de lo corrupto estableciendo una estética cínica y conformista con la corrupción en el país.

La frase del personaje de la madre, asimismo, encarna el paternalismo que impregnan tanto lo corrupto como lo político en el México que pone en escena *Monarca.* A través de esta afirmación, se evidencia cómo las estructuras de poder tanto de lo político como de lo económico están diseñadas para favorecer a los hombres, relegando a las mujeres a roles secundarios, donde su influencia y voz quedan limitadas. La referencia a que "yo no soy tu papá" sugiere una sociedad en la que las decisiones se concentran en manos de los hombres, y donde las mujeres se tornan impotentes para alterar el *status quo,* simbolizando la resignación ante un sistema arraigado en la masculinidad hegemónica. Este tipo de masculinidad favorece, según Connell, una cultura patriarcal que desvaloriza las contribuciones

[10] Véase Connell (2005, 35).

femeninas,[11] e implica que las mujeres permanezcan atrapadas en una estructura donde sus posibilidades de contestación quedan limitadas. Esta expresión de la madre corrobora, por tanto, el reconocimiento de la corrupción sistémica, así como la frustración que padece al no poder ejercer un rol más activo en la lucha contra esta desigualdad, lo que acentúa la compleja intersección entre género, poder y corrupción que propone la narrativa de *Monarca.*

Igualmente, la figura de Jorge, al usar un lenguaje despectivo y afirmar su dominio sobre Joaquín, refuerza los ideales de poder y autoridad que caracterizan a los hombres en posiciones elevadas. Esto se traduce en la expectativa de que los hombres deben comportarse de manera agresiva y competir por el control, mientras que las figuras femeninas, como la madre de Andrés, son relegadas a roles pasivos. La reacción de Andrés, que evidencia su impotencia ante su madre, contrasta con la respuesta conformista de ella y refleja cómo la serie representa la lucha entre los ideales tradicionales de masculinidad y la resignación ante un sistema corrupto.

Conclusiones

En este artículo hemos examinado cómo las series mexicanas en *streaming Club de Cuervos* y *Monarca* reflejan las interacciones entre masculinidad hegemónica y corrupción en el marco de un contexto neoliberal. De esta manera, hemos podido identificar cómo estas producciones audiovisuales reproducen las dinámicas de dominación y competencia que caracterizan a este tipo de masculinidad definida por Connell, normalizando lo corrupto como un mecanismo para alcanzar y mantener el poder.

En el caso de *Club de Cuervos* la figura de Chava se transforma en un ejemplo paradigmático de este tipo de masculinidad a través de comportamientos autoritarios, competitivos y corruptos. La serie utiliza el humor y la sátira para criticar la institucionalización de la corrupción, mientras destaca cómo estas actitudes masculinas refuerzan las jerarquías de género y preservan con ello una cultura patriarcal. La desvalorización de las voces femeninas, como la del personaje de Isabel, representan esta forma de masculinidad dominante que opera no solo en el ámbito empresarial, sino también familiar, y consolida un entorno donde la autoridad masculina no se cuestiona.

Por su parte, *Monarca,* adoptando un enfoque más realista vinculado a la actualidad política mexicana, expone la corrupción como parte inherente al sistema político y económico del país. A diferencia de *Club de Cuervos*, *Monarca* enfatiza la asociación entre el espacio público y privado, y resalta cómo la corrupción se muda en uno de los recursos esenciales para mantener el estatus dentro de la élite masculina.

---

[11] Véase Connell (2005, 91).

Ambas series destacan, además, cómo la masculinidad hegemónica actúa como un marco de referencia que condiciona las interacciones sociales y políticas, y normaliza los comportamientos corruptos vinculados al éxito y la dominación masculina. En *Club de Cuervos* esto se refleja en el deseo de Chava de convertir al equipo en un símbolo de poder económico, mientras que en *Monarca* se manifiesta en la manipulación política y empresarial para mantener el control dentro de la familia Carranza. Con ello se construye una narrativa que acentúa que la masculinidad hegemónica no solo refuerza las estructuras patriarcales, sino también sustenta un sistema donde la corrupción representa una herramienta aceptada y esperada para la consolidación del poder.

En relación con el *streaming*, estas series, debido a su alcance global, deben ser cuestionadas por transmitir una visión estereotipada de la corrupción en México. La narrativa sobre la omnipresencia e inevitabilidad de lo corrupto que reflejan tanto *Club de Cuervos* como *Monarca* corre el riesgo de perpetuar una imagen simplificada de la realidad del país. Esta representación, con ello, refuerza los prejuicios y estigmatiza aún más a México en el imaginario colectivo internacional, al no ofrecer una mayor contextualización sobre las complejas raíces y manifestaciones de la corrupción en la región. Es cierto, no obstante, que estas mismas series en *streaming* son un valioso punto de partida para deconstruir las narrativas tradicionales relacionadas con la masculinidad hegemónica y el paternalismo. A través de las figuras protagónicas, como Chava Iglesias en *Club de Cuervos* y los miembros de la familia Carranza en *Monarca*, se exploran y exponen los menoscabos que estas formas de masculinidad causan tanto en la esfera pública como privada. Estas representaciones censuran, así, la manera en que la corrupción es utilizada como una herramienta para mantener el poder y cómo las dinámicas de género, en particular las vinculadas a la masculinidad hegemónica, contribuyen a la reproducción de un ciclo de dominación y desigualdad. De esta forma, aunque estas series puedan ser vistas como vehículos que difunden una imagen estereotipada de la corrupción en el país, también actúan como un espejo crítico que invita a reflexionar sobre las raíces de estas prácticas y sobre cómo la hegemonía masculina y el paternalismo las alimentan.

En conclusión, *Club de Cuervos* y *Monarca* no solo reflejan la corrupción y las dinámicas de poder en México, sino que además se imbrican en una dinámica de producción que las vincula al neoliberalismo y a la noción de masculinidad hegemónica. Las formas de narrar la corrupción, estrechamente ligadas a la masculinidad, suponen así un producto de las estructuras neoliberales, donde la búsqueda del beneficio individual y la competencia se presumen como valores supremos. El *streaming*, en este sentido, más allá de distribuir formas estereotipadas, participa activamente en la creación de estos discursos hegemónicos. La maximización de los beneficios, la ambición personal y el éxito material, presentes en ambas series, reflejan las lógicas del mercado, las cuales fomentan la creación de relatos donde la hegemonía masculina y la corrupción se presentan como caminos aceptables para alcanzar el poder. De esta forma, se hace necesario cuestionar la relación entre estas plataformas de *streaming* y la perpetuación de discursos dominantes, con el objetivo de deconstruir estas narrativas culturales en un contexto globalizado donde la economía y la cultura se entrelazan de forma compleja.

Referencias

Filmografía

Alazraki, Gary José, dir. 2015–2019. *Club de Cuervos*. Netflix, 4 temporadas, 45 episodios; México: Alazraki Films, Netflix.

Gutiérrez, Diego, dir. 2019–2022. *Monarca*. Netflix, 2 temporadas, 18 episodios; México: Lemon Films, Stearns Castle.

Bibliografía

Barrera, Karinna. 2021. "Netflix confirma cancelación de 'Monarca', serie producida por Salma Hayek." *Sdpnoticias*, 28 de marzo, 2021. https://www.sdpnoticias.com/enelshow/television/netflix-confirma-cancelacion-de-serie-monarca.html (último acceso: 25 de marzo, 2025).

Beasley, Christine. 2008. "Rethinking Hegemonic Masculinity in a Globalizing World." *Men and Masculinities* 11, nro. 1 (octubre): 86–103. https://doi.org/10.1177/1097184X08315102.

Becker, Gary S. 1968. "Crime and Punishment: An Economic Approach." *Journal of Political Economy* 76, nro. 2 (marzo–april): 169–217. https://doi.org/10.1086/259394.

Christensen, Ann-Dorte y Sune Qvotrup Jensen. 2014. "Combining hegemonic masculinity and intersectionality." *NORMA* 9, nro. 1 (marzo): 60–75. https://doi.org/10.1080/18902138.2014.892289.

Cueva, Álvaro. 2015. "Hoy termina Club de Cuervos." *Milenio*, 25 de enero, 2019. https://www.milenio.com/opinion/alvaro-cueva/el-pozo-de-los-deseos-reprimidos/hoy-termina-club-de-cuervos (último acceso: 25 de marzo, 2025).

Connell, Raewyn. 2003 [1987]. *Gender and power. Society, the person and sexual politics*, digital print. Cambridge: Polity Press.

Connell, Raewyn. 1995. *Masculinities*. Cambridge: Polity Press.

Enloe, Cynthia. 2017. *The Big Push: Exposing and Challenging the Persistence of Patriarchy*. California: UC Press.

Flores Márquez, Héctor, Omar Neme Castillo y Humberto Ríos Bolívar. 2023. "Corrupción y desigualdad de ingresos, evidencia empírica para México (2010–2020)." *Estudios de Economía* 50, nro. 1 (junio): 193–219. https://doi.org/10.4067/s0718-52862023000100193.

Franco, Jorge. 1997. *Rosario Tijeras*. Santafé de Bogotá, D.C.: Plaza & Janés Ed. Colombia.

Harvey, David. 2010. *A brief history of neoliberalism*. Oxford: UP.

Kimmel, Michael. 1997. *Manhood in America. A cultural history*. Nueva York: Free Press.

Messerschmidt, James W. 1993. *Masculinities and crime. Critique and reconceptualization of theory*. Lanham, Md.: Rowman & Littlefield.

Najar, Alberto. 2015. "Cómo será 'Club de Cuervos', la primera serie de Netflix en español." *BBC News Mundo*, 7 de agosto, 2015. https://www.bbc.com/mundo/noticias/2015/08/150806_club_cuervos_primera_serie_espanol_netflix_an (último acceso: 25 de marzo, 2025).

Nieto, Nubia. 2011. "La socialización de las élites políticas mexicanas a través de la corrupción." *Análisis político* 24, nro. 71 (enero–abril): 165–181. http://www.scielo.org.co/scielo.php?script=sci_arttext&pid=S0121-47052011000100009 (último acceso: 25 de marzo, 2025).

Nieto, Nubia. 2020. "La corrupción en América Latina (1976–2016)." *Episteme. Revista de estudios socioterritoriales* 9, nro. 1–2 (septiembre): 73–85. https://doi.org/10.15332/27113833.5565.

Papenbroock, Frank. 2023. *Filmgenres und Filmgattungen. Ein Überblick*. Wiesbaden: Springer VS.

Park, Michael K. 2015. "Race, Hegemonic Masculinity, and the 'Linpossible!'." *Communication & Sport* 3, nro. 4 (diciembre): 367–389. https://doi.org/10.1177/2167479513516854.

Roberts, Kenneth M. 2014. "The Politics of Inequality and Redistribution in Latin America's Post-Adjustment Era." En *Falling inequality in Latin America. Policy changes and lessons*, editado por Giovanni Andrea Cornia, 49–70. Oxford: UP.

Travers, Ben. 2016. "7 New Netflix Shows to Binge Watch in December 2016, and The Best Episodes of Each." *IndieWire*, 1 de diciembre, 2016. https://www.indiewire.com/features/general/netflix-new-tv-december-binge-watch-2016-best-1201751196/ (último acceso: 25 de marzo, 2025).

Vallejo, Fernando. 1994. *La virgen de los sicarios*. Colombia: Alfaguara.

Weber, Nicola Valeska. 2013. "Melodrama." En *Filmwissenschaftliche Genreanalyse. Eine Einführung*, editado por Markus Kuhn, Irina Haffke y Nicola Valeska Weber, 91–113. Berlín: De Gruyter.

Las chicas del cable. Una serie de Netflix sobre la guerra civil española como fragmento de la cultura de la memoria

Silke Hünecke y Bri Newesely

A principios del siglo XXI, la sociedad española experimentó un auge de la memoria histórica. Entretanto, muchos artefactos de pasados dictatoriales traumáticos y violentos del siglo XX también han pasado a formar parte de nuestra vida cotidiana, en forma de argumentos de series y películas, entre otros. Por un lado, estas reproducciones pop culturales crean un acceso simplificado al pasado, cercano a la vida cotidiana, pero, por el otro, siempre existe el peligro de que lo sucedido acabe trivializándose. La Segunda República, la guerra civil española y la dictadura franquista sirven de marco histórico a *Las chicas del cable* (2017–2020), *Gun City* (2018), *La trinchera infinita* (2019), *Alguien tiene que morir* (2020) y *Jaguar* (2021). Hemos elegido *Las chicas de cable* por dos razones fundamentales: por un lado, fue la primera producción española propia de Netflix y, por otro, es la serie con referencia a la Guerra Civil de mayor éxito.

Palabras clave: memoria histórica, cultura pop, guerra civil española, Netflix

En este artículo abordamos la ficción en la cinematografía pop cultural basada en realidades históricas a partir del ejemplo de la serie de Netflix *Las chicas del cable* (Campos y Neira 2017–2020, cinco temporadas). Hemos elegido *Las chicas de cable* por tres razones fundamentales: 1) cuenta la historia de esta época española desde perspectivas femeninas, en parte incluso feministas y *queer*, 2) es la serie con referencia a la Guerra Civil que ha tenido mayor éxito[1] y 3) fue la primera producción española propia de Netflix. La tesis central –que surgió durante una primera 'recepción subjetiva' de la película[2] y que hemos querido explorar en este

---

1 Ganadora en la categoría: "Mejor programa o serie de ficción de emisión en línea" de los Premios Ondas en 2017.

2 El término "recepción subjetiva" se utiliza siguiendo a Faulstich (2013, 65–66). Faulstich aconseja que tras el visionado de una película se registre por escrito "la recepción irreflexiva, emocional, espontánea, la interpretación individual de la película, la película como 'mi' experiencia privada" (Faulstich 2013, 65–66). En este sentido se creó un protocolo de recepción subjetiva para el presente análisis.

artículo– es que la exitosa serie *Las chicas del cable* representa una distorsión de la realidad histórica. Partimos, por tanto, del supuesto de que la serie presenta una visión trivializada y despolitizada de la historia, con una imagen embellecida y simplificada de la situación política y social de principios de los años treinta y de la guerra. Nuestra contribución se centra en el análisis de las posibles distorsiones a nivel narrativo y visual para estudiar el carácter problemático de esta representación de la historia en la cinematografía. Partiendo del supuesto de que las películas/series sobre la historia (española) son fragmentos[3] de la construcción de la memoria cultural y de la memoria colectiva, decidimos tomar el ejemplo de *Las chicas del cable* para discutir los efectos de tales fragmentos cinematográficos de la memoria cultural cuando se distribuyen a través de un proveedor global de *streaming* con su enorme alcance. Al fin y al cabo, Netflix está presente en unos 190 países con un amplio abanico de series y largometrajes sobre la historia española del siglo XX.

El artículo comienza con unas reflexiones introductorias sobre la memoria colectiva española, las representaciones cinematográficas de pasados históricos traumatizantes y los cambios provocados por el *streaming*. La sección principal analiza e interpreta las estrategias narrativas y de visualización de la serie *Las chicas del cable* en relación con la historia española de principios del siglo XX. Por último, se discute la representación histórica en la serie en concreto y en general en la difusión de contenidos por servicios de *streaming*, y el impacto de las distorsiones históricas en una cultura transnacional[4] del recuerdo con respecto a la guerra civil española.

---

3 En su obra *Risse im Raum. Erinnerung, Gewalt und städtisches Leben in Lateinamerika* (2015), Anne Huffschmid utiliza el término 'fragmento' para describir las diferentes partes de la memoria urbana como monumentos y nombres de calles, que también se solapan parcialmente. Consideramos que el término fragmento es muy útil para captar una amplia variedad de productos de memoria, precisamente porque capta la fragmentación de la memoria cultural y, por ello, lo adaptamos aquí para los productos de memoria cinematográficos.

4 La guerra civil española no fue desde el principio un acontecimiento puramente nacional; tanto el lado franquista como el republicano recibieron apoyo del exterior. Mientras que el bando franquista recibió apoyo de las potencias del Eje, en el lado republicano lucharon personas de más de 23 países en las Brigadas Internacionales. La Unión Soviética fue la que principalmente apoyó a los republicanos. Tras la victoria franquista (1939), muchos republicanos se exiliaron en Francia y América Latina (especialmente México). Todavía hoy existe allí una comunidad de exiliados republicanos y sus descendientes. También por eso podemos hablar de una memoria transnacional en el caso de la guerra civil española.

Reflexiones sobre la memoria colectiva española y las representaciones cinematográficas de pasados históricos traumatizantes

Para comprender mejor la perspectiva desde la cual analizamos la serie *Las chicas del cable*, empezamos con una breve introducción sobre lo que se entiende bajo memoria colectiva (española), la representación cinematográfica y el formato de Netflix en el contexto de la memoria histórica.

El concepto teórico de memoria colectiva, que constituye el trasfondo de nuestro análisis, se remonta a Aleida y Jan Assmann,[5] para quienes la memoria colectiva comprende ese cuerpo común de conocimientos sobre la historia que es más o menos compartido por un grupo social (grande). La construcción de la memoria colectiva desde el presente es un componente central de las respectivas identidades grupales. El epítome de la memoria colectiva es el de las comunidades nacionales del Estado nación moderno. Debido a la importancia central de la memoria colectiva para la identidad nacional, la construcción selectiva de qué/quién, cómo y dónde se recuerda es una preocupación sustancial de los respectivos gobiernos. Así, la memoria nacional tiene como objetivo una fuerte unificación de la percepción del pasado. La atención se centra en los puntos de referencia históricos que contribuyen a reforzar la identidad del grupo nacional y que están en consonancia con los objetivos actuales de la acción de gobierno.[6] Sin embargo, además de la memoria colectiva nacional, en toda sociedad siempre hay otras memorias colectivas de grupos sociales marginados que luchan por el reconocimiento de su memoria colectiva.[7]

La memoria colectiva española

En el Estado español, tras el final de la dictadura franquista (1939–1975/1977), el llamado 'pacto de silencio' había impedido la construcción de una memoria nacional colectiva antifranquista. Como resultado, la España posfranquista inicialmente no logró asumir la propia historia del siglo XX. La Segunda República (1931–1936/39), el golpe militar de derechas (1936) y la posterior Guerra Civil de tres años (1936–1939), que terminó con la victoria de las fuerzas franquistas y dio lugar a una dictadura de casi cuarenta años, fueron en gran medida un tabú social. Las violaciones contra los derechos humanos no resueltos durante la Guerra Civil y el franquismo, como son la persecución, la reclusión en prisiones y campos de concentración, los trabajos forzados, el exilio forzoso, la tortura, las ejecuciones, las desapariciones y las adopciones forzadas de criaturas, dejaron una huella profundamente traumática en las víctimas y sus descendientes. No fue hasta la década

---

5 Véase A. Assmann (2003, 2007, 2018) y J. Assmann (2002).

6 Véase A. Assmann (2003, 12–23); J. Assmann (2002, 49–59).

7 Véase Jelin (2001).

de los noventa cuando diversas causas contribuyeron a que la política, la ciencia, la sociedad civil y la cultura, incluyendo el cine y la literatura, comenzaran a ocuparse más intensamente del pasado reciente, y el 'pacto de silencio' empezó a desmoronarse. El 'boom de la memoria', comenzó a principios de la década de 2000. El punto de inflexión llegó con la primera exhumación pública de una fosa común anónima con los restos mortales de personas hasta entonces desaparecidas forzosamente, llevada a cabo por la iniciativa particular del periodista Emilio Silva. Como resultado, surgió un gran movimiento social, el movimiento memorialista, cuya mayor exigencia es la de recuperar la memoria de la Guerra Civil, así como del franquismo y de sus crímenes. Desde entonces, el Estado español ha aprobado dos leyes de memoria (2007 y 2022), que pretenden ayudar a afrontar el pasado traumático. Sin embargo, en el Estado español sigue existiendo una fuerte derecha política (por ejemplo, el Partido Popular, Vox y la Iglesia Católica), que se opone firmemente a una revalorización antifranquista. Además, existen otras memorias colectivas de grupos sociales (marginados) en el Estado español que luchan por su reconocimiento. Conjuntamente con las memorias colectivas regionales, como las de Euskal Herria y Catalunya, cabe mencionar también las memorias colectivas de las mujeres y de las personas *queer*. En consecuencia, la memoria colectiva en la sociedad española ha sido objeto de una disputa masiva durante el último cuarto de siglo y, dependiendo del equilibrio de poderes políticos, ha oscilado entre el revisionismo y los intentos de una reconciliación antifranquista con el pasado. Para subrayar hasta qué punto el pasado no ha sido tratado adecuadamente: a día de hoy, casi cincuenta años después de la muerte del dictador Francisco Franco, no se ha producido ninguna reevaluación jurídica de las masivas violaciones de derechos humanos cometidas durante la dictadura y, en consecuencia, no hay aún ninguna persona condenada por ellas.[8]

Pasados traumáticos en las ficciones cinematográficas

Después de este breve repaso esquemático del concepto de memoria colectiva (española), pasamos a considerar el concepto en el contexto de las ficciones cinematográficas de la cultura popular que tratan el pasado histórico. En primer lugar, en referencia a Korte y Paletschek, hay que afirmar que en las últimas cuatro décadas "la historia se ha convertido en un objeto de representación, producción y consumo popcultural" (2009, 9).[9] Prosiguen constatando que

8 Véase Bernecker y Brinkmann (2006), Brinkmann (2007), García Colmenares (2021), Guixé i Coromines, Alonso Carballes y Conesa Sánchez (2019), Hünecke (2015) y Vinyes (2015).

9 Todas las traducciones son de las autoras, salvo que se indique lo contrario.

> la historia ha penetrado en nuestra vida cotidiana como nunca y parece satisfacer una amplia variedad de necesidades: educación histórica y entretenimiento, relajación y diversión, identidad y orientación, aventura y exotismo, nuevas experiencias y mundos de vivencias, o incluso evasión de la vida cotidiana hacia un pasado que parece más manejable y menos complejo que el presente (Korte y Paletschek 2009, 9).

Asimismo, Aleida Assmann señala que la historia "se ha desplazado de la universidad a la industria cultural de mercado" (A. Assmann 2007, 178). Junto con las novelas gráficas y los videojuegos relacionados con la historia, las series y las películas son los principales formatos de la cultura popular que tratan la memoria en la actualidad. Las representaciones históricas de ficción siempre interactúan con la memoria nacional colectiva. Según Robert Burgoyne:

> The history film has played an exceptionally powerful role in shaping our culture's understanding of the past, an influence that derives not simply from the cinema's unequaled ability to re-create the past in a sensual, mimetic form, but also from the striking tendency to arouse critical and popular controversy that resonates throughout the public sphere (Burgoyne 2008, 1).

Por un lado, las ficciones históricas recurren al conocimiento general existente en la memoria colectiva de una nación con respecto a un acontecimiento histórico, porque solo a partir de ahí la película puede ser percibida como una ficción histórica. Por otro lado, las representaciones ficticias tienen un efecto en la memoria colectiva, porque debido a su cotidianidad y su fácil accesibilidad, ya de por sí tienen un nivel de divulgación muy alto. Difunden imágenes e ideas concretas sobre realidades pasadas, lo que incrementa continuamente su importancia e influencia en la memoria colectiva nacional.

La historia española como tema en las películas y series de Netflix, y su transformación cinematográfica a través del formato *streaming*

Actualmente, podría tenerse la sensación de que todo el mundo habla del *streaming*: se trata de un servicio audiovisual no lineal que ha contribuido en gran medida a nuestra comodidad. Mediante él, el público ahora tiene acceso ilimitado a producciones audiovisuales en cualquier momento y desde cualquier lugar. La oferta, en constante crecimiento, incluye una cantidad casi inabarcable de contenidos de ficción, predominantemente series.[10] A diferencia de los largometrajes, algunas de las series se producen de forma mucho más rápida y barata,[11] pero también se dirigen a públicos más amplios y diversos que prefieren contenidos

[10] Véase Schuette (2019).
[11] Véase Düwel (2012) y Bavaria Film GmbH (2019).

inofensivos y estéticamente equilibrados.[12] Los guiones, también tienen que adaptarse. "Introducimos un ritmo más rápido en la narrativa", destaca Gema Neira (cit. en Phillips 2022), cocreadora y guionista de la serie *Las chicas del cable.* "Buscas que termine un episodio y quieras ver el siguiente ya", explica Neira, refiriéndose a los maratones de capítulos de Netflix (Neira cit. en Phillips 2022). Las series son fáciles de consumir sin necesidad de prestar demasiada atención.[13] En consecuencia, tanto por el alcance como por la diversidad del grupo destinatario, entre otros criterios, las plataformas se han convertido en medios de comunicación de masas. Como mínimo, están disponibles para una audiencia mundial a través de los actores globales Netflix, HBO, Amazon Prime, Disney+, entre otros; cada día cuentan con más presencia y se están estableciendo como hegemonía cultural. En el curso de esta evolución, el cine ha perdido su posición de medio principal.[14] Como medios de entretenimiento, las series (de Netflix) están destinadas en su mayoría al consumo individual por *streaming* en la esfera privada y su consumo no está ligado a un espacio o tiempo concretos. Por lo tanto, el *streaming* se caracteriza por su extrema flexibilidad, lo que puede tener como consecuencia que la oferta se absorba de forma menos consciente que los largometrajes en el cine. El *streaming* en sí ofrece poco espacio para la resonancia colectiva, a menos que se reflexione activamente sobre la serie con una contraparte. Por el contrario, la sala de cine surgió de su modelo, el teatro, que –durante su surgimiento como democracia en la antigua Grecia– estableció conscientemente este espacio de negociación social.[15]

Cindy Holland, responsable de series en Netflix, señala otro aspecto: "Sabemos exactamente que el público tiene un gran interés por la diversidad" (Philippi 2018). Por un lado, hay series como la producción española *La casa de papel* (Pina 2017–2021, 5 temporadas), que inicialmente pasó desapercibida en la televisión española y solo se convirtió en un éxito internacional de *streaming* cuando fue explotada por Netflix. Además de estos programas adquiridos, el proveedor de *streaming* también realiza numerosos proyectos propios fuera de Estados Unidos, como las exitosas *Las chicas del cable* y *O Mecanismo* (Soarez y Padilha 2018–2019, 2 temporadas) una serie clave de Brasil. En *O Mecanismo,* José Padilha, que también está detrás del éxito latinoamericano de Netflix *Narcos* (Padilha et al. 2015–2017, 3 temporadas), arroja luz sobre el escándalo de fraude destapado en 2014, que desembocó en el juicio del siglo en Brasil:

> Los programas de éxito tienen algo en común en todo el mundo: las historias deben contarse con autenticidad. Los contenidos locales deben proceder de escritores y guionistas locales y contar con actores locales. Y queremos un material que se entienda en todas partes pero que tenga fuertes referencias regionales (Philippi 2018).

---

[12] Véase Wirz (2021).

[13] Véase Wirz (2021).

[14] Véase Schuette (2019).

[15] Véase Kindermann (1979) y Herzogenrath (1997).

La Segunda República, la Guerra Civil y la dictadura franquista sirven de marco histórico a las películas *Gun City* (De la Torre 2018) y *La trinchera infinita* (Garaño, Arregi y Goenaga 2019), así como a las series *Alguien debe morir* (Caro 2020) y *Jaguar* (Campos y Neira 2021), entre otras. Aunque todos los contenidos de Netflix aquí mencionados son producciones de ficción que revisan parte de la historia española, hacen uso de diferentes géneros como el cine de acción, el drama o el suspense.[16] Con cinco exitosas temporadas disponibles en Netflix, *Las chicas del cable* es la serie que ha logrado mayor alcance en todo el mundo, tal como afirmó la productora en una entrevista en 2022.[17] Esta primera serie original de Netflix producida en el Estado español se estrenó en abril de 2017 y la plataforma lanzó la segunda parte de la quinta temporada en 2020.

Distorsiones narrativas de la guerra civil española en *Las chicas del cable*

Partiendo de la introducción anterior, la siguiente sección abordará en primer lugar el argumento narrativo de *Las chicas del cable* desde la perspectiva de las ciencias políticas. El enfoque metodológico se basa en el método de análisis de tramas de Faulstich (2013, 65–99). En consecuencia, el primer paso fue crear un registro de secuencias para toda la temporada final de *Las chicas del cable.* A partir de ahí, se analizó la ficción sobre la Segunda República, la Guerra Civil y la dictadura franquista desde una perspectiva de memoria cultural y de género. Las preguntas generales fueron: ¿qué se tematiza o no en la serie respecto a la situación sociopolítica de la España de los años 30 y sobre la Guerra Civil? ¿Qué aspectos históricos se enfatizan, suprimen o distorsionan especialmente? ¿Desde qué perspectiva se narra?

Desde el punto de vista del género cinematográfico, *Las chicas del cable* es un melodrama histórico.[18] La narración histórico-lineal, contada en retrospectiva por parte de una de las protagonistas, está ambientada en España en el periodo 1928–1939. Hay una interrupción de siete años en el relato de la serie entre los años 1932–1939; el episodio 37 termina en 1932. La última temporada de la serie (T5.E38–42) está ambientada a principios de 1939. El pasado histórico que sirve de telón de fondo de la serie empieza con la dictadura militar de Miguel Primo de Rivera (1923–1928) y la monarquía española de Alfonso XIII. El periodo estuvo marcado por conflictos y convulsiones sociopolíticas: en esos años, una parte cada vez mayor de la población se rebeló contra las enquistadas estructuras de poder de una sociedad biclasista y patriarcal, y contra la injusticia económica, política y social. Con la proclamación de la Segunda República en 1931, se produjeron cambios fundamentales. El nuevo gobierno socialdemócrata elegido llevó a cabo

16 Véase Artusa (2020).

17 Véase Phillips (2022).

18 Empleamos el término ‘melodrama histórico’ según Faulstich (2013, 38–40).

reformas sustanciales como el voto femenino. Sin embargo, se mantuvieron dos frentes opuestos, lo que se reflejó en los tres diferentes gobiernos de izquierdas y derechas durante el corto periodo de la Segunda República. Los turbulentos años de la Segunda República quedan, en gran medida, fuera del relato de Netflix. En abril de 1936, se produjo un golpe militar de la derecha contra el Frente Popular de izquierdas electo al que siguió la Guerra Civil de tres años. El inicio de 1939 coincide con los últimos meses de la guerra. En abril de 1939, la Guerra Civil terminó con la victoria franquista y la instauración de la dictadura de Francisco Franco.[19]

En este caso, el relato de *Las chicas del cable* se ubica sobre todo en la capital española, Madrid. Sin embargo, algunas secuencias de acción (especialmente con respecto a los actos de guerra y luego el éxodo masivo llamado 'La Retirada') también tienen lugar fuera de la metrópolis sin que se mencionen nombres de lugares específicos. Se puede suponer que se trata de las regiones alrededor de Madrid: Castilla-La Mancha y Castilla-León. El campo de reeducación para mujeres, donde se desarrolla en parte la trama de la serie, se encuentra en Aranjuez, cerca de Madrid. La elección de la ciudad de Madrid como espacio narrativo también es significativa, ya que Madrid representa un importante símbolo de la Guerra Civil: desde octubre de 1936 hasta marzo de 1939, la ciudad logró defenderse de las tropas franquistas que asediaban la ciudad. La importancia de Madrid para la memoria colectiva republicana se refleja en un gran número de canciones y novelas, entre otras cosas.[20] El lema "¡No pasarán!", con el que la figura simbólica de la lucha antifascista Dolores Ibárruri llamó a la defensa de la ciudad el 19 de julio de 1936 a través de Radio Madrid, ha quedado inscrito de forma extraordinaria en esta memoria colectiva.[21]

Las chicas del cable – Una perspectiva femenina sobre la guerra civil española

En nuestro artículo nos centramos principalmente en la última temporada de la serie, debido a la importancia de la Guerra Civil para la memoria colectiva española. La guionización y el relato realista otorgan gran autenticidad a esta serie de ficción. La protagonista principal, Alba Romero alias Lidia Aguilar (Blanca Suárez), también transmite una cierta autenticidad de la narración como voz en *off*. A modo de introducción a la serie en su conjunto ella explica:

> En 1928 las mujeres éramos algo así como adornos que se llevaban a las fiestas para presumir de ellos. Objetos sin poder de opinión ni decisión. Es cierto que la vida no era fácil para nadie, pero mucho menos si eras mujer. Si eras mujer, en 1928 ser

---

19 Véase Bernecker (2018, 13–61) y Collado Seidel (2006).

20 Véase Bernecker y Brinkmann (2006).

21 Véase Kellner (2017).

> libre era algo que parecía inalcanzable. Porque para la sociedad las mujeres solo éramos amas de casa, madres, esposas... [...] Al final, todas, ricas, pobres, queríamos lo mismo: ser libres. Y si para eso había que quebrantar la ley, estábamos dispuestas a hacerlo sin importarnos las consecuencias (Campos y Neira, T1.E1; 00:09–01:16).

Con esta introducción, se establece el marco narrativo de *Las chicas del cable*; la historia se narra desde una perspectiva femenina, con perspectivas *queer* y feministas también incluidas en el curso del relato. Para una mejor comprensión de la serie y del énfasis en la perspectiva femenina, he aquí una breve digresión sobre los personajes centrales de la serie. La trama de la serie se centra en la vida de cuatro jóvenes personajes femeninos ficticios: Alba Romero alias Lidia Aguilar (Blanca Suárez), Carlota Rodríguez de Senillosa (Ana Fernández García), Ángeles Vidal (Maggie Civantos) y Marga Suárez (Nadia de Santiago). Más tarde, el personaje Ángeles muere y el hombre trans Óscar Ruiz/Sara Millán (Ana María Polvorosa) se une al círculo de amistades en su lugar. Marga encarna a la chica de pueblo. Ángeles es una mujer que tiene que luchar contra un marido machista y violento para poder seguir trabajando. Carlota encarna la hija rebelde, lesbiana y politizada de buena familia que lucha contra las convenciones y contra un padre de corte patriarcal. Finalmente, el personaje Óscar/Sara, pareja de Carlota, lucha por su identidad trans. Sin embargo, el relato gira en torno al personaje de Alba, que toma el nombre de Lidia al principio de la serie. De joven, se escapa a Madrid con su novio de juventud, Francisco Gómez (Yon González), donde pasa de ser ladrona a trabajar de telefonista. Lidia aparece como narradora de la serie, su voz en *off* conduce a través de todas las temporadas y reproduce lo que escribe en su diario. Sus afirmaciones presentan un discurso sobre la verdad o la sabiduría de la vida, y no solo explican o clasifican el relato, sino que también sugieren una validez universal, con el correspondiente efecto sobre el público. Les protagonistas no solo encarnan orígenes sociales diferentes, sino que dos de ellas también representan estilos de vida *queer*.[22] La antagonista del grupo es doña Carmen Benavides de Cifuentes (Concha Velasco), una mujer mayor, extremadamente rica y sin escrúpulos que aparece inicialmente como una figura destacada de la compañía telefónica y más tarde, a partir de la cuarta temporada, como directora de un campo de "reeducación" franquista para chicas y mujeres. Su odio se dirige especialmente contra Lidia porque inicia un romance con el yerno de doña Carmen, Francisco Gómez García (Yon González). Más tarde, el propio hijo de doña Carmen, Carlos Cifuentes Benavides (Martiño Rivas López), también se enamora de Lidia. Cabe destacar que en la serie los personajes masculinos solo tienen papeles secundarios.

En el transcurso de los episodios, se desarrolla una intensa amistad entre las dispares protagonistas, que se enfrentan repetidamente a los diferentes retos de la

[22] En este artículo se utiliza el morfema "e" como marca del lenguaje inclusivo de género, ya que es importante para las autoras. Con respecto al tema, véase Ártemis (2022), así como Bonnin y Coronel (2021).

vida de los tiempos que viven. Su lugar de trabajo en la compañía telefónica madrileña desempeña un papel fundamental en este sentido. Allí, las mujeres rompen con la rígida construcción de género patriarcal de la época, simplemente por realizar un trabajo remunerado, a veces en contra de la voluntad del tutor masculino (es decir, el padre o el marido) al que estaban sometidas en aquella época. El lugar de trabajo, que también representa el progreso tecnológico y la modernidad, se convierte en un lugar de emancipación sostenida y de autonomía (económica) para les protagonistas, que se sostienen mutuamente por una intensa amistad. Además de la perspectiva femenina, también entra en juego el tema de la homosexualidad e identidad trans. Las diferentes orientaciones sexuales e identidades de género no suponen un reto para la amistad en la serie, sino que parecen darse por sentadas. Lo que también une a les amigues es la autodefensa frente a las amenazas y los ataques de ciertos hombres. A medida que la amistad se estrecha a lo largo de la serie, los personajes también evolucionan: de individuos aislados y desorganizados pasan a ser personalidades fuertes, independientes y activas que se defienden dentro del grupo.

La posición central de las mujeres y las personas *queer* en la serie, combinada con personajes fuertes, da visibilidad a la historia de las mujeres y de las personas LGBTIQ+. Las realidades *queer* y su larga historia fueron reprimidas en la sociedad española durante décadas. Como resultado, todavía existen grandes lagunas en la investigación histórica sobre la historia LGBTIQ+ (Hepburn 2019). Lo mismo ocurre con el retrato y el debate sobre las mujeres trabajadoras a principios del siglo XX; hasta la fecha, el tema ha recibido poca atención. Eleanor Hepburn explica que "historiográficamente hablando, ha habido muy poco interés por parte de los académicos españoles en las mujeres y su relación con la economía" (Hepburn 2019). Como resultado, actualmente es difícil evaluar hasta qué punto la representación ficticia se aproxima a la realidad histórica. Lo que sí se puede afirmar, sin embargo, es que las mujeres que trabajaban visiblemente en la vida pública de las zonas urbanas eran una excepción en la época. Según las investigaciones de las historiadoras Mary Nash y Marisa Ferrandis Garrayo, entre 1920 y 1940 las mujeres solo representaban el 12% de la población activa.[23] Además, el trabajo asalariado en la compañía telefónica era una de las pocas oportunidades laborales en la vida pública de las zonas urbanas a que podían acceder las mujeres a principios del siglo XX.[24] En consecuencia, las protagonistas de la serie deben considerarse como una minoría privilegiada en el contexto histórico y reflejan menos las realidades más comunes de la vida de la gran mayoría de las mujeres en la España de la época.

En la serie, las protagonistas sufren diversas formas de opresión y violencia a manos de hombres concretos. Sin embargo, también se tematiza la lucha personal de ellas por su libertad y sus derechos. Al representar la opresión y la violencia

---

23 Véase Nash y Ferrandis Garrayo (1991, 137–161).

24 Véase Hepburn (2019).

masculinas en *Las chicas del cable* se hace referencia a la realidad histórica de la España de principios del siglo XX. La sociedad española se caracterizaba por lo que Pierre Bourdieu denomina "dominación masculina". Entiende la dominación masculina como "una forma especial, política y económicamente importante de dominación simbólica. [...] Ha encontrado expresión en el mundo social y está presente en las actitudes de todos, el habitus: como un principio universal de ver, un sistema de categorías de percepción, pensamiento y acción" (Bourdieu 2012, 2, sinopsis). Las palabras citadas de la introducción de *Las chicas del cable* suscitan la expectativa de que el melodrama será un examen de las estructuras patriarcales históricas y de las realidades de la vida de las mujeres a principios del siglo XX. Sin embargo, la naturaleza sistemática de la dominación masculina no queda clara en la serie, en parte porque, por ejemplo, no hay ninguna referencia explícita a la negación sistemática de los derechos civiles a las mujeres, a la tutela masculina de por vida a la que estaban sometidas las mujeres ni a su exclusión de la participación en la vida pública. Tampoco se aborda la primera ola feminista en España, que luchó activamente por la igualdad de género en un contexto de dominación masculina. Bajo la presión de este movimiento feminista, el derecho al voto femenino se introdujo finalmente en la Segunda República en 1931.[25] La serie de ficción trata menos de luchas políticas explícitas, por ejemplo, en forma de participación en el movimiento feminista de la época, como la lucha individual por la justicia y la autodefensa frente a la opresión y la violencia machista con la que se enfrentan individualmente las protagonistas. Sin embargo, las posibilidades de acción que se les atribuyen parecen poco realistas ante el telón de fondo real de la múltiple opresión misógina de la época.

La guerra civil española como trasfondo narrativo

La última temporada, en la que vamos a profundizar, se desarrolla al final de la Guerra Civil. En esta temporada, Lidia, apoyada por su círculo de amistades, inicia la búsqueda de su hija adoptiva Eva, que se ha presentado como voluntaria para luchar en el bando republicano contra el bando franquista. Tras superar innumerables obstáculos, Lidia encuentra a Eva al final de la primera parte de la quinta temporada y consigue salvarla del bando franquista. Durante la operación de rescate, la propia Lidia es detenida. Acaba en el campo de "reeducación" franquista de Aranjuez, donde su archienemiga personal, doña Carmen Cifuentes (Concha Velasco), ocupa el cargo de directora de la prisión. Allí Lidia experimenta la brutalidad del sistema franquista. Una vez libre, ella y sus amistades conspiran para liberar a las mujeres encarceladas y llevarlas a Francia para vivir en libertad. Al final de la serie, la mayoría consigue escapar y se ve a las exprisioneras cruzando

[25] Véase Arce Pineado (2007) y Rubio y Tejeda (2012).

los Pirineos hacia la libertad. Sin embargo, les cinco protagonistas tienen que sacrificarse y mueren bajo una lluvia de balas franquista.

Esta vertiente principal de la narración, resumida aquí de forma muy condensada, va acompañada de una multitud de relatos secundarios. Tratan del desarrollo personal de las protagonistas, de sus vidas privadas con muchas relaciones complicadas e innumerables emociones implicadas: la intriga, el chantaje, la envidia, el rencor, el amor, la amistad, la familia, los celos, la muerte y el enriquecimiento personal se entrelazan constantemente con el hilo conductor.

Desde una perspectiva crítica, el contexto histórico real de la Guerra Civil y sus causas siguen siendo difíciles de comprender a lo largo de la última temporada, especialmente para quienes no tienen suficiente familiaridad con este pasado histórico español. Especialmente a través de la voz de Lidia se produce un supuesto encuadre del pasado histórico. En el episodio 34, por ejemplo, Lidia ofrece la siguiente explicación de las causas de la guerra y sus consecuencias:

> De todo eso solo había un culpable: el odio. El mismo que había provocado que nuestro país llevara años partido en dos. Un odio absurdo e injustificado que separaba a familias que siempre habían sido felices. [...] Ahora lo único que podíamos hacer era esperar. Esperar que la guerra nos arrebatara más de lo que nos había quitado ya. El odio entre las gentes de nuestro pueblo había traído mucho dolor (T5.E34; 33:16–33:55).

En la serie, no hay ninguna explicación histórico-política para el golpe militar de julio de 1936 contra el gobierno legítimo del Frente Popular de izquierdas. Por el contrario, establece como causa el sentimiento de "odio", que en consecuencia solo puede ser contrarrestado con contrapuntos emocionales como "esperanza" y "amor". Así, más adelante la misma Lidia afirma:

> El odio no tiene antídoto. Pero hay algo que puede combatirlo. El amor. El amor resiste ante la adversidad, ante los azares del destino, ante cualquier infortunio. Porque un amor vivo y puro no hay nadie ni nada que pueda destruirlo (T5.E34; 34:30–35).

Por ello, las protagonistas de la serie –a excepción de Carlota– nunca actúan por convicción política, sino por buena voluntad y porque quieren ayudar. Por lo tanto, la única condena clara de la dictadura en la serie la hace la figura ajena del periodista estadounidense James Lancaster (Alex Hafner) cuando dice: "El fascismo es el horror" (T5.E34; 5:30–5:34). Al no nombrar las verdaderas preocupaciones políticas fundamentales de la historia, tanto las del bando franquista como las del republicano y, en consecuencia, excluir la cuestión del sistema político se produce una deshistorización y despolitización de la realidad histórica. Además, durante el relato de ficción en la época de la Guerra Civil, los dos grandes bandos en conflicto –el franquista y el republicano– solo son claramente reconocibles para aquel público que tenga el correspondiente conocimiento de los hechos o comparta la memoria colectiva, y que pueda y quiera descifrar las referencias y alusiones. Debido a que no se explican los dos bandos ni sus ideas políticas, sigue siendo una descripción muy simplificada que luego se disuelve en 'el bien' y 'el mal'.[26]

Al comienzo de la quinta temporada, los crímenes del bando republicano se presentan como si fueran medidas de venganza personal: las ejecuciones ilegales de presas y presos o las cárceles republicanas secretas e ilegales, las llamadas 'checas', donde se llevaban a cabo interrogatorios, abusos y torturas a presuntos franquistas (T5.E34; 22:46–23:55). A partir de la segunda parte de la quinta temporada (T5.E38), titulada "El poder", se ofrece un retrato de la opresión y la represión franquista, utilizando principalmente el ejemplo del campo de "reeducación" de mujeres. Las mujeres encarceladas padecen hambre y frío, están enfermas de tifus y se les niega la medicación necesaria para salvarlas. Se las intenta "reeducar" mediante misas católicas, torturas y abusos. Las representaciones de la tortura duran apenas unos segundos de la serie y en parte solo se insinúan. Por ejemplo, un plano muestra brevemente a las mujeres cautivas siendo obligadas a beber una cucharada de aceite antes de un repentino cambio de escena (Campos y Neira, T5.E40; 00:56–01:04). Para entender la implicación en el plano, el público debe saber que se trata de aceite de ricino, empleado durante el franquismo como método de tortura, ya que su administración oral puede provocar graves problemas estomacales y la muerte por deshidratación como consecuencia de la diarrea (Duro 2016).

No se expone el trasfondo histórico de los campos de "reeducación" para mujeres representados en la serie; no se menciona el nombre del campo, por ejemplo. Por lo tanto, solo cabe suponer que se trataba de un campo dirigido por el llamado Patronato de Protección a la Mujer, una institución franquista fundada en 1941. Estas instituciones eran de internamiento, especialmente para las llamadas mujeres "caídas". Estaban dirigidas por órdenes de monjas católicas y su objetivo era "reeducarlas" según la imagen católica tradicional de la mujer.[27] Actualmente se está llevando a cabo una intensa investigación sobre el Patronato de Protección a la Mujer, en particular debido a las extremas violaciones de los derechos humanos

---

26 Claudia Jünke señaló ya en 2006, que contrariamente al tratamiento histórico diferenciado que intenta captar la complejidad de la guerra civil española, la representación literaria y cinematográfica se caracteriza por "una despolitización, deshistorización y descontextualización del acontecimiento histórico que por lo tanto está establecido como punto de cristalización para una memoria colectiva consensual sin polarizaciones ideológico-políticas. En la novela y el cine se perfila de esta manera "[…] una 'transformación' de la Guerra Civil en un 'patrimonio común'" (Jünke 2006, 105). En este contexto, sorprende que la serie *Las chicas del cable* siga utilizando este tipo de representación más de una década después.

27 A día de hoy, las niñas y mujeres que fueron víctimas de abusos y torturas en los Patronatos de Protección a la Mujer no han sido reconocidas como víctimas del franquismo, por ejemplo, por la Ley de Memoria Democrática (2022).

de niñas y mujeres.[28] En la serie no se reconoce la poderosa institución que está detrás de las violaciones de derechos humanos. Es más, el fuerte maltrato que sufren les protagonistas no aparece representado como instrumento de la opresión franquista, sino como una venganza personal de doña Carmen contra Lidia. Así se lo explica doña Carmen a Marga, Carlota y Óscar cuando se les detiene y se les interna en el campo de reeducación: "Estáis aquí porque yo lo he ordenado. Bienvenidas. Vais a pagar por los pecados cometidos por vuestra amiga" (T5.E39; 35:50–36:00). La declaración sugiere que es doña Carmen personalmente quien decide sobre las detenciones, abusos y torturas, y no el sistema franquista de represión.

Otro aspecto real que se aborda en la serie a partir del episodio 39 es el robo de bebés que tuvo lugar durante el franquismo. En el marco de un programa estatal de "reeducación", a partir de 1940 a las mujeres que luchaban en los movimientos antifranquistas se les sustraían las criaturas para ser entregadas en adopción a familias leales al régimen. Más de 30 000 bebés fueron dados en adopción forzada para el lucro de personal médico, guardias de prisión y jueces.[29] En la narración de *Las chicas del cable*, desaparece la justificación ideológica para el robo sistemático de bebés basada en una "reeducación" necesaria para el régimen franquista. Por lo contrario: el robo planificado de bebés se presenta como un interés particular del personaje de doña Carmen y su compañero Romero para su enriquecimiento personal. Aunque en el pasado real una gran variedad de personas (personal médico, monjas, juristas, políticos, etc.) se lucraron con el robo de criaturas, el motivo subyacente era la convicción ideológica franquista. Esto puede llevar al público que no tiene los conocimientos contextuales necesarios a suponer que se trata de un caso aislado o de una historia de ficción. Desde la perspectiva de las personas afectadas y sus descendientes, estas distorsiones y omisiones de la violencia estructural y sistemática pueden percibirse como una trivialización continua de la historia traumática.

Distorsiones visuales de la guerra civil española en *Las chicas del cable*

La representación visual en *Las chicas del cable* se contempla desde una perspectiva escenográfica, centrándose en el "poder de las imágenes", incluyendo cómo se cuenta la historia a través de imágenes emotivas y emocionalizadas, y cómo se utilizan las asociaciones para contextualizar la trama.[30] En la escenografía, el diseño de imágenes se guía por las leyes de la percepción, las metáforas y las abstracciones para crear estados de ánimo que complementan y refuerzan el nivel dramatúrgico.

---

[28] Véase García Carbonell y Palau Galdón (2023).

[29] Véase Vinyes, Armengou y Belis (2002); Rodríguez Arias (2008).

[30] Véase Smoltczyk (2002).

Como un personaje más, los motivos del decorado también pueden hablar su propio lenguaje y crear así su propia realidad.[31] Los retos de la escenografía para masas van desde las impresiones visuales, los mundos ilusorios y la estimulación de los sentidos hasta la deconstrucción de realidades familiares y su reinterpretación. El espacio cinematográfico localiza la historia, la visualiza, se convierte en su imagen especular: el reflejo de un movimiento interior lleno de signos que podemos "leer" y descifrar individualmente, y que oscilan entre la exactitud histórica y la interpretación artística. Términos y conceptos abstractos se traducen a un nivel visual y un lenguaje espacial que se abren paso (a veces inconscientemente) en la percepción emocional del público, por ejemplo, cuando el agua le llega literalmente al cuello o el suelo se derrumba bajo sus pies.[32]

Al igual que las demás series de ficción, *Las chicas del cable* trabaja con la memoria de la imagen, que constituye la base de las normas éticas y de un determinado código de conducta en las sociedades.[33] Con vistas al pasado cultural, pero también a procesos históricos o a los hechos históricos determinantes, la memoria colectiva se refiere a las condiciones sociales y culturales, tiene un efecto individual sobre quienes forman parte de un grupo de personas y transmite un comportamiento común. Para que una imagen se fije en la memoria, no solo debe repetirse con frecuencia, sino que también debe estar cargada de fuertes emociones.[34] La alegría, el horror, la sorpresa, la nostalgia... son sentimientos que otorgan poder a las imágenes ancladas en el recuerdo. Sin embargo, las imágenes poderosas no solo se almacenan en la memoria, sino que también determinan la retórica de la imagen de los medios de comunicación.[35] Al ingreso de una imagen en la memoria colectiva también podemos llamarlo "iconización" (Arnheim 1978). En este proceso de descontextualización de los contextos originales y recontextualización en nuevos conjuntos, se produce una selección que solidifica y conduce a una canonización de la imagen.[36] De este modo, no solo viene cargada por la relevancia del motivo y el contenido emocional, sino precisamente también por las interpretaciones que se le atribuyen. En relación con el periodo histórico investigado, cabe mencionar aquí las fotografías de la pareja conocida con el alias "Robert Capa" (Gerda Taro y Endre Ernő Friedmann) que se dedicaba al reportaje de guerra y la fotografía; estas han configurado y caracterizado la visión de la guerra civil española hasta nuestros días.

En la quinta temporada de *Las chicas del cable,* nos encontramos a principios de 1939, en los últimos meses en los que Madrid sigue en manos del bando republicano. En marcado contraste con las conocidas y a veces brutales imágenes en blanco y negro de "Robert Capa", *Las chicas del cable* se desarrolla en un

---

31 Véase von Ribbeck (1990).

32 Véase Jaspers (2005).

33 Véase J. Assmann (2002).

34 Véase Jaspers (2005).

35 Véase Neumann (1996).

36 Véase Röttger (2009).

ambiente veraniego y relativamente limpio. Han pasado casi tres años desde el estallido de la Guerra Civil y, en consonancia con el tiempo y la estación, ahora tendríamos que estar viendo el invierno, el frío y la lluvia. Pero no es así: aunque de colores apagados, los personajes aparecen vestidos de verano, con zapatos de tacón en una ciudad limpia y ordenada. Incluso los sacos de arena para protegerse de las bombas están cuidadosamente apilados en la representación de la escena (T5.E33; 15:30–15:34). Por tanto, la serie no refleja la guerra sucia –en el sentido más estricto de la palabra– de la que también tenemos noticia en conocidas descripciones literarias como *Menschen im Krieg*, de Marge Piercy (1987). Las imágenes elegidas y el diseño de producción, con colores atractivos y un entorno inofensivo, realzan el enfoque inocente de unos momentos difíciles. La impresión que transmiten no se corresponde con las huellas de una ciudad marcada por tres años de guerra, especialmente en el invierno lluvioso y frío. La última temporada es probablemente la más oscura de todas en cuanto a la narración, lo que también se nota en los colores, y lleva al público a un mundo en el que las protagonistas luchan juntas contra los obstáculos de la dictadura.

Para Netflix España, la forma del tratamiento de la historia española en las últimas décadas representa sin duda un punto de inflexión. Leemos cómo la historia se convierte en imágenes: la historia de las últimas décadas se ha manifestado en la memoria colectiva a través de fotos en blanco y negro. Solo las imágenes más recientes nos son familiares en color. En su libro *Die Farben der Vergangenheit [Los colores del pasado]*, el historiador del arte Peter Geimer expone cómo la transformación de la historia en imágenes se produce en un equilibrio entre apropiación y observación distanciada.[37] ¿Cómo se crean los mundos visuales del pasado? ¿Qué papel desempeña el presente en la puesta en escena de esta serie, como ficción, pero con apariencia realista?[38] ¿Cómo se crea y establece la proximidad, qué distancia se requiere? ¿Cómo se consigue un equilibrio entre el proceso de imaginar lo que ya no existe y el conocimiento de su fugacidad?

Partimos de la tesis de que la serie no pretende documentar un relato pictórico del pasado, sino reanimarlo y revivirlo. El uso del color crea una mayor cercanía emocional que las fotografías en blanco y negro de nuestra memoria colectiva de aquella época. Por eso vemos el campo de "reeducación" en colores grises, con tan solo la bandera española franquista brillando rojigualda, y las camisetas azules de la Sección Femenina de la Falange Española (T5.E34; 25:30–25:34). Al mismo tiempo, tenemos con esta vista exterior del Patronato de Protección a la Mujer una de las pocas composiciones en plano largo, a la vez que también es absolutamente simétrica y nos recuerda las numerosas fotos de otras dictaduras, signo de la puesta en escena del poder y del control.[39] ¿Qué asociaciones y metáforas nos vienen a la

---

[37] Véase Geimer (2022).

[38] Véase Eue (2005).

[39] Véase Bartl (1987) y Sylvester (1999).

mente hoy en día cuando evitamos los colores vivos e intensos para representar los "tiempos de plomo" en los campos del nacionalcatolicismo?

Con las decoraciones diseñadas bajo la dirección de Carlos de Dorremochea y producidas por Bambú Madrid, la serie se centraba inicialmente en las oficinas e instalaciones de la compañía telefónica donde trabajaban todas las protagonistas, pero eso ya quedó atrás. En los nuevos episodios se priorizan los exteriores, lo que supone una peculiaridad, ya que suelen implicar mayores costes de producción.[40] Sin embargo, esto no explica la falta de atención a detalles como los vestidos veraniegos y el diseño simplista de las superficies de los decorados, como la falta de suciedad. El tratamiento descuidado del diseño de producción podría indicar el consumo rápido y también posiblemente algo descuidado del formato de la serie, que se produce para la pequeñísima pantalla.[41] Quienes sí han notado cambios a la hora de preparar una serie para Netflix son guionistas, directores y productores: "Hay que tener en cuenta que el visionado muchas veces es en iPad o iPhone, lo que requiere planos más cortos y menos planos generales" (Prieto 2017), explica Ramón Campos, productor ejecutivo y cocreador de la serie. El vestuario y el maquillaje son muy importantes, ya que ayudan a crear el ambiente y el escenario, describen la atmósfera y la ambientación de la época en la que se desarrolla la serie, pero también caracterizan a sus personajes y evolución.

La serie ha logrado captar la atención de la audiencia global, no solo por su temática, sino también por aspectos como el vestuario y la escenografía. Esta última se inspiró en el Madrid de los años veinte. La construcción duró unos dos meses y medio y se introdujo el uso de la tecnología para reconstruir algunos detalles. De hecho, la producción se desarrolla en varios sets. El escenario principal es el edificio de la compañía telefónica, que en aquel entonces era sinónimo de modernidad. Está dividido en varias plantas: la primera es el majestuoso *hall* con una arquitectura que sigue la estética de *Gran Hotel* o *Velvet* (series de la misma productora, Campos y Neira 2011–2013, 3 temporadas, respectivamente 2014–2016, 4 temporadas) y elementos como apliques dorados, maderas oscuras, suelos y zócalos de piedra, molduras que se encontrarán –y pueden haber sido reutilizadas– en varias instalaciones (Green Shooting Workgroup 2024). Para recrear la Gran Vía madrileña y otros detalles del set, se utilizó un croma. Consiste en usar una pantalla de color que luego se reemplaza por una imagen, lo que permite ahorrar costes (Bambú Producciones 2024). Las escenas de guerra no están representadas con mucho cuidado, lo que resulta especialmente evidente en la falta de polvo, sangre y suciedad.[42] Se puede ver un cráter de bomba, pero fuera del borde del cráter, la carretera parece como si acabara de ser barrida y limpiada, los detalles

---

40 Véase Düwel (2012).

41 Véase Bavaria (2019).

42 En cambio, en la literatura pueden encontrarse representaciones realistas, por ejemplo, en Marge Piercy (*Menschen im Krieg,* Hamburgo: Argument Verlag 1995) o Juan Marsé (*Si te dicen que caí*, Ciudad de México: Editorial Novaro 1973).

no encajan y parecen falsos (T5.E33; 06:11–06:17). Los horrores se trivializan, por ejemplo, haciendo que los sacos de arena parezcan ordenadamente apilados y pintados (T5.E33; 09:21–09:39), a pesar de que la ambientación es sumamente importante para la credibilidad. No todo el público global de Netflix puede establecer una relación con las imágenes ni tiene ciertos elementos guardados en la memoria visual colectiva, como la pancarta "No pasarán" en Madrid, o las asociaciones de Patronato de Protección a la Mujer, campos de concentración o las vías de Auschwitz valladas al fondo por una barrera simétrica (T5.E42; 26:08). Para este público global, las reminiscencias a medias no son más que un telón de fondo armonioso y estéticamente agradable.

Es el vestuario el que parece evolucionar más, aunque luce demasiado limpio y pulcro para las circunstancias, por ejemplo, los coloridos vestidos de verano sin manchas ni agujeros. Esto es problemático porque no transmite adecuadamente las consecuencias físicas de la guerra. Una visión más diferenciada del diseño de vestuario sería el uso adicional de ropa grisácea de material basto. Los uniformes de las telefonistas de falda corta, por encima de la rodilla, tampoco se corresponden con la imagen conservadora y católica que correspondía a la mujer de la época, como muestran documentos fotográficos auténticos (Fundación Telefónica 2020).

Bajo el lema "No es para nosotras, es para todos", la serie sobre la amistad entre mujeres y disidencias de género ha captado una audiencia mundial. La actriz Nadia de Santiago (Marga en la serie) se dio cuenta por primera vez de lo que supone ser vista en los 190 países en los que está disponible Netflix, gracias a los viajes y al reconocimiento de los medios de comunicación. "Un periodista argentino me hablaba del 'fenómeno' y eso me parecía como raro, pero con el tiempo he visto a qué se refería" (Lamazares 2018). Al mismo tiempo, las imágenes se trasladan a un nivel tan universal que no pueden ofrecer una representación realista del pasado con el correctivo de la memoria colectiva. Por tanto, se le podría reprochar a *Las chicas del cable* el haber integrado la historia con una fórmula comercializable que deja de lado el componente histórico, aunque vende precisamente porque se desarrolla en ese contexto histórico, a la postre distorsionado.

La serie no presume necesariamente de haber trabajado el plano de la historia, a pesar de mostrar la batalla entre el bando republicano y el ejército de Franco. Todo ello envuelto en un atrezo de cartón piedra que simula una contienda bélica y le da un aspecto bastante ingenuo en comparación con otras representaciones televisivas y cinematográficas de la Guerra Civil. Un poco de polvo, unas cuantas ventanas rotas y unos cuantos sacos de arena flanqueando la calle no bastan para recrear el avance y la victoria de los franquistas en el Madrid de principios de 1939 y activar los discursos de la memoria colectiva. Ni siquiera harían falta sangre y vísceras,[43] pero vemos tiendas de campaña limpias en campamentos militares a pleno sol, sin suciedad, sin inmundicias, incluso parecen pintadas. No hay asociaciones con el frío invernal, la lluvia, la carencia, el hambre o la violencia, los

43 Véase Del Toro (2006).

soldados no muestran sombras (pintadas) en la barba ni pómulos demacrados, las mujeres soldado no tienen manchas (pintadas) de sudor ni signos de fatiga, aunque en comparación con otros decorados cinematográficos es muy fácil aplicar maquillaje y no requiere ningún esfuerzo especial en el diseño de producción.[44] Todo en el campamento militar parece ordenado y limpio, como un campamento de vacaciones, de modo que esta metáfora del ocio veraniego trivializa el conflicto histórico en la memoria emocional como una asociación positiva.

Conclusión – El problema de *Las chicas del cable* como fragmento de la cultura de la memoria en un contexto global

Con respecto a la novela histórica, Diana Wallace resume:

> La 'historia' ha excluido tradicionalmente a las mujeres, pero paradójicamente la 'novela histórica' ha ofrecido a las lectoras el espacio imaginativo para crear versiones diferentes y más inclusivas de la 'historia' que son accesibles o atractivas para ellas de diversas maneras (Wallace 2005, 3)

Resulta interesante en este contexto que el servicio de *streaming* Netflix formule una elevada reivindicación de sí mismo con respecto a la visibilidad de la diversidad y la inclusión. El hecho de que las mujeres y las disidencias se sitúen en el centro de la ficción cinematográfica de *Las chicas del cable* es muy destacable, dado que han sido ampliamente ignoradas en el cine durante décadas. La serie se dirige a un público diverso a través de su perspectiva femenina escenificada, que también incluye aspectos *queer* y feministas. Al retratar a protagonistas femeninas y disidentes de género, la serie podría ampliar la visión de la historiografía, dominada por una perspectiva masculina. Sin embargo, tal como muestra el análisis, se observan distorsiones problemáticas de la historia española en la serie. Un ejemplo de ello es que no se aborda el hecho de que el trabajo asalariado de las mujeres de la época, especialmente como telefonistas, era una excepción (económica) extremadamente privilegiada. Lo que llama la atención en el relato escenificado es la gran capacidad de actuación que se atribuye a las amigas. En la narración de la serie, el grupo siempre encuentra soluciones a situaciones apremiantes. De este modo, la narrativa se distancia de las reflexiones historiográficas sobre la agencia de las trabajadoras. Otro problema es que el trasfondo de la situación histórica y sociopolítica, los conflictos políticos y militares asociados entre los bandos republicano y franquista, y las luchas relacionadas por la igualdad social, la igualdad de género y la participación democrática se representan, sistemáticamente, de forma despolitizada. Como causas de los enfrentamientos se citan conflictos privados, como viejas rencillas, vanidades heridas o amores no correspondidos. Esto

---

[44] Véase Düwel (2012) y Manthey (1996).

se ejemplifica en la representación de la opresión masculina y la violencia contra las mujeres en la serie, que se escenifican como casos individuales, ocultando así el sistema subyacente de categorías de percepción, pensamiento y acción de la dominación masculina.[45] En última instancia, los sistemas de orden patriarcal y franquista de la época solo aparecen como un fondo sombrío sobre el que se desarrolla el melodrama de *Las chicas del cable.*

Las distorsiones de la realidad histórica de la Guerra Civil en la serie también se revelan mediante una visualización y un coloreado incoherentes. A nivel visual, la serie analizada no muestra la atroz brutalidad de la guerra y la opresión, que no se atenúa, sino que se expone, ni la sangre o la suciedad, y no utiliza, por ejemplo, la lluvia constante para enfatizar un estado de ánimo desesperado. *Las chicas del cable* no crea una atmósfera realista, sino un mundo de colores pastel, aterciopelado y trivializador. Como la serie está tan cerca del público, es difícil crear la distancia necesaria para un juicio crítico. Esta tendencia a suprimir la distancia fue explicada detalladamente por Walter Benjamin hace casi un siglo. Benjamin describió este fenómeno como el sustrato del "aura", es decir, el aura a través de la cual las cosas pueden seguir manteniendo cierta distancia con quien observa, por muy cerca que se acerque a ellas.[46] Esto se ve reforzado por la configuración predominante del primer plano, aquí la parte superior del cuerpo –y sobre todo el rostro– sirve de centro orientador de la composición de la imagen.[47] Este enfoque, que se popularizó por primera vez en las *sit-coms*, que suelen desarrollarse en un único espacio interior, individualiza la acción y oscurece la visión de conjunto. Este método de grabación con más primeros planos de les protagonistas que planos largos con un fondo impactante reduce los acontecimientos a perspectivas subjetivas y evita confrontar al público con la brutalidad de la guerra.

Sin embargo, la forma en que *Las chicas del cable* intenta transmitir autenticidad –y, por tanto, también una supuesta verdad sobre el pasado– es extremadamente problemática. La delimitación necesaria para dejar claro que se trata de un relato de ficción se ve deliberada y permanentemente socavada. Los títulos de crédito al final del último episodio, en los que se filma una famosa foto histórica de La Retirada, dicen: "Las chicas del cable dieron su vida por un mundo mejor. Son sólo un ejemplo de los sacrificios que millones de mujeres han tenido que hacer a lo largo de la historia. Mujeres valientes, generosas y orgullosas. Mujeres que han luchado y siguen luchando por la igualdad y la libertad humana. Este es nuestro homenaje" (T5.E42; 35:46–36:10). Tras repetidas referencias a una supuesta autenticidad histórica a lo largo de la serie, solo al final de los títulos de crédito aparece una referencia muy escondida, demasiado breve y, en nuestra opinión, inadecuada: "Las personas y los acontecimientos que se describen en este programa son

[45] Véase Bourdieu (2012). En un estudio posterior, habría que examinar históricamente en detalle la representación de la vida *queer* en la serie.

[46] Véase Benjamin (1936).

[47] Véase Katz (2001) y Young (2009).

ficticios. No se pretende representar personas o acontecimientos reales" (T5.E42; 40:36).

Dado que las ficciones cinematográficas tienen una enorme influencia en la construcción de las memorias colectivas y las culturas del recuerdo, especialmente en el presente, la inclusión de la perspectiva femenina y *queer* podría considerarse extremadamente positiva, ya que potencialmente contribuye a diversificar la visión del pasado. Sin embargo, la serie fracasa como posible referente positivo para la memoria colectiva. *Las chicas del cable* es, en definitiva, un melodrama histórico embellecido y alejado de las realidades políticas de la época.

Asimismo, se plantea la pregunta sobre el impacto que tienen tales ficciones históricas en la cultura de la memoria como resultado del *streaming* global. La enorme distribución de Netflix en 190 países ofrece, *a priori*, la oportunidad de visibilizar las historias locales, regionales y nacionales ante una extensa audiencia global de forma sencilla. El problema de difundir la historia, como a través de *Las chicas del cable,* surge cuando la mayoría del público no tiene ni la memoria visual colectiva necesaria ni los conocimientos históricos. Se requiere un conocimiento profundo de la historia de España, por ejemplo, para reconocer la administración de aceite de ricino como método de tortura.

Lo que quizás sería necesario con relación a las actuales representaciones históricas de ficción de Netflix es un público crítico que pudiera diferenciar y contextualizar lo que ve. Esto parece difícil, puesto que en todo el mundo hay un gran número de series y películas disponibles en los servicios de *streaming*. *Las chicas del cable* cuenta ya de por sí con 42 episodios de 40 minutos cada uno en cinco temporadas. Al parecer, la oleada global de ficciones históricas representa un antes y un después en cuanto a la construcción de la memoria colectiva, donde tal vez urja un debate más amplio de las audiencias globales sobre las historias locales.

Para que las ficciones cinematográficas contemporáneas relacionadas con el pasado traumático contribuyan de manera significativa a la construcción, deconstrucción y reconstrucción de la memoria colectiva, resulta indispensable un debate colectivo. ¿Cómo podríamos conseguir abrir la conversación sobre el pasado con experiencias de visionado compartidas en lugar de un consumo individualizado? Es necesario desarrollar nuevos conceptos de pedagogía de la memoria y encontrar nuevos espacios colectivos en los que pueda tener lugar este diálogo.

Referencias

Filmografía

Brancato, Chris, Carlo Bernard, Doug Miro y José Padilha. 2015–2017. *Narcos*. Netflix, 3 temporadas, 30 episodios; Estados Unidos, Colombia: Gaumont International Television.

Campos, Ramón y Gema Neira, dir. 2011–2013. *Gran Hotel*. Antena 3, 3 temporadas, 39 episodios; España: Bambú Producciones.

—. 2014–2016. *Velvet*. Antena 3, 4 temporadas, 91 episodios; España: Atresmedia, Bambú Producciones.

—. 2017–2020. *Las chicas del cable*. Netflix, 5 temporadas, 42 episodios; España: Bambú Producciones.

—. 2021. *Jaguar*. Netflix, 1 temporada, 6 episodios; España: Bambú Producciones.

Caro, Manolo, dir. 2020. *Alguien tiene que morir*, 1 temporada, 8 episodios. España, México: Noc Noc Cinema.

De la Torre, Dani. 2018. *Gun City*. España: Vaca Films, Atresmedia Cine.

Del Toro, Guillermo. 2006. *El Laberinto del Fauno*. España, México: Estudios Picasso, Telecinco.

Garaño, Jon, Aitor Arregi y José Maria Goenaga, dir. 2019. *La Trinchera infinita*. España, Francia: Irusoin, Moriarti Produkzioak.

Pina, Alex, dir. 2017–2021. *La casa de papel*. Antena 3, 3 temporadas, 15 episodios; Netflix, 5 temporadas, 48 episodios; España: Atresmedia, Vancouver Media.

Soarez, Elena y José Padilha. 2018–2019. *O Mecanismo*. Netflix, 2 temporadas, 16 episodios; Brazil: Zazen Produçoes.

Bibliografía

Arce Pineado, Rebeca. 2007. *Dios, patria y hogar. La construcción social de la mujer española por el catolicismo y las derechas en el primer tercio del siglo XX*. Santander: Ediciones de la Universidad de Cantabria.

Arnheim, Rudolph. 2000 [1978]. *Kunst und Sehen. Eine Psychologie des schöpferischen Auges*. Berlín, Nueva York: DeGruyter.

Art Department Studio Babelsberg. 2022. *Geschäftsbericht 2022* (agosto). https://www.studiobabelsberg.com/fileadmin/a/sb/dateien/pdf/ir/Studio-Babelsberg-AG-Geschaeftsbericht-2022.pdf (último acceso: 25 de marzo, 2025).

Artusa, Marina. 2020. "'Patria': heridas abiertas y de la serie no se habla." *Clarín* 9 de octubre, 2020. https://www.clarin.com/cultura/clarin-pueblo-vasco-patria-heridas-abiertas-serie-habla_0_3487_3eqe.html?srsltid=AfmBOor-zBGPBufS0_El4ADE6TKFNS0XestuB0eB_570iwzGtN7F7kV-C (último acceso: 25 de marzo, 2025).

Assmann, Aleida. 2018. *Der lange Schatten der Vergangenheit. Erinnerungskultur und Geschichtspolitik*. Múnich: C.H. Beck.

—. 2007. *Geschichte im Gedächtnis: von der individuellen Erfahrung zur öffentlichen Inszenierung*. Múnich: C.H.Beck.

—. 2003. *Erinnerungsräume. Formen und Wandlungen des kulturellen Gedächtnisses*. Múnich: C.H.Beck.

Assmann, Jan. 2002. *Das kulturelle Gedächtnis. Schrift, Erinnerung und politische Identität in frühen Hochkulturen*. Múnich: C.H.Beck.

Bambú Producciones SL, s.f. https://bambuproducciones.com/ (último acceso 20 de mayo, 2024).

Bartl, Karin et al., eds. 1987. *Inszenierung der Macht – Ästhetische Faszination im Faschismus*. Berlín: Nishen.

Bavaria Film GmbH, ed. 2019. *100 Jahre in Bewegung*. Múnich: Eigenverlag.

Bonnin, Juan Eduardo y Alejandro Aníbal Coronel. 2021. "Attitudes Toward Gender-Neutral Spanish: Acceptability and Adoptability". *Sociology* 6 (marzo). https://doi.org/10.3389/fsoc.2021.629616.

Benjamin, Walter. 1936. "Das Kunstwerk im Zeitalter seiner technischen Reproduzierbarkeit." En *Walter Benjamin: Gesammelte Schriften*, Band I, Werkausgabe Band 2, editado por Rolf Tiedemann y Hermann Schweppenhäuser, 431–439. Fráncfort del Meno: Suhrkamp.

Bernecker, Walther. 2018. *Spanische Geschichte: Vom 15. Jahrhundert bis zur Gegenwart*. Múnich: C.H.Beck.

Bernecker, Walther. 2018. *Spaniens Geschichte seit dem Bürgerkrieg*. Múnich: C.H.Beck.

Bernecker, Walther y Sören Brinkmann. 2006. *Kampf der Erinnerungen. Der Spanische Bürgerkrieg in Politik und Gesellschaft 1936–2010*. Friburgo: Graswurzel Verlag.

Bourdieu, Pierre. 2012. *Die männliche Herrschaft*. Berlín: Suhrkamp.

Brinkmann, Sören. 2007. *Katalonien und der Spanische Bürgerkrieg: Geschichte und Erinnerung*. Berlín: Walter Frey Verlag

Burgoyne, Robert. 2008. *The Hollywood Historical Film*. Malden, MA: Blackwell.

Capa, Robert. 2009. *Robert Capa at Work: This is War!* Gotinga: Steidl.

Collado Seidel, Carlos. 2012. "Transición und Demokratie in Spanien." En *Handbuch Spanisch. Sprache, Literatur, Kultur, Geschichte in Spanien und Hispanoamerika*, editado por Joachim Born et al., 566–572. Hamburgo: Erich Schmidt Verlag.

Collado Seidel, Carlos. 2006. *Der spanische Bürgerkrieg. Geschichte eines europäischen Konfliktes*. C.H. Beck, Múnich.

Düwel, Michael, ed. 2012. *Art Department Studio Babelsberg*. Babelsberg.

Erll, Astrid y Stephanie Wodianka. 2008. "Einleitung: Phänomenologie und Methodologie des ‚Erinnerungsfilms'." En *Film und kulturelle Erinnerung Plurimediale Konstellationen*, editado por Astrid Erll y Stephanie Wodianka, 1–18. Berlín: De Gruyter.

Eue, Ralph y Gabriele Jatho, ed. 2005. *Schauplätze Drehorte Spielräume*. Berlín: Production Design + Film.

Faulstich, Werner. 2013. *Grundkurs Filmanalyse*. Paderborn: Wilhelm Fink.

Freydefont, Marcel, ed. 2015. *Théâtre/Public nro 2015: Place du théâtre, forme de la ville* (enero–marzo). París: Theatre Public.

Fundación Telefónica. 2020. "Telefonistas, las voces de una época". Última modificación 14 de mayo, 2020. https://www.fundaciontelefonica.com/noticias/chicas-cable- telefonistas-historia-telecomunicaciones/ (último acceso: 28 de diciembre, 2023).

García Carbonell, Marta y María Palau Galdón. 2023. *Indignas hijas de su Patria. Crónicas del Patronato de Protección a la Mujer en el País Valencià*. Valencia: Institució Alfons el Magnànim-Centre Valencià d'Estudis i d'Investigació.

García Colmenares, Pablo. 2021. *La memoria histórica en España. Del movimiento memorialista a la conciencia histórica*. Valladolid: Universidad de Valladolid

Geimer, Peter. 2022. *Die Farben der Vergangenheit*. Múnich: C.H. Beck.

González Duro, Enrique. 2016. *Las rapadas: El Franquismo contra la mujer*. Tres Cantos: Siglo XXI de España Editores, S.A.

Green Shooting Workgroup. 2024. *Ecological Standards for German Cinema, TV, and Online/VoD Productions*. Stuttgart: German Federal Film Board.

Gronau, Martin. 2009. "Der Film als Ort der Geschichts(de)konstruktion. Reflexionen zu einer geschichtswissenschaftlichen Filmanalyse." En *AEON – Forum für junge*

Geschichtswissenschaft, editado por Golo Ley y Soilihi Mzé, Hassan. Magdeburgo: Mein Verlag.

Guixé i Coromines, Jordi, Jesús Alonso Caraballés, y Ricard Conesa Sánchez. 2019. *Diez años de leyes y políticas de memoria (2007–2017)*. Madrid: Editorial Catarata.

Halbwachs, Maurice. 2019. *Das Gedächtnis und seine sozialen Bedingungen*. Berlín: Suhrkamp.

Hepburn, Eleanor. 2019. "Las Chicas del Cable: exploring the ideas of gender and sexuality through Spain's first Netflix series." *The historian journal*, 1 de enero, 2019. https://thehistorianjournal.wordpress.com/2019/01/18/las-chicas-del-cable-exploring-the-ideas-of-gender-and-sexuality-through-spains-first-netflix-series/ (último acceso: 25 de marzo, 2025).

Herzogenrath, Wulf, ed. 1997. *TV-Kultur: Fernsehen in der bildenden Kunst seit 1879*. Amsterdam: Philo & Philo Fine Arts.

Huffschmid, Anne. 2015. *Risse im Raum. Erinnerung, Gewalt und städtisches Leben in Lateinamerika*. Wiesbaden: Springer VS

Hünecke, Silke. 2015. *Die Überwindung des Schweigens. Erinnerungspolitische Bewegung in Spanien*. Münster: edition assemblage.

Jaspers, Kristina, Peter Mänz, y Nils Warnecke, eds. 2005. *Bewegte Räume. Produktionsdesign + Kino*. Ausstellungskatalog. Berlín: Filmmuseum.

Jelin, Elizabeth. 2001. "Exclusión, memorias y luchas políticas." En *Estudios Latinoamericanas sobre cultura y transformaciones sociales en tiempos de globalización*, editado por Daniel Mato, 91–111. Buenos Aires: CLACSO.

Jünke, Claudia. 2006. "'Pasarán años y olvidaremos todo': la Guerra Civil española como lugar de memoria en la novela y el cine actuales en España." En *Lugares de memoria de la guerra civil y el franquismo: representaciones literarias y visuales*, editado por Ulrich Winter, 101–131: Madrid, Fráncfort del Meno: Iberoamericana/Vervuert.

Kandorfer, Pierre. 1990. *DuMont's Textbook of Film Design*. Colonia: DuMont Buchverlag.

Katz, Steven. 2001. *Shot by shot – Die richtige Einstellung. Zur Bildsprache des Films*. Fráncfort del Meno: Zweitausendeins.

Kellner, Hans-Günther. 2017. "Große Reden. No pasarán – Sie kommen nicht durch." *Deutschlandfunk: Europa heute*, 12 de julio, 2017. https://www.deutschlandfunk.de/grosse-reden-no-pasaran-sie-kommen-nicht-durch-100.html (último acceso: 15 de septiembre, 2022).

Kindermann, Heinz. 1979. *Das Theaterpublikum der Antike*. Salzburg: Otto Müller Verlag.

Kuschel, Daniela. 2019. *Spanischer Bürgerkrieg goes Pop. Modifikationen der Erinnerungskultur in populärkulturellen Diskursen*. Bielefeld: transcript.

Korte, Barbara y Sylvia Paletschek. 2009. *History Goes Pop. Zur Repräsentation von Geschichte in populären Medien und Genres*. Bielefeld: transcript.

Lamazares, Silvina. 2018. "'Las chicas del cable': una sucesión de anécdotas de época." *Clarín*, 9 de septiembre, 2018. https://www.clarin.com/espectaculos/tv/chicas-cable-sucesion-anecdotas-epoca_0_ByZx_lQu7.html?srsltid=AfmBOopReeYk4Oa1hGzm7QsWDgcynwFYOdq8-jlsjeiQclpGkNnVHwas (último acceso: 25 de marzo, 2025).

Linz, Juan José. 2011. *Ein autoritäres Regime. Der Fall Spanien*. Potsdam: Potsdamer Textbücher (PTB).

López, Ártemis. 2022. "Lenguaje no binario". *Queerterpreter.com*. https://www.queerterpreter.com/my-research (último acceso: 21 de marzo, 2013).

Manthey, Dirk, ed. 1996. *Making of...Wie ein Film entsteht*. Hamburgo: Rowohlt Taschenbuch.

Newesely, Bri. 2009. "Kapitel 1: Grundlagen - Sehen ist Denken." En *Das Bühnenportal im Theater der Gegenwart: Fokussierung des Spielens – Distanzierung des Zuschauers*. Tesis doctoral. Berlín: Technische Universität.

Neumann, Dietrich, ed. 1996. *Filmarchitektur von Metropolis bis Blade Runner*. Múnich: Prestel.

Nash, Mary, y Marisa Ferrandis Garrayo. 1991. "Dos décadas de historia de las mujeres en España: una reconsideración." *Historia Social* 9 (invierno): 137–161. https://www.jstor.org/stable/40340551 (último acceso: 25 de marzo, 2025).

Philippi, Anne. 2018. "Entrevista con Cindy Holland: Unsere Autoren können schreiben, was sie wollen." *Frankfurter Allgemeine Zeitung*, 9 de marzo, 2018.

Phillips, Abril. 2022. "Gema R. Neira, la guionista genial detrás de 'Fariña', 'Las chicas del cable' y 'Velvet'." *La Vanguardia*, 14 de mayo, 2022. https://www.lavanguardia.com/magazine/personalidades/20220514/8264093/gema-r-neira-guionista-de-tras-grandes-historias-ficcion-espanola.html (último acceso: 25 de marzo, 2025).

Piercy, Marge. 1987. *Menschen im Krieg*. Hamburgo: Argument.

Prieto, Uxía. 2017. "Un día en el rodaje de 'Las chicas del cable', la serie feminista de Netflix producida en España." *El HuffPost España*, 9 de marzo, 2017. https://www.huffingtonpost.es/entry/un-dia-en-el-rodaje-de-las-chicas-del-cable-la-serie-feminist_es_5c8aada4e4b0f374fa992f9a.html (último acceso: 25 de marzo, 2025).

Rodríguez Arias, Miguel Ángel. 2008. *El caso de los niños perdidos del Franquismo: Crimen contra la humanidad*. Valencia: Tirant lo Blanch.

Rothauge, Caroline. 2014. *Zweite Republik, Spanischer Bürgerkrieg und frühe Franco-Diktatur in Film und Fernsehen, Erinnerungskulturen und Geschichtsdarstellungen in Spanien zwischen 1996 und 2011*. Gotinga: V & R Unipress.

Röttger, Kati y Alexander Jackob, eds. 2009. *Theater und Bild. Inszenierungen des Sehens*. Bielefeld: transcript.

Rubio, Oliva María e Isabel Tejeda. 2012. *100 años en femenino: una historia de las mujeres en España*. Madrid: Acción Cultural Española (AC/E).

Sarandos, Ted. 2021. "Forja de un legado de inclusión: resultados de nuestro primer estudio de la diversidad en películas y series." *Netflix (España)*, 26 de febrero, 2021. https://about.netflix.com/de/news/building-a-legacy-of-inclusion (último acceso: 25 de marzo, 2025).

Schuette, Oliver. 2019. *Die Netflix-Revolution*. Zúrich: Midas Verlag.

Silva, Emilio y Santiago Macías. 2003. *Las fosas de Franco. Los republicanos que el dictador dejó en las cunetas*. Madrid: Casa del libro.

Smoltczyk, Alexander. 2002. *James Bond Berlin Hollywood. Die Welten des Ken Adam*. Berlín: Nicolai.

Sondergeld, Birgit. 2010. *Spanische Erinnerungskultur. Die Assmann`sche Theorie des kulturellen Gedächtnisses und der Bürgerkrieg 1936-1939*. Wiesbaden: Springer Fachmedien GmbH.

Sylvester, David et al., eds. 1999. *Moonraker, Strangelove and other celluloid dreams: the visionary art of Ken Adam*. Londres: 1999 Serpentine Gallery.

Vinyes Ricard. 2015. "L'esforç associatiu en les vindicacions memorials democràtiques a Catalunya (1980–2002)." En *Sobre el Franquisme i Catalunya. Homenatge a Borja de Riquer i Permanyer*, editado por Carme Molinero, Manel Risques y Francesc Vilanova, 220–239. El Papiol: Editorial Efadós.

Vinyes, Ricard, Montse Armengou y Ricard Belis. 2002. *Los niños perdidos del Franquismo*. Barcelona: Plaza y Janés.

Von Ribbeck, Dietrich. 1990. *Filmproduktion verstehen*. Múnich: TR-Verlagsunion.

Wallace, Diana. 2005. *The Woman's Historical Novel: British Women Writers, 1900–2000*. Basingtoke: Palgrave Macmillan.

Wirz, Dominique y Andreas Fahr. 2021. "Nur noch eine Folge. Interview von Angela S. Hoppmann." *universitas* 1 (2020/2021). https://www.unifr.ch/universitas/de/ausgaben/2020-2021/united-kingdom/nur-noch-eine-folge.html (último acceso: 28 de diciembre, 2023).

Young, Paul y Paul Duncan, eds. 2009. *Art Cinema*. Colonia: Tasch.

Experiencias escénicas mediadas: el teatro en *streaming* en la escena española[1]

Mario de la Torre-Espinosa

El presente trabajo recoge ejemplos de las diversas estrategias seguidas para hacer accesible el hecho escénico sin recurrir al convivio, es decir, a la coexistencia espaciotemporal de público y espectadores, empleando para ello la emisión de video en *streaming*, ya sea en directo o en diferido. La cuestión es que la mayoría de estos intentos resultan en casos de remediación o bien de transmedialidad. Conectan, por tanto, con las últimas tendencias del audiovisual contemporáneo, puesto que la escena ha sufrido una gran aceleración en su virtualización como reacción al confinamiento y a la suspensión de la actividad teatral por el decreto del estado de alarma por la COVID-19. Dada esta situación, presentamos aquí una panorámica sobre algunos de los proyectos españoles más significativos, demostrando la versatilidad de los creadores escénicos a la hora de contar sus historias aprovechando las ventajas que aportan las nuevas herramientas y plataformas digitales.

Palabras clave: teatro español, teatro transmedia, intermedialidad, *streaming*, literatura comparada

Introducción

La voluntad de hacer accesible el consumo de teatro en *streaming* desde cualquier parte del mundo es una tendencia que viene desarrollándose desde hace años, sobre todo fomentado por el desarrollo de nuevas tecnologías de la telecomunicación. Estamos hablando, en un primer momento, de la emisión por satélite o, bien más tarde, a través de internet gracias al progresivo incremento del ancho de banda y sus subsiguientes oportunidades de desarrollo. De esta forma, suponía la posibilidad de que la distancia no fuera un impedimento para disfrutar, aunque fuera en una forma mediada, del arte escénico.

1 Este trabajo forma parte del proyecto I+D FicTrans "Transmedialización e hibridación de ficción y no ficción en la cultura mediática contemporánea" (PID2021-124434NB-I00). IP: Domingo Sánchez-Mesa Martínez y Juan Ángel Jódar Marín. Ministerio de Ciencia e Innovación del Gobierno de España.

Si bien esto no se puede denominar teatro propiamente dicho como diferentes estudios han venido desarrollando en los últimos años,[2] resulta cada vez más habitual, y normalizado, el uso de sintagmas como teatro virtual, teatro digital, teatro transmedia, etc. No obstante, actuarían en todos estos casos como sinécdoque del hecho escénico.

Recordemos que, citando a Jorge Dubatti, el teatro resulta de la confluencia de tres elementos: la autopoiesis del actor, la expectación y el convivio.[3] Si de esta intersección eliminamos algunos de los factores, el teatro deja de existir *stricto sensu*. Por ejemplo, la exclusión de la expectación nos llevaría a formas como el juego de rol en vivo, donde todos los intervinientes participan activamente al no asistir al espectáculo como meros espectadores (excluyendo, eso sí, algunos ejemplos recientes de ligas de juegos de rol en vivo). Y si eliminamos el convivio, estaríamos ante experiencias como el cine, donde no es necesaria la coexistencia en el mismo espacio y tiempo de espectadores y público. Por último, ante la ausencia autopoiesis del actor, pero sí de la expectación y del convivio, nos podríamos encontrar con una conferencia académica, por ejemplo.

Con esto queremos decir, y de forma rotunda, que el teatro en sí deja de existir cuando una de estas variables citadas por Dubatti desaparece. Lo que queda es el hálito que proporciona el recuerdo del hecho escénico, que es redimensionado gracias a la expectación en experiencias que se van tiñendo de una teatralidad más o menos intensa dependiendo de las intenciones del creador o creadora y la experiencia previa del espectador, capaz o no de realizar asociaciones con el teatro.

Este tipo de propuestas mediadas no es nada nuevo en el caso de España. El mítico programa televisivo *Estudio 1* ya producía desde la década de los sesenta éxitos teatrales, tanto clásicos como contemporáneos, para su emisión televisiva por RTVE. Con diferentes estrategias de realización, que sometían a diversos grados de teatralización a los textos, se emitieron desde los años sesenta más de medio millar de espectáculos, constituyéndose en parte de la memoria cultural y sentimental de generaciones de españolas y españoles. En estos casos de teatro filmado[4] se producía la grabación recurriendo a la gramática audiovisual propia del cine, aunque adaptada al medio televisivo, facilitándose el conocimiento de textos y autorías importantes y que se llegase además a todos los rincones del país. La relevancia de este proyecto, asimismo, provenía por esto último, del hecho de iniciarse en unos años donde poder ver teatro fuera de las grandes ciudades era algo bastante difícil.

Básico también en la evolución de este tipo de teatro mediado fue el inicio de las emisiones en cines vía satélite. Sirva como ejemplo de esto el acuerdo firmado por HISPASAT (compañía de satélites para la retransmisión de la señal), el Teatro

---

2 Véase Abuín González (2006, 2008), Grande Rosales (2013, 2020), López Pellisa (2013) y Torre-Espinosa (2019, 2021, 2022a, 2022b).

3 Véase Dubatti (2012).

4 Véase Abuín (2012).

Real de Madrid (recinto de representación) y RTVE (responsable de la realización y la coordinación técnica) para emitir en 4K la ópera *Parsifal* en los cines Kinépolis de Madrid el jueves 21 de abril de 2016.[5] Sin embargo, este no sería el primer intento de este tipo, puesto que ya se habían llevado a cabo proyecciones de ópera en directo vía satélite por Cinesur en 2008. Ni tampoco el último, dado que, por ejemplo, en 2018 se firmó el acuerdo de HISPASAT con el Gran Teatre del Liceu para retransmitir algunos de sus espectáculos. Con coproducción de RTVE y la productora Les Films Jack Fébus, se emitieron las óperas *La italiana in Algeri*, de Rossini, *La Gioconda*, de Ponchielli, y *Tosca* y *Manon Lescaut*, de Puccini.[6]

Esta forma de emisión tenía un par de singularidades que la distinguía respecto al ejemplo mencionado de emisión televisiva tipo *Estudio 1*. La primera diferencia es que exigía el desplazamiento del público a un lugar concreto para verla, las salas de cine principalmente, provocándose la sensación de evento de igual forma que si alguien decidiera ir al espectáculo en sí.[7] Y, en segundo lugar y, sobre todo, el hecho de que la retrasmisión se realizase siempre en directo. Esto aportaba un carácter de imprevisibilidad y de exclusividad propia del hecho escénico, en estos casos la sensación de estar ante un hecho irrepetible y sujeto a la contingencia del directo.

Pero si nos atenemos a su propia naturaleza, todas estas muestras constituyen ejemplos de remediación del hecho escénico. Con este concepto de *remediation* de Jay David Bolter y Richard Grusin se denomina a "the representation of one medium in another medium, and we will argue that remediation is a defining characteristic of the new digital media" (Bolter y Grusin 1999, 45). Los avances en la comunicación digital serían, asimismo, clave para el desarrollo de la remediación, y el teatro no sería ajeno a ello.

La escena tardaría en reaccionar a este nuevo contexto digital, pero con la irrupción de la pandemia todo este proceso se aceleraría, aunque a una velocidad menor de la deseable. Valgan como muestra los resultados del *Estudio del impacto del COVID-19 en exhibidores, compañías y productoras escénicas* (Bonnat et al. 2022), impulsado y presentado por FAETEDA y La Red Española de Teatros, Auditorios, Circuitos y Festivales de titularidad pública. Según dicho informe, solo el 20% de las compañías cuenta con un plan de transformación digital, y dentro de las principales prioridades que señalan, la creación de contenidos no es precisamente la que ocupa el primer puesto: "la reformulación de la web, la adquisición de equipamiento técnico, la inversión directa en marketing digital y la producción de contenidos digitales, en cuarto lugar" (Bonnat et al. 2022, 120). Si esto

---

5 El proyecto contaría además con la colaboración de Kinépolis, Hurí, Ovide, EVs, Dolby, Ericsson, Samsung, Abacanto Soluciones, SAPEC, Hewlett Packard, ATEME, ALBALA y la Cátedra RTVE-UPM.

6 Véase HISPASAT (2018).

7 Aun así, gracias a Cellnex, los espectáculos emitidos vía satélite con el acuerdo de HISPASAT se podían sintonizar vía satélite y por la TDT en varias zonas de Madrid y Barcelona.

ocurre con las compañías, algo similar es lo que encontramos con los recintos escénicos, ya que su preocupación por difundir contenidos digitales tiene una puntuación de solo 1,9 sobre 5 (Bonnat et al. 2022, 124). Si bien este último dato es lógico, ya que lo que interesa a la sala teatral es fomentar la asistencia del público, podemos decir que, sin lugar a duda, la creación de contenidos en *streaming* puede constituirse en una ventana más de acercamiento a estos espectadores, y además con resultados artísticos muy interesantes.

Como decíamos, el incremento del ancho de banda de internet producido en las primeras décadas del siglo XXI ha revolucionado la emisión en *streaming* de espectáculos, propiciando que el hecho escénico sea disfrutable de diversas formas y desde cualquier parte del planeta. Para ello, una simple conexión es suficiente, sin requerirse inversiones económicas arriesgadas ni para la reproducción ni el consumo. Como muestra de ello, en el presente trabajo abordamos este fenómeno en el ámbito español, intensificado por la crisis de la COVID-19, y centrándonos en tres ámbitos: el teatro en plataformas digitales generalistas de VOD, las plataformas específicas de artes escénicas, y los casos de teatros y compañías que han experimentado con la virtualidad, así como otras vías expresivas propiciadas por los medios digitales.

El teatro en las plataformas de *streaming* generalista

El papel de las grandes plataformas de VOD en nuestros días es esencial no solo para el consumo de producciones audiovisuales, sino también para dirimir el gusto del público al ofrecerle un determinado tipo de producto audiovisual en detrimento de otros. Es por ello que la inclusión, o no, de teatro es un aspecto que se debe analizar con cuidado, pues el que los catálogos cuenten con espectáculos filmados contribuirá de forma decisiva a la replicación de este tipo de propuestas.

Si realizamos una búsqueda en las principales plataformas sobre este tipo de propuestas, vemos que, mayormente, se ha procedido a la filmación directa del espectáculo. Eso sí, con un sistema multicámara que permite una ágil edición que otorga a la grabación una cierta sensación de vivacidad, buscando recordar las sensaciones propias de estar asistiendo a un espectáculo en directo.

Pero la realidad es que grandes plataformas como Netflix no han apostado de forma decidida por la inclusión de obras teatrales. Aun así, en su catálogo encontramos grabaciones como las de las obras japonesas *Banyuki* (2009) o *Almas guerreras* (2009–2017), cuyo mayor atractivo para el público general reside en su espectacularidad, lograda gracias a sus suntuosos decorados, el vestuario, el maquillaje o las coreografías de batalla, todo sobre historias de época. Pero si bien en este caso se limitan a emitir lo grabado, hace unos años la empresa estadounidense comenzó a producir sus primeros *originals*, como el unipersonal *John Leguizamo's Latin History for Morons* (2018). Otro ejemplo muy representativo sería el de *Lady Di: the musical* (2021), basado en la vida de Diana de Gales, ya que es precisamente el musical el género escénico más común en plataformas como esta (u otras estadounidenses como Disney+), dado su carácter espectacular.

El caso de Prime Video es algo diferente, ya que integra en su plataforma para España catálogos como el de MUBI (que incluye obras fílmicas de una gran teatralidad), Mezzo o Classica (con conciertos, óperas y obras de danza), o All Flamenco (con conciertos o espectáculos de este género musical). Pero, sobre todo y a diferencia de las anteriores, podemos encontrar también obras realizadas desde el ámbito hispánico. Hacemos mención a algunos filmes de ficción como *El rey*, de Alberto San Juan y Valentín Álvarez (2018), adaptación de la obra teatral homónima, escrita y dirigida por San Juan, que fue un éxito de la madrileña sala Teatro del Barrio tras su estreno en 2015 y perduró más de dos años en cartelera.[8]

Más significativo, e importante para la escena española, fue lo llevado a cabo por HBO con la producción y estreno a finales de 2020 del proyecto *Escenario 0* (Torre-Espinosa 2022b). Con esta iniciativa, la plataforma estadounidense buscaba, en plena pandemia, generar contenidos con un coste y un riesgo bajos. Para ello nada mejor que filmar teatro, en concreto obras que habían mostrado su solvencia artística y que estaban muy rodadas, por lo que las sesiones de filmación – y el riesgo sanitario asociado – disminuían. La serie, producida por las actrices Irene Escolar y Bárbara Lennie, estuvo compuesta por seis capítulos: *Hermanas*, de Pascal Rambert y Diego Postigo; *Los mariachis*, de Pablo Remón y Lino Escalera; *Mammón*, de Nao Albet y Marcel Borràs; *Vania*, de Álex Rigola y Carla Simón; *Todo el tiempo del mundo*, de Pablo Messiez y Carlos Marques-Marcet; y *Juicio a una zorra*, de Miguel del Arco y Clara Roquet. En todos estos casos se trataba de aunar la capacidad creativa de los directores originales de las piezas teatrales con un realizador o realizadora cinematográfico, excepto en el caso de *Mammón*, filmada solo por los creadores del original teatral.

Un caso aparte lo representa la plataforma digital de la Radio Televisión Española. De acceso gratuito, alberga en su web un importante archivo de obras emitidas en el ya mencionado *Estudio 1*, pero también muchas otras en espacios como *Teatro de siempre*, *Teatro Estudio*, *Noche de teatro*, etc. Es decir, un amplio catálogo que va desde los años sesenta a nuestros días, configurando un rico repertorio compuesto de espectáculos de textos tanto nacionales como extranjeros (Calderón, Lope de Vega, Pirandello, Buero Vallejo, Aristófanes, Chéjov, Cervantes, Miller, Sófocles, etc.) desarrollados por importantes profesionales del teatro español de las últimas décadas.

Las plataformas de *streaming* escénicas

Dentro de los últimos desarrollos que se han producido para facilitar el acceso a los espectáculos en *streaming*, se encuentran las plataformas especializadas que

---

8 Véase Martínez (2018).

permiten el visionado de espectáculos, ya sean estos de forma síncrona o no. Son muchas las que existen en el ámbito anglosajón, como Digital Theatre+, BroadwayHD, Dramox, Digital Theatre o Australian Theatre Live. Pero en todas ellas la presencia de teatro en español es prácticamente inexistente, de ahí que sea muy necesaria la presencia de canales de emisión en *streaming* que se centren en este tipo de obras.

A este respecto resulta muy llamativo el caso de All Flamenco (https://www.allflamenco.net/es/). Con un catálogo de más de 1400 producciones, y con calidades que ascienden hasta los 4K, ofrece contenidos con subtítulos en inglés, español o japonés, muchas veces agrupadas en eventos como festivales de flamenco, como puede ser el de Jerez de la Frontera. El acceso en España o Francia como canal de televisión se efectúa a través de operadores como Orange TV, en *streaming* gracias a su inclusión dentro de la plataforma Prime Video, o bien con la aplicación que desarrollaron para proporcionar una experiencia de visionado más satisfactoria.

Con categorías como 'Destacados', 'Novedades', 'Masterclass' o 'Cine flamenco', entre los espectáculos a los que se puede tener acceso vía *streaming* se hallan títulos como *Tierra, Flamenco y Voz*, espectáculo de danza de la compañía Ángel Manarre. Estrenado el 23 de mayo de 2017 en el Festival Flamenco de Madrid, supone una revisión de las bases de la danza española haciendo un repaso a los diferentes tipos de baile, con atención tanto a sus orígenes como a recreaciones de cafés de cantantes, con lentejuelas y candilejas.

Más interesante aún es la obra *Flamenco Kitchen*, dirigida por Juana González Casado y coreografiada por Ana Salazar. Con una duración de sesenta minutos, supone el primer trabajo de Nómadas, una compañía de flamenco que busca la innovación y que nace de la complicidad entre Ana Salazar, Inma "La Carbonera" y Juana Casado. En esta pieza se presenta un día en la vida de varias mujeres durante su trabajo en las cocinas de un restaurante, donde comparten confidencias y experiencias vitales. Con letras referentes a la cocina, las cinco intérpretes (cinco mujeres y un hombre) cantan, bailan y recitan textos conectados con el tema culinario. El tono es tragicómico, y destaca la percusión elaborada con los diversos elementos que pueblan la escenografía (el atrezo propio de una cocina), lo que les permite marcar un ritmo vertiginoso y muy divertido por momentos, sin renunciar a la enunciación de un claro mensaje social por momentos. Entre los personajes que aportan gravedad a la pieza se encuentra la mujer que es controlada por su marido a través del teléfono, una migrante ilegal o una víctima de acoso sexual.[9]

La labor emprendida por la Teatroteca del Instituto Nacional de las Artes Escénicas y de la Música (INAEM), del Ministerio de Cultura y Deporte de España,

[9] En las dos obras de flamenco mencionadas asistimos a una realización multicámara que no trata nunca de ocultar el dispositivo de filmación, siempre predominando los planos enteros y generales para que se pueda disfrutar del cuerpo completo en movimiento durante la danza.

es también básica para el disfrute del hecho escénico mediado por la tecnología digital. Gracias a esta plataforma se gestiona el préstamo en línea de materiales digitalizados y almacenados en el archivo de esta institución, en concreto grabaciones de algunos de los espectáculos más importantes de la escena reciente. Para ello solo es necesario hacerse un carnet para consultar sus contenidos. A pesar de que el fin principal es servir de repertorio videográfico para investigadores, el acceso no se limita exclusivamente a estos, sino que, dado el objetivo de difundir el patrimonio escénico nacional, podemos encontrar usuarios de diversa índole.

Este acceso a las grabaciones a través del *streaming* supone un gran avance respecto al *modus operandi* previo de esta institución pública. Antes, tras la solicitud y el pago correspondiente de los gastos de envío, se hacía llegar un formato físico (DVD en su última etapa) a la persona que había solicitado el préstamo, lo que ocasionaba acumular un retraso en el trámite y un engorro por tener que enviarse la copia física por correo postal. Tras la implementación del servicio en *streaming*, en cambio, todos estos pasos intermedios se han eliminado. Además, la plataforma permite puntuar las obras, e incluso dejar comentarios, lo que introduce un elemento colaborativo de gran utilidad para evaluar el interés de estas grabaciones.

Eso sí, a pesar de que muchos de estos espectáculos son filmados por el Centro de Documentación del INAEM, y con varias cámaras, ciertos archivos tienen una calidad limitada, por lo que su utilidad principal en muchos casos suele ser el servir de referencia para estudios sobre las puestas en escena de determinadas obras, más que para el disfrute de las mismas del mismo modo que las producciones de las grandes plataformas, quienes sí han podido invertir en la obtención de una imagen y un sonido de máxima calidad.

Por último, son muy loables las iniciativas privadas que buscan incrementar el repertorio cultural español disponible en *streaming*, y que además incluyen en su catálogo contenidos relacionados con el teatro. Sería, en concreto, el caso de Caixaforum+, de Fundación "la Caixa", plataforma creada para compartir de forma gratuita contenidos de diversa naturaleza. Su catálogo, presentado el 13 de diciembre de 2022, se estructura en nueve categorías: arquitectura y diseño, artes escénicas, artes visuales y plásticas, ciencias de la vida, ciencias físicas, cine, literatura, música y pensamiento e historia. Si nos acogemos a la categoría de artes escénicas, sobre la que centramos este trabajo, vemos cómo muchas de las producciones que alberga, alcanzando el medio centenar a comienzos de 2023, son documentales cuyo objeto principal está relacionado con las artes escénicas. Así encontramos *¡Mírame! de nuevo* (Pablo Alberca Pita-Romero), sobre un proyecto de danza inclusiva de la compañía Sinespacio; *Disidanzas* (PLATA), sobre un proyecto flamenco de Leonor Leal con mujeres migrantes en situación de vulnerabilidad; *María Conversa* (Lydia Zimmermann), acerca del proceso creativo de *El testamento de María*, con Blanca Portillo como protagonista y Agustí Villaronga en la puesta en escena; *El gran espectáculo del mundo* (Pere Llibre), sobre el cabaret con personas con diversidad intelectual; *Youth #4* (Aitana Montaner), sobre la creación de un espectáculo con jóvenes dirigido por Didier Ruiz; *¡A escena!* (Luis de la Corte), sobre grupos de teatro adolescente; *Migranland* (Salvador Sunyer), acerca de una creación escénica inmersiva de Àlex Rigola con catorce jóvenes migrantes de Salt; o *Five Days to Dance* (Rafa Molés y Pepe Andreu), sobre cinco días en los que un grupo de adolescentes, sin previo aviso, tienen que montar un espectáculo de danza. También destaca la serie documental de siete capítulos *En compañía* (Alejo Levis), sobre el seguimiento del proceso creativo, durante cinco meses, de cuatro espectáculos, con profesionales de la talla de Pablo Messiez, Alberto San Juan o Irene Escolar.

Resulta especialmente llamativo que no encontremos en Caixaforum+ grabaciones de espectáculos teatrales de texto. Se salva de esta situación el video *Homenaje a John Berger*. En 2010, el crítico y pintor británico recibió el premio Fundación Amigos del Museo del Prado. Tras los discursos institucionales, Berger representó con su hija Katy la pieza *Echarse a dormir*, con la reproducción de la *Cámara de los esposos* de Andrea Mantegna de fondo. El registro de dicho espectáculo, no obstante, fue muy modesto, tal vez por lo inesperado de la propuesta.

Por último, también encontramos espectáculos de danza como *La Pastorale*, de Thierry Malandain, con música de Beethoven; coreografías del Ballet Real de Flandes sobre música de Ravel; o *Finale*, de la compañía de danza vertical Delrevés. Cuenta, además, con la filmación de una pieza *site-specific* de Raquel Klein, titulada *#Reflex1*. Asimismo, es especialmente importante el número de óperas que alberga el catálogo (*The Fairy Queen*, *Alceste*, *Così fan tutte*, *La flauta mágica*, *Rigoletto*, *Tosca*, etc.).[10]

La experimentación con la virtualidad

La suspensión obligada de la escena por la situación sobrevenida de la COVID-19 aceleró ciertos procesos de experimentación con el teatro y las nuevas tecnologías llevados a cabo por diferentes artistas escénicos. La virtualidad de estos medios digitales hizo, sobre todo, que se comenzasen a desarrollar producciones que tenían en la investigación sobre la participación y la inmersión dos de sus claves principales.

Continuando con el catálogo de Caixaforum+, encontramos a creadores escénicos que apostaron por el audiovisual como forma de expansión de la teatralidad. Es lo que sucede con la compañía franco-catalana Baró d'Evel, quienes filman (en concreto Blaï Mateu y Camille Decourtye) con Salvador Sunyer, la pieza de ficción *The Missing Part*. Sunyer también está detrás de *Resto de cosas*, película

[10] Sobre la divulgación del arte escénico, y la ópera en concreto, es muy significativa la labor de la Fundación Juan March con su Canal March, que registra centenares de conferencias sobre estas temáticas.

surgida de la colaboración con otro director de escena, Xavier Bobés, creador de teatro de objetos.

Pero además de estos intentos de expandir la teatralidad al cine de ficción, la propuesta más interesante es el *site-specific* desarrollado por las compañías El Conde de Torrefiel y cabosanroque. En *Cuerpos celestes*, invitan a visitar un cementerio durante cuarenta minutos y seguir una serie de instrucciones incluidas en un pódcast. Para ello se recomienda utilizar auriculares y dejar las manos libres para poder hacer uso de una hoja de papel en blanco, un bolígrafo y un mechero o bien unas cerillas. El recorrido comienza en la entrada del camposanto elegido por el oyente, y con una voz y música sugerente se le invita a pasear erráticamente, a seleccionar una lápida, a escuchar voces espectrales, a sentarse, a hacerse un selfi con una presencia fantasmagórica, escribir su propio epitafio y a quemarlo. El tono va desde lo onírico hasta el terror fantástico, con una propuesta sumamente inmersiva gracias a la reproducción del audio en *streaming*.

Este mismo tipo de propuesta fue llevada a cabo por cabosanroque en *Audioguía para supermercados en tiempo de pandemia*. Con una duración de 25 minutos, ofrecían una propuesta muy similar a la señalada anteriormente, pero ahora la acción se sitúa en un supermercado, con el oyente empujando un carro de la compra. Incluido en el Festival de Otoño de Madrid, en concreto en su 39ª edición del año 2020, formaba parte de un programa especial, denominado *Dramaturgia Transmedia*, donde se invitó a compañías y creadores escénicos a presentar propuestas que permitiesen al público participar del hecho teatral, más o menos de forma remediada, dadas las escasas expectativas que se tenían en un principio de que pudiese darse algún tipo de presencialidad en el festival de ese año por la COVID-19.[11]

También es muy reseñable lo realizado por diferentes salas, como las pertenecientes al Centro Dramático Nacional o al Teatro de La Abadía, que vieron en YouTube o Zoom, por ejemplo, una plataforma ideal para retransmitir espectáculos, tanto en directo o bien diferido, y con diferente tipo de participación por parte del público.[12] Dada la reciente y abundante bibliografía al respecto, no las abordemos en este trabajo.

Un capítulo aparte se merecería la labor del Laboratorio de Innovación Audiovisual de RTVE (Lab de RTVE). Creado en 2011, tiene como objetivo producir proyectos que desarrollen nuevas narrativas, sobre todo en torno a tres ejes: los webdocs, la interactividad y la realidad virtual. En lo que respecta al mundo de la

11 Véase Torre-Espinosa (2022a, 2022b).

12 Cabe señalar, por lo curioso, la aparición de espectáculos teatrales convencionales a partir de propuestas que tuvieron que gestarse virtualmente dada la imposibilidad de hacerlo de otra forma por la pandemia. Sería el caso de *En otro reino extraño* (2020), de la Joven Compañía Nacional de Teatro Clásico. Con dramaturgia de Luis Sorolla a partir de textos amorosos de Lope de Vega, y dirección de David Boceta, se incluyeron en la obra los videos de las emisiones en *streaming* de los preparativos del espectáculo final.

escena española, el video en 360 grados ha sido uno de los principales exponentes,[13] encontrándose desde la grabación del Teatro Real en 360º (*Teatro Real, la ciudad de las maravillas*) a ensayos de su orquesta u obras de teatro grabadas en este formato.

A este respecto, son especialmente llamativos los intentos en varios proyectos de reproducir la sensación inmersiva propia del teatro, en concreto con la inclusión del espectador dentro de la sala teatral gracias al 360º. A pesar de las dificultades narrativas que esto entraña,[14] son muy destacables estos intentos, como, por ejemplo, el de *#Cyrano360* (Alberto Castrillo-Ferrer 2018). En este proyecto se pone a disposición del usuario, a través de la aplicación disponible en App Store y Google Play, y optimizada para las Samsung Gear VR, dos escenas esenciales de *Cyrano de Bergerac*, de Edmond Rostand: la escena del beso entre Christian de Neuvillette y Roxana, y el duelo del protagonista con el Capitán Carbón. Grabado en el Palacio de Fúcares de Almagro, una de las sedes del célebre Festival Internacional de Teatro Clásico, utiliza video 360º con sonido posicional para intentar suscitar en el público una experiencia inmersiva satisfactoria. Además de los dos videos, en la web se incluye material complementario: una pieza documental sobre José Sacristán, otra sobre los cuarenta años del festival, doce intérpretes recitando versos de obras clásicas, o un *quiz* donde el usuario debe adivinar a qué obra pertenece el texto recitado.

Para esta misma aplicación, llamada *Escena 360º*, se desarrollarían varios trabajos más, como *Alento*, un *pas de deux* creado por Antonio Najarro para el Ballet Nacional de España. En ella, los bailarines van rodeando a la cámara y, con ello, a los espectadores. También encontramos disponible un fragmento de *La Cocina*, obra de Arnold Wesker dirigida por Sergio Peris-Mencheta y representada en el Centro Dramático Nacional. Y, por último, *Un día en el Teatro Pavón Kamikaze*, que incluye un fragmento del *Misántropo* de Molière, en concreto del montaje de Miguel del Arco, rodado con esta misma técnica, en un sitio web que alberga contenidos que hablan sobre el proyecto de rehabilitación del teatro del título.

Estos dos últimos casos son especialmente llamativos, ya que suponen una expansión transmedial de los espectáculos citados. Para ello, es interesante ver cómo se produce dicho desarrollo, siendo el efectuado a través de los personajes uno de los más interesantes, especialmente en el caso de *La cocina* dado el numeroso reparto de la obra. En ambas piezas encontramos textos individualizados para cada personaje, donde podemos verlos en situaciones diversas, lo que permite desarrollar su personalidad haciendo uso de recursos y medios diferentes. Si en *Misántropo* los vemos en videos donde se observan sobre el espejo del baño (espacio extraescénico respecto al montaje original) y llevan a cabo acciones que ayudan a describir su temperamento, en el caso de la obra de Peris-Mencheta se pueden leer cartas de sus protagonistas y, al mismo tiempo, al cliquear sobre sus fotografías,

---

13 Véase Torre-Espinosa (2021).

14 Véase Torre-Espinosa (2021).

podemos escuchar mensajes sonoros de los actores que los encarnan. Cabe destacar que en la expansión de *La cocina* encontramos también otros materiales: una serie de videos que sirven como cuaderno de bitácora del director, una galería de dibujos de Romans Suárez-Pazos, un fragmento del programa televisivo *Atención obras* sobre la pieza en cuestión, y un *making of*.[15]

Conclusiones

En *Convergence Culture* (2008), Henry Jenkins venía a hablar de la falacia de la caja negra. Con esta idea hablaba de la imposibilidad de que un único dispositivo pudiese proporcionar el acceso, y disfrute, de cualquier tipo de contenido sin tener que recurrir a otros. Esto, como él mismo demostraba previamente, es imposible, dado que "[i]n the ideal form of transmedia storytelling, each medium does what it does best-so that a story might be introduced in a film, expanded through television, novels, and comics, and its world might be explored and experienced through game play" (Jenkins 2003).

Evidentemente, las formas de transmedialidad señaladas en este trabajo, como en sus casos más extremos de aproximación a la experiencia teatral genuina como podría ser el video en 360°, son muy insuficientes, puesto que la copresencialidad simultánea de público y actores aporta un carácter experiencial imposible de sustituir por otras vías, ya que esta es absolutamente irreproducible, al menos con la tecnología actual.

Pero, aun así, la necesidad de acceder al arte teatral en situaciones adversas, como las sufridas por la COVID-19, no han hecho más que agudizar el ingenio de creadores que buscaban, siguiendo las diferentes estrategias mencionadas, proporcionar el acceso a través de internet a espectáculos de diversa índole. Desde este punto de vista se constata que la emisión en *streaming* de video de grabaciones o directos de espectáculos constituye una alternativa muy recurrente, y cada vez más practicada, en el ámbito español.

Resultan, asimismo, muy significativos los intentos de aprovechar el potencial de los medios digitales para ofrecer experiencias parateatrales que aporten una inmersión que recuerde a la propia del hecho teatral. De ahí que la transmedialidad, por ejemplo, haya hecho acto de aparición de forma decidida, con el objetivo de que este arte milenario pueda seguir vigente en la cibercultura, a pesar de las remediaciones que haya podido sufrir y las atenuaciones de todo el potencial del teatro.

---

15 Para un análisis de la transmedialidad en *Un día en el Teatro Pavón Kamikaze* véase Torre-Espinosa (2019).

Referencias

Abuín González, Anxo. 2006. *Escenarios del caos: entre la hipertextualidad y la "performance" en la era electrónica*. Valencia: Tirant lo Blanch.

—. 2008. "Teatro y nuevas tecnologías: conceptos básicos." *Signa* 17: 29–56, https://www.cervantesvirtual.com/nd/ark:/59851/bmcdn4m1 (último acceso: 25 de marzo, 2025).

—. 2012. *El teatro en el cine: estudio de una relación intermedial*. Madrid: Cátedra.

Bolter, Jay David y Richard Grusin. 1999. *Remediation: Understanding New Media*. Cambridge: MIT Press.

Bonnat, Giulia, Berta Bosch, Gerard Ramon, Ferran López y Andreu Garrido. 2022. *Estudio del impacto del COVID-19 en exhibidores, compañías y productoras escénicas*. Madrid: FAETEDA y La Red Española de Teatros, Auditorios, Circuitos y Festivales de titularidad pública.

Dubatti, Jorge. 2012. *Introducción a los estudios teatrales: propedéutica*. Buenos Aires: ATUEL.

Grande Rosales, María Ángeles. 2013. "Mundos que se desvanecen. Tecnoteatros y performatividad." *Caracteres* 4, nro. 2: 8–17.

—. 2020. "El espectador digital y el teatro diseminado." *Bulletin of Spanish Studies* 97, nro. 1: 27–49. https://doi.org/10.1080/14753820.2020.1734754

HISPASAT. 2018. "HISPASAT y el Gran Teatre del Liceu firman un convenio de colaboración para la transmisión de óperas vía satélite." *HISPASAT*, 4 de diciembre, 2018. https://www.hispasat.com/es/sala-de-prensa/notas-de-prensa/archivo-2018/353/hispasat-y-el-gran-teatre-del-liceu-firman-un-convenio-de-colaboracion-para-la-transmision-de-operas-via-satelite (último acceso: 25 de marzo, 2025).

Jenkins, Henry. 2003. "Transmedia Storytelling. Moving characters from books to films to video games can make them stronger and more compelling." *MIT Technology Review*, 15 de enero, 2003. https://www.technologyreview.com/2003/01/15/234540/transmedia-storytelling/ (último acceso: 25 de marzo, 2025).

—. 2008. *Convergence Culture: la cultura de la convergencia de los medios de comunicación*. Barcelona: Paidós.

López Pellisa, Teresa. 2013. "La pantalla en escena: ¿es teatro el ciberteatro?" *Letral* 11: 23–39.

Martínez, Luis. 2018. "Alberto San Juan y Willy Toledo presentan El rey, su película crítica con Juan Carlos I." *El Mundo*, 9 de noviembre, 2018. https://www.elmundo.es/cultura/cine/2018/11/09/5be582ca468aeba2508b4634.html (último acceso: 25 de marzo, 2025).

Torre-Espinosa, Mario de la. 2019. "Aproximación al teatro transmedia: Misántropo, de Teatro Kamikaze." *Pasavento, Revista de Estudios Hispánicos* 7, nro. 2: 365–380.

—. 2021. "Virtualizaciones de la escena: el teatro en video de 360°." En *Performatividades contemporáneas: teatro, cine y nuevos medios*, editado por Germán Sierra y Paulo Gatica Cote, 183–197. Madrid: Visor.

—. 2022a. "Expansiones transmediales del hecho escénico: *El libro de Toji*, una autoficción de Antonio Rojano." En *Transmedialización y crowdsourcing. Los placeres de la intermedialidad y la participación en los relatos de la cultura digital*, editado por Domingo Sánchez-Mesa y Jordi Alberich, 111–120. Valencia: Tirant lo Blanch.

—. 2022b. "De la remediación al desarrollo transmedial en la escena contemporánea." *Teatro, Revista de Estudios Culturales* 34, artículo 7. https://digitalcommons.conncoll.edu/teatro/vol34/iss1/7 (último acceso: 25 de marzo, 2025).

Streaming y *VoDs* en YouTube y Twitch: interfaces, textos y espacios de identidad

Hans Bouchard

En este artículo se analizarán las transformaciones, prácticas y culturas del *streaming* en las plataformas YouTube y Twitch. El *live streaming* es elemento central en la plataforma de Twitch, que se conoce principalmente por el *streaming* de videojuegos y las dinámicas entre el *streamer* y su chat. YouTube, por otro lado, funciona como archivo de los *VoDs* (*videos on demand*), que suelen ser productos editados y derivados de los *streams*. Hoy día, esas dinámicas generan una complejidad que se puede ver en las relaciones socio-económicas y simbólico-culturales que permiten la distinción y así también la producción de identidades tal como la subsistencia económica. Se trata de procesos de transformación característicos para el formato del *live streaming*, que permiten el acceso a un público de distintas plataformas y la creación de comunidades y memoria cultural/colectiva a nivel de cada canal. El *streamer* opera como núcleo transmedial en un contexto trans- y *cross-media*, que implica el uso de distintas plataformas y sus comunidades respectivas. Por lo tanto, propongo diferenciar las dinámicas del mundo del *streaming* en tres niveles: 1) la dinámica entre mundos y espacios culturales, 2) la dinámica entre *streamers*, medios y comunidades y 3) la dinámica entre una comunidad/*streamer* en un video. Además, ofrezco una lectura de esas dinámicas y espacios mediante perspectivas transculturales y el concepto bajtiniano del cronotopo, destacando las relaciones espaciotemporales y textuales. La metodología propuesta se utilizará en el análisis ejemplar de los canales Frost Prime e Ibai, pero incluso se puede formular como estrategia generalizada en el entorno del *streaming* para todo tipo de *streamer*, que opera como núcleo transmedial y que depende de la monetización de las plataformas.

Palabras clave: plataformas sociales, transformaciones, estéticas, Frost Prime, Ibai

Introducción

El *streaming*[1] es un fenómeno asociado con las plataformas web, que se dedican a la distribución de contenido audiovisual y, a medida que crece su popularidad, incluso a la producción de series y películas siendo *Netflix* una de las plataformas

[1] "Digital distribution of audio or video material in real-time (or as close to real-time as the technological constraints allow)" (Chandler y Munday 2020, *streaming*).

más prolíferas. El término *streaming* se refiere a la medialidad y materialidad de la corriente de contenido accesible por la web en plataformas, también denominado *video on demand* (*VoD*).[2] Pero las plataformas como Netflix, Disney Plus, MUBI, Criterion –entre otras– no son los únicos espacios que rigen la distribución y producción de contenido audiovisual en la web.

En este caso, quiero enfocar el fenómeno de los *streams* en las plataformas YouTube (2005) y Twitch (2011),[3] que reúnen millones de seguidores y una gran audiencia en vivo, desde España hasta el continente latinoamericano.[4] Sobre todo en la plataforma Twitch, que fue comprada por Amazon en 2014 por 970 millones de dólares,[5] se puede notar una presencia impresionante de *streamers* hispanohablantes, teniendo Ibai Llanos Garatea el récord de más de tres millones de "espectadores en vivo" (*peak time viewers*) durante su evento de box "La velada del año II".[6]

El fenómeno del *streaming* incluye una dimensión trans- e intercultural que se puede mostrar en distintos eventos en torno a los *streamers* y sus canales hispanohablantes: entre otros, la creación de una liguilla de futbol 7 (Kings League, 2023) en colaboración con exfutbolistas como Gerard Piqué, Iker Casillas y Sergio Agüero; o el evento de Squid Craft –que es un torneo entre *streamers* en el espacio virtual del videojuego *Minecraft* (2011) basado en la famosa serie coreana *Squid Game* (2021). El *streaming* incluso puede formar parte de estrategias políticas, como lo demuestra el expresidente mexicano Andrés Manuel López Obrador, quien fue registrado en el sexto lugar de los *streamcharts* para el primer trimestre de 2023,[7] debido al *streaming* en distintas plataformas de sus conferencias *mañaneras*.

Además del formato *live streaming*, en especial en el ámbito del *gaming*, se pueden destacar los eventos deportivos, como la "Velada del año" o la "Kings/Queens[8] League" que combinan los mundos del *esport/gaming* de los

---

[2] "Video services, such as […] YouTube, which contain a selection of pre-recorded programmes for viewers to watch at a time of their choosing rather than at their scheduled broadcast time" (Chandler y Munday 2020, *video on demand*).

[3] Anteriormente, la plataforma Twitch se llamaba Justin.tv (véase Taylor 2018, 3).

[4] En el caso de la organización y visibilidad de los *streamers* hispanohablantes, se puede destacar el premio ESLAND (acrónimo para España, Latinoamérica y Andorra). El premio ESLAND fue organizado el año 2022 por el *streamer* y YouTuber español David Cánovas Martínez (Grefg) en el Palau de la Música Catalana en Barcelona. La segunda edición (2023) se celebró en el Auditorio Nacional en la Ciudad de México.

[5] Véase Taylor (2018, 63–64).

[6] Véase Twitch Tracker (2023). La nueva edición del 2023 rompió nuevamente el récord con casi 3 450 000 espectadores máximos en vivo (véase Ibai 2023).

[7] Véase Iyer (2023).

[8] La segunda temporada introdujo también al futbol femenino en el espacio de la Kings League. Es una dinámica interesante, ya que la imagen del futbol, así como la del *gaming*, se asocian primeramente con una audiencia masculina.

streamers con los ámbitos del deporte, los deportistas y los estadios respectivos: las semifinales y la final de la Kings League se llevaron a cabo en el Camp Nou del FC Barcelona[9] y la Velada del Año III se celebró en el Estadio Cívitas Metropolitano, sede del Atlético Madrid. He aquí el primer nivel del entrelazamiento de mundos y sus relaciones recíprocas: del deporte al videojuego (*FIFA*), del videojuego al *esport/streaming* y del *esport/streaming* a la creación de una liguilla de futbol. Twitch y YouTube forman parte de una cierta "convergencia cultural" (Jenkins 2006).

En especial, se llegan a ver interacciones y dinámicas en ese entorno, que se pueden explicar mediante el concepto del *networked broadcasting* (Taylor 2018) –o sea que el *streaming* es una transmisión entrelazada que invita a relacionarse y posibilita dinámicas interactivas a nivel de distintas dimensiones–.

Esas dinámicas se visibilizan en el trabajo editorial que transforma partes de un *stream* en *VoDs* y la localización de esos productos en plataformas como YouTube, TikTok e Instagram. Además, se llega a observar una sensibilidad mediática por parte de todos los actores involucrados. En este artículo quiero identificar y discutir los mundos de Twitch y YouTube y sus actores respectivos: ellos son los *streamers*, quienes producen el contenido del *live stream*, el chat, quien comenta e interactúa con el *streamer* en vivo, y el editor, quien produce los productos audiovisuales derivados del *stream* (*VoDs*).

Para el análisis de esas dinámicas se establecerán una terminología y tres niveles de interacción y se discutirán los conceptos de trans-, intermedialidad y *crossmedia*. Además, se propone una lectura de los espacios del *stream* como cronotopo en el sentido bajtiniano. Finalmente, las teorías y categorías se utilizarán en el análisis de la dinámica entre *streams* y *VoD*s en los canales de Ibai y Frost Prime mediante distintas estrategias de interacción y visibilidad de los actores mencionados. Antes de presentar la metodología cabe destacar en breve la estructura, los espacios y el tipo de contenido que se difunde en ambas plataformas, así como tres hipótesis para esta investigación.

El contenido de Twitch se basa principalmente en videojuegos y la interacción entre el *streamer* y su audiencia, funcionalmente denominada como chat. La plataforma se puede caracterizar por una estructura diversificada por los distintos videojuegos como categorías propias, así como categorías populares, como por ejemplo "IRL" (*in real life*, traducido como "vida real"/"Conversando"), "Música", "Esports"[10] y "Creative", que conceptualizan temáticamente las prácticas en

---

[9] Véase Kings League (2023) para impresiones de este evento. Se puede notar, que varios futbolistas hispanohablantes se encuentran en la vecindad de los *streamers* hispanohablantes. Sergio Kun Agüero es uno de los más prolíferos, que incluso tiene su propio *stream* (SLAKUN10), canal de YouTube (@sergioagueroTV) y organización de *esport* (KRÜ). Además, es impresionante ver la cantidad de futbolistas que aparecen en el canal de Ibai: Messi, Neymar, Chicharito, Vinicius Jr., Ronaldinho etc.

[10] En el caso de los *esports* y el sector de *gaming* Taylor argumenta: "Live streaming was allowing gamers of all kinds to *transform their private play into public entertainment*"

esos espacios. Entonces, cada videojuego sirve como propia subcategoría mediante la cual se pueden buscar los *streamers* que actualmente están 'en vivo'.[11] Para visualizar tal conceptualización se puede ver la página principal de Twitch.tv (https://www.twitch.tv/directory) y sobre todo la pestaña "Explorar".

YouTube es la plataforma de video más grande y popular del mundo con miles de millones de usuarios que suben más de 500 horas de contenido nuevo cada minuto en formato *VoD* hacia la plataforma.[12] Por la presencia de Twitch (Amazon) en el mercado del *live streaming*, se creó también un espacio propio para la comunidad y los contenidos de videojuegos en YouTube (*YouTube Gaming*[13]). Es probable que YouTube quiera utilizar esa presencia para ser competidor de Twitch en el mercado del *streaming* reaccionando hacia las realidades "multi-dimensionales" de los creadores "by leveraging Live Streaming, VOD and Shorts as multiple video formats to tell their stories" (Wyatt 2021). Además de que las plataformas como YouTube planeen estratégicamente una expansión global y diversifiquen sus funciones, se puede observar una dinámica entre ambas plataformas que las sitúa en un entorno medial-sistemático, definido por los actores culturales (como núcleos transmediales) y sus prácticas en esos entornos. Por lo tanto, me gustaría plantear las siguientes hipótesis para esta investigación.

Hipótesis

H_1: Las plataformas YouTube y Twitch facilitan la función como plataformas de *live streaming* en sus espacios respectivos. Se puede notar una dinámica recíproca entre ambas plataformas que requiere la configuración del *streamer* como núcleo transmedial.

H_2: Existe una convergencia de mundos en términos transmediales y transculturales que producen dinámicas localizadas y recíprocas. Se pueden distinguir los niveles mediales-culturales así como los niveles inter- e intramediales, a nivel de plataformas y a nivel de canal.

---

y lo define como una "transmisión entrelazada": "Game live streaming has become a new form of *networked* broadcast" (Taylor 2018, 6).

11 Véanse Sjöblom et al. (2017) para los distintos tipos de "gratificaciones" que se pueden ofrecer durante el consumo de los *streams*. Ellos diferencian seis categorías de gratificaciones: "affective, information seeking, learning to play, personal integrative, social integrative and tension release" y además investigan la relación de esas categorías con los géneros de los videojuegos y los distintos tipos de *streams* (Sjöblom et al. 2017, 162).

12 Véase YouTube Blog (2023).

13 Véase Chen (2018).

H_3: Un criterio de distinción del *live streaming* es la visibilidad de los actores y los procesos de producción y transformación. El ámbito del *live streaming* se caracteriza culturalmente por la capacidad de cambiar y adaptar los entornos (plataformas) y así crear nuevas dinámicas de interacción.

Las dinámicas transculturales y transmediales se presentan incluso en la convergencia de mundos que se pueden diferenciar en distintos niveles. Las hipótesis llevan al análisis de las configuraciones de los *streamers* como procesos transmediales y *cross-media* y la lectura de las plataformas como cronotopoi bajtinianos.

Además, permiten la identificación y el análisis de las representaciones transmediales de ciertos *streamers* y elementos del *streaming* en las plataformas YouTube y Twitch mediante el análisis de los canales, videos y elementos de las plataformas, que plasman las dimensiones textual-relacionales y sus transformaciones (chat, editor, *streamer*, comentarios, emoticonos, miniaturas etc.).

Las plataformas YouTube y Twitch: categorías, niveles de interacción y cronotopo

En cuanto a las estructuras y contenidos de las plataformas, existen varias definiciones y propuestas de categorización, que no suelen ser rígidas porque las plataformas tienden a copiar e incorporar nuevas funciones.[14] José van Dijck especifica esa dinámica de la manera siguiente:

> The entire ecosystem of interconnected platforms and applications has been in flux and will remain volatile for some time to come […] Important to add here is that there are no sharp boundaries between various platform categories because carving out and appropriating one or more specific niches is part of the continuous battle to dominate a segment of online sociality (van Dijck 2013, 8).

Aun así, van Dijck propone distinguir entre "social network sites" (SNS; Facebook, Twitter[15], LinkedIn) –que se enfocan en el contacto interpersonal entre individuos y grupos–, "user-generated content" (UGC; YouTube, Wikipedia) –que promueven la actividad cultural y el intercambio de contenido–, "trading and marketing sites" (TMS; Amazon, Ebay) –que facilitan el intercambio y la venta de

14 Véase por ejemplo Partin (2020, 6–10) que discute el concepto de "platform envelopment" en Eisenmann et al. (2010) y propone el concepto de "platform capture" para describir las dinámicas entre las plataformas, sus interfaces de programación (APIs) y terceras partes que introducen y compiten mediante aplicaciones con las funciones de las plataformas en una dinámica dispareja.

15 En julio de 2023 se cambió el nombre de Twitter por X siguiendo una estrategia de *rebranding*.

productos– y "play and game sites" (PGS) –que posibilitan el acceso a distintos tipos de juegos–.[16]

He aquí una distinción relevante para ambas plataformas de este artículo (YouTube y Twitch) que resulta en la lectura de las categorías de van Dijck como funciones de las plataformas.[17] En concreto, la categoría de "network" o redes se puede utilizar para identificar las formas de representación, sus prácticas, espacios y visibilidades (incluso como "users/usage").

Para Twitch significa la existencia de un "canal" para cada usuario registrado a nivel infraestructural, que se puede diferenciar espacial y culturalmente: cada cuenta/canal puede iniciar una sesión de *live streaming* volviéndose así técnicamente un *streamer* y productor de contenido (*content creator*). Entonces, la función de "canal" se regula por una cuenta de usuario que incluye también un "panel de control de creador" o aplicaciones externas que permiten la creación de las interfaces 'personalizadas' (que se definirán más tarde como "extensiones") y la difusión del contenido en la plataforma como *live stream*.

Los requisitos mediáticos se pueden ver en la configuración de dichas interfaces y el manejo de los espacios de interacción:[18] entre otros, el planteamiento de *overlays*, el chat, la producción de símbolos 'identitarios' en relación con el canal (emojis, sonidos, etc.) y la presentación de las pantallas del *stream*. A nivel del contenido, las categorías y los títulos sirven como punto de entrada al mundo respectivo, dado que casi siempre existe una trama suelta (sea del tipo *gameplay*, o temas/eventos), que se plasma en el título y las categorías utilizadas. Se tiene que entretener a una audiencia en vivo durante varias horas y eso requiere un tipo de estructura y un concepto, aunque el formato sea también bastante flexible e imprevisible.

Podemos tomar por ejemplo el *stream* de Ibai del 31 de mayo 2023. Ibai estructura el contenido de su *stream* mediante el título "He salido a la calle a preguntar qué opinan sobre mí – Mañana nuevo boxeador en la Velada – BZRP x Peso Pluma – Vídeos y charlita oleeee" y la categoría "Conversando". He aquí una secuencia fijada aunque no se llega a saber de qué manera y cuándo se tratarán los

---

[16] Véase también Srnicek (2018) que diferencia las plataformas desde una perspectiva 'capitalista' en "advertising platforms" (50–60), "cloud platforms" (60–64), "industrial platforms" (64–70), "product platforms" (70–75) y "lean platforms" (75–88). A nivel cultural, es difícil distinguir y modularizar las prácticas y plataformas, dado que se tienden a incorporar distintas funciones, tal como lo especificó van Dijck (2013).

[17] Además, van Dijck distingue las dimensiones de las plataformas como *techno-cultural constructs* (y las categorías de "technology", "users/usage" y "content") así como *socioeconomic structures* (y las categorías "ownership", "business models" y "governance"; van Dijck 2013, 29–41).

[18] Véase para ello también el estudio de Diwanji et al. (2019, 2) que diferencian los conceptos de "copresence" y "co-viewing", destacando el aspecto interactivo que en este estudio se llega a definir por las estructuras y prácticas mediales.

temas respectivos.[19] Además presenta la dependencia y presencia simultánea de contenido ajeno y fácilmente disponible[20] que se incorpora literalmente en los *streams*: se presenta y se comenta o se reacciona 'en vivo' a un video (en YouTube).[21] Ese contenido 'externo' o incluso eventos futuros pueden ser parte del 'mundo' del *streamer* respectivo ("Velada") o ampliarse a contextos y contenidos globales o del 'mundo hispano' (reaccionando a la nueva canción de BZRP, DJ y productor de música argentino).

Por lo tanto, los contenidos (externos) se pueden discutir y compartir, creando así una dinámica metonímica entre *streams*, *VoDs* y otros formatos en la web (UGC). El 'mundo' del *streamer* Ibai se configura en la dinámica de su interfaz junto con el chat (SNS). Pero incluso se extiende de manera intermedial a eventos futuros de su grupo de *streamers* (la mayoría hispanohablantes), como, por ejemplo, la "Velada" o una videoencuesta sobre Ibai en el canal de YouTube, que se publicó oficialmente unos días después del *stream* (UGC).[22] Los *streamers* dependen de *VoDs* y contenido (externo) para su *stream*, pero a la misma vez suelen producir también *VoDs*, mostrando un ámbito sumamente intermedial e intertextual que se puede conceptualizar como mundo mediático, que se diferenciará para esta investigación en tres distintos niveles.

En el caso del *live streaming* de Ibai, el *streamer* da una sugerencia editorial durante su *stream* a su equipo de editores: "Por favor, quiero que mis editores, esta parte de la explicación la pongan en el Bizarrap music sesión, por favor. Me da igual lo que dure porque yo he dado una lección de cultura, de música. He dado una lección. Quiero que lo pongan en el video. Por favor, Karim, avísales [...]" (Ibai 2023a, 01:24:09–01:24:26). Esta cita permite puntualizar dos observaciones: a) los *streamers* conceptualizan y actúan desde espacios inter- y transmediales, que requieren de editores y sistemas de producción para la transformación y traducción a otras plataformas (del *live stream* al *VoD*). b) El ejemplo citado muestra

---

19 Cabe mencionar que ese *VoD* ya no se puede reproducir en Twitch. En el caso de Ibai (2023a), la 'trama' del título no equivale a la cronología del *stream*. El *stream* parece más bien una preparación para la anticipada colaboración del artista argentino BZRP y del mexicano Peso Pluma, dado que se reproducen y comentan videos de YouTube de otros canales (por ejemplo: Mr. Beast o los Tigres del Norte).

20 Esa disponibilidad se regula por la reproducción de dicho contenido en *stream*. Por ello, los *VoDs* en YouTube son una fuente de contenido indispensable para los *streamers* en Twitch. Recíprocamente, el contenido de Twitch se vuelve mediante la transformación en *VoD* contenido de YouTube que puede ser nuevamente reproducido, comentado y transformado.

21 Ese juego de pantallas se puede incorporar también a cierto juego narrativo. Véase Bouchard (2021, 211-214) para las dimensiones de las pantallas y las dimensiones diegéticas en las prácticas del *scaming* y *scambaiting*. Véase también el concepto de "Metagaming" en Boluk/LeMieux (2017).

22 Véase Ibai (2023b) para su propia encuesta en Barcelona, véase Super M (2023) para una encuesta en Argentina sobre Ibai, que Ibai discute y reproduce en su *live stream*.

también la autonomía del editor, dado que se producen esos videos 'automáticamente', o sea, sin la intervención del *streamer*.[23] No solamente es importante la interacción, que permiten las plataformas y sus formatos, sino también la visibilidad que brindan: llegan a vislumbrar las prácticas de producción y distribución y así también sus comunidades y los entornos mediales.[24]

Dado que las dinámicas trans- e intermediales engloban distintos espacios y relaciones, propongo destacar al *streamer* como figura o núcleo transmedial,[25] que igualmente persigue una estrategia *cross-media*.[26]

Para ello se tienen que diferenciar los términos de *transmedia storytelling*[27] – una "technique of telling a single story across multiple platforms and formats including modern interactive technologies that in turn enable user participation and contributions to the story" (Ibrus y Scolari 2012, 7)– y de *cross-media*, que engloba estrategias corporativas de diversificación medial. Ambos conceptos son válidos para los *streamers*, sus mundos y ensamblajes mediáticos, pero a diferencia de IPs (*intelectual properties*) y sus diversificaciones mediales, los *streamers*

---

23 Además, se podría puntualizar la relevancia de contenido trans- e intercultural que es muy importante para la comunidad hispanohablante en Twitch y YouTube, aunque no necesariamente de manera exclusiva. El *streamer* español explora en conjunto con su chat, que incluye obviamente también a mexicanos, aspectos de la música y cultura mexicana. Aunque dominen los *streamers* de España, se puede notar una apertura hacia lo 'hispano' que permite a la vez la diferenciación (web-)cultural.

24 Se pueden notar así también las prioridades espaciales y las semejanzas y distinciones de las plataformas. Los editores produjeron el mismo video para los canales de Instagram y TikTok (ibaillanos 2023, 2023a) de una duración aproximada de un minuto, mientras que el canal de YouTube sintetiza los *highlights* del *stream* en un video de ocho minutos (véase Ibai 2023c).

25 Véase Rajewsky (2002, 12–13). Ella menciona la falta de especificidad para los fenómenos transmediales y los distingue como temas, estéticas o discursos similares que quedan plasmados en distintos medios, sin poder definir el origen medial de los fenómenos. Adaptando la definición a los entornos mediáticos de los *live streams*, podemos encontrar los temas, las estéticas y los discursos plasmados en las comunidades y los *streamers* respectivamente. La transmedialidad define la base para distintos tipos de mediatizaciones, o sea, las formas de representación y los distintos géneros (textuales y mediales) para el específico entorno medial y material de la plataforma.

26 Hay muy pocos actores en las redes que utilizan únicamente una plataforma. Lo que Ibrus y Scolari (2012) argumentan para corporaciones y sus propiedades intelectuales, se realiza aquí de manera distinta. En el ámbito de las plataformas, la trans- e intermedialidad se puede considerar un requisito elemental igual que una estrategia mercantil. Para el concepto de *cross-plattform* y métodos de análisis, véase también Rogers (2018).

27 Véase Jenkins (2003) que introdujo ese concepto para las traducciones y transformaciones mediales con la siguiente proposición: "Moving characters from books to films to video games can make them stronger and more compelling". Véase también el concepto de *Convergence Culture* de Henry Jenkins (2006) y Scolari (2009).

tienden a apropiarse de contenido (ajeno) y a construir su propio mundo y comunidad (nivel 2 y 3). Esos mundos, por otro lado, se relacionan con y se instalan en comunidades artísticas o culturales más grandes, como el *gaming*, la música o la cultura web (nivel 1). Para ello requieren sus propios códigos y entornos mediáticos que forman parte de cada producción audiovisual (nivel 3). Propongo entonces hablar de *mundos transmediales*,[28] que para el entorno del *streaming* pueden implicar tres dimensiones distintas:

Nivel 1: La dinámica entre mundos y espacios culturales. (transmedial; *culturas e industrias*)

Un ejemplo sería la producción del videojuego *FIFA* y su impacto en el mundo del futbol (*esport*/*gaming*). Una subsecuente dinámica sería la creación de la Kings League por exfutbolistas profesionales y *streamers*, juntando ambos espacios (*streaming* y futbol) produciendo un nuevo formato de futbol en el contexto del *streaming* (hispanohablante).[29]

Nivel 2: La dinámica entre *streamers*, medios y comunidades. (trans- e intermedial; *streaming*)

Un ejemplo sería la producción e inclusión de *VoDs* en y desde los *live streams*, así como los eventos de comunidades localizadas a nivel de plataforma (Twitch; transcultural) e incluso culturalmente (transmedial e intercultural): “La velada del año” (Twitch, comunidad hispana/box), “Squidcraft” (Twitch, comunidad hispana/*gaming*), Kings League (Twitch y Canal 4 España, comunidad hispana/futbol). Se trata de una localización cultural a nivel de las plataformas y comunidades.

Nivel 3: La dinámica entre una comunidad/*streamer* en un video. (inter- e intramedial; *streamer*)

Un ejemplo serían los *live streams* y *VoDs* del canal o *streamer*. Se trata de configuraciones de identidad y distinción a nivel del *streamer* y su canal. Ese nivel posibilita distinguir distintos géneros y espacios de producción audiovisuales. Se pueden analizar las formas de representación de los *streamers* y su chat, que se transforman mediante sus editores en formato *VoD* y entrar así en distintos espacios de interacción (comentarios). Se enfocan las distinciones específicas de los

---

[28] Véase para ello también Collins (2017) que habla de una “Transmediaphilia”. En este artículo propongo la perspectiva de los *streamers* como núcleos transmediales, mientras que Collins piensa los procesos de construcción identitaria a nivel de sujetos y la creación de “Personal Digital Archive[s]”.

[29] Se trata de un formato, que también es televisivo, dado que se vendió al canal Cuatro del grupo *Mediaset* en España, aunque la audiencia sigue siendo más grande en Twitch.

canales y videos, aunque formal- y estructuralmente las plataformas brinden las mismas funciones a todos los *streamers*.

Cabe mencionar que las dimensiones son permeables y permiten la difusión de cambios e innovaciones desde todos los niveles: una nueva forma de representación de los *streamers* o un nuevo formato pueden llevar a la creación de nuevos 'géneros' que incluso se pueden difundir en una comunidad/plataforma y llegar a tener impacto cultural fuera de su origen.

La multidimensionalidad y el cronotopo del *live stream*: el caso de Ibai Llanos

Otro ejemplo de esa dinámica trans- e intermedial lo muestra Ibai durante su *stream*, dado que anticipa la crítica musical (como fenómeno transmedial) de la nueva canción de BZRP y Peso Pluma en TikTok y Twitter (realizaciones intermediales de tal crítica) y hasta formula un meme para hacer un tuit viral:

> […] tendremos que aguantar muchos tweets de los expertos de la música y de los 'edgys' y aprovechando que hoy va a ser un día y una noche de interacciones gratuitas, que obviamente criticarán a todo el mundo que se le ocurra escuchar la music-session de BZRP. Yo os voy a dejar un par de tips, por si alguien del chat quiere sacar su tweet viral. Yo regalo interacciones como persona ya experta en redes sociales desde hace muchos años y la verdad, no me ha ido mal […] Yo, lo que haría esta noche, vale, para un tweet viral:
>
> 'streamers: vamos a revolucionar el contenido.
> el contenido: [y pones cuatro fotos de cuatro *streamers*, que tengan la boca abierta viendo la sesión de BZRP]'.
>
> No me pongas a mí, porque yo he encontrado una fórmula para intentar de escapar de estos tweets virales. Vamos a ver si sirve esto, pero es verdad que mi nombre y mi canal, yo creo que atrae muchos favs y muchos retweets, entonces por allí en ese sentido estoy jodido, o sea es muy atractivo ponerme a mí en el tweet […] pero he encontrado una miniatura que yo creo que me va a servir para quizá evitar que salga (Ibai 2023a, 09:30–10:54; transcripción mía)

En el ejemplo del *streamer* podemos ver los distintos niveles entrelazados de ese mundo mediático del que forma parte. Por un lado, se puede destacar la crítica musical como un formato transmedial (nivel 1), que se localiza directamente en los espacios y ámbitos de las distintas plataformas (Twitter y TikTok; nivel 2). He aquí también una dimensión metarreferencial, dado que la crítica ya no solo se refiere a los artistas y productores del contenido 'principal' (*VoDs* en YouTube), en este caso Peso Pluma y Bizarrap, sino también al formato del *streaming*. Por lo tanto, Ibai incluye la autocrítica humorística de la cotidianidad del *streaming*, resaltando que todos los *streamers* hacen lo mismo: comentar y criticar otros productos audiovisuales.

Además, Ibai localiza esa crítica de los usuarios en los espacios de la plataforma Twitter. Así, reserva el espacio de Twitch para la exclusividad comentarista de los *streamers*, mientras que en Twitter cualquiera es potencialmente capaz de producir un tuit viral, siguiendo los consejos de Ibai. Ello demuestra una sensibilidad medial, dado que el espacio del chat no es un espacio 'viral' público, sino relativamente vinculado al entorno del *streamer*, en este caso del canal de Twitch de Ibai. El comentario aclara también las distintas visibilidades y capacidades de interacción que permiten las formas de representación en las plataformas. En Twitch existen el chat y el *streamer*, en YouTube (o también Instagram y TikTok) el *VoD* y el espacio de los comentarios.

A parte de una cierta 'poetología' del formato del "meme" o "tuit viral" por parte de Ibai, encontramos una característica específica para su persona y canal (nivel 3). Él no quiere dar su imagen para ese tipo de memes, que él mismo conceptualiza, y trata de regular esa probabilidad por la selección/producción de las "miniaturas" (en inglés *thumbnails*). Las miniaturas brindan la función de previsión visual de los videos en las plataformas *VoD* (especialmente en YouTube) y son un género que sigue ciertas reglas y estéticas web.[30] En el caso de los *streamers* es un tipo de traducción y transformación, dado que se trata de la imagen principal de los *VoDs* creados para YouTube, pero derivados del *live stream* en Twitch. En un clip, Ibai nos presenta esas dinámicas de producción latentes durante un *unboxing*: "editor qué quieres, que te haga una miniatura? [...] ¿Te hago una miniatura? [...] ¿Me tengo que humillar así para que tu cobres de YouTube? ¿10.000€ de YouTube quieres cobrar Mateo, 20.000? [...] Tengo un WhatsApp dónde me dice el tío [...]" (Ibai 2020, 00:02–00:27). La miniatura tiene un valor para el ecosistema de YouTube, pero su creación le 'cuesta' al *streamer*, dado que implica una visibilidad y publicidad de su persona e imagen en un contexto de expresividad exagerada.[31]

---

30 Desconozco una poetología de ese género, que es sumamente relevante para YouTube. Pero existen reflexiones e incluso tendencias, que se suelen expresar por los mismos creadores de contenido. Un ejemplo particular es el canal de *The Spiffing Brit*, que intentó crear un video entero para YouTube utilizando inteligencia artificial. Para ello, fragmentó su propia creación medial en las categorías "Title", "Description", "Script", "Thumbnail" y "Voiceover" (The Spiffing Brit 2022). El *thumbnail*, como metonimia del video, se inserta igualmente en una cultura visual respectiva al entorno y género en YouTube.

31 Esa expresividad exagerada de las miniaturas recuerda a las prácticas del *clickbait* en la plataforma, que incluso introdujeron un cambio substancial en las métricas de YouTube, dado que la plataforma puso el enfoque en la métrica del *watch time* en vez de "vistas" (véase Meyerson 2012).

Entonces se pueden destacar prácticas trans- e intermediales que se plasman visiblemente en los productos y que pueden vislumbrarse meta- y paratextualmente en los distintos espacios de las plataformas. El producto lo podemos ver en la imagen (acceso mediante código QR o enlace[32]), que muestra esa estética de las miniaturas, incluso podemos mostrar la miniatura, para la que se "humilló" Ibai (tercer *thumbnail*, segunda fila.

Es importante destacar la pluralidad de los espacios/dimensiones y las funciones que convergen en la aparentemente única 'pantalla' del *stream*. Incluso se puede postular que el *streamer* construye un cronotopo de su 'narración' (*stream*), colapsando y convergiendo distintos elementos espaciotemporales.

Por lo tanto, propongo también la lectura de *streams* y sus dinámicas espaciotemporales y sobre todo su transformación genérica en *VoDs* como cronotopos en el sentido bajtiniano: "una categoría de la forma y el contenido [de la literatura]" (Bajtín 1989, 237). Lo que Bajtín destaca para la literatura, incluso funciona en el contexto del *streaming*:

> En el cronotopo artístico literario tiene lugar la unión de los elementos espaciales y temporales en un todo inteligible y concreto. El tiempo se condensa aquí, se comprime, se convierte en visible desde el punto de vista artístico; y el espacio, a su vez, se intensifica, penetra en el movimiento del tiempo, del argumento, de la historia. Los elementos de tiempo se revelan en el espacio, y el espacio es entendido y medido a través del tiempo. La intersección de las series y uniones de esos elementos constituye la característica del cronotopo artístico (Bajtín 1989, 237–238).

El "todo inteligible y concreto" es el *streamer* y su comunidad como núcleo transmedial, que requiere de las dinámicas espaciotemporales de distintos productos textuales y audiovisuales como "intersección de las series y uniones de esos elementos". Pero los *streamers* necesitan en este caso al chat y al editor como coproductores/autores artísticos, que lo vuelve un arte de interacción y distinción comunitaria e identitaria.[33]

Cada canal puede visitar *streams* de otros canales y así, volverse parte del chat del canal respectivo. En esta función, la adquisición y presentación de los símbolos identitarios del canal distingue al chat del espacio de los comentarios de YouTube. Esa importancia de la visibilidad y agencialidad se plasma audiovisualmente en el *stream* e incluso en la misma dinámica entre *streamer* y chat, de manera que el chat e incluso los editores forman parte de los *VoD*s en YouTube, como se destacará más adelante.

---

32 Véase https://i.ytimg.com/vi/oRT_yzyxxR0/maxresdefault.jpg.

33 Es un arte, que se vuelve conmensurable en las métricas de interacción y *watch time* por parte de las plataformas y que permite o inhibe así también la subsistencia artística y comunitaria ('arte', negocio, espacio comunitario).

Las transformaciones y configuraciones espaciotemporales en Twitch y YouTube se vuelven también necesidades web-culturales, dado que muchas veces ya no se pueden reproducir los *streams* pasados en Twitch, porque no se suelen guardar más de 60 días en formato *VoD*. Así que plataformas como YouTube se vuelven necesarias funcionalmente para codificar, archivar y así institucionalizar las 'culturas' de los *streamers* y sus comunidades. Aquí se podrá remitir a los conceptos de "espacios de memoria" (*lieux de mémoire*; Nora 1988, 18–21) y de "memoria colectiva" (Halbwachs 1991) que en nuestro caso requieren la transformación medial y la traducción a otras plataformas: del *live stream* al *VoD*.[34] Pero es importante destacar, que las necesidades mediáticas siguen incluso criterios estéticos y espaciotemporales que coinciden con mercados y plataformas distintas, ampliando la dimensión artística del cronotopo e insertándolo en los mundos *cross-media* y transmediales, en los negocios y en las distintas culturas web.[35]

En lo siguiente, es necesario especificar esos criterios estéticos, mercantiles y espaciotemporales. Existe la posibilidad de subscribirse, de donar[36] y de acceder así a símbolos de distinción en el espacio y microcosmo del *streamer*. En concreto, se pueden mencionar para Twitch las subscripciones, que se diferencian del seguimiento gratuito del canal por brindar los siguientes beneficios para la visibilidad en la comunidad del *streamer*: "emoticonos personalizados", una apariencia en la pantalla principal (anuncio de donación/subscripción), emblemas de suscriptor (a nivel del chat), *streams* y chats exclusivos, etc. La cuestión de la visibilidad se vuelve importante incluso en la transformación como *VoD* en YouTube y Twitch: en los *VoDs* de Twitch se puede reproducir el chat y aparece como elemento fijo en la pantalla (texto y paratexto), mientras que en YouTube el editor puede incluso

---

[34] Ese aspecto de la preservación cultural del canal se puede ver, por ejemplo, en la existencia de canales de YouTube adicionales, como FrostPrime VODS, en donde el *streamer* archiva sus *streams* como *VoD*s en YouTube, sin edición alguna. El enfoque está aquí en el aspecto de preservación, dado que no se trata de un canal popular en comparación con su canal de YouTube principal. En general, por cuestiones de la distribución algorítmica y visibilidad, conviene crear un canal de YouTube para cada tema o función, para así no perjudicar la estrategia mediática del canal principal.

[35] El aspecto de la venta y promoción de productos, así como la incorporación de videojuegos es un aspecto importante que atañe a distintas dimensiones de las plataformas y conceptos como "produsers" (Bruns 2006) y "prosumers" (Toffler 1980). La invisibilidad de la labor de los "produsers" ya fue documentada por Toffler (1980, 283) como "invisible economy" que engloba, por ejemplo, la exclusión de la labor de hogar o asistencia indispensable para el funcionamiento de la economía, pero clasificado como no económico. En el caso del *streaming* es una dinámica de visibilidad (símbolos comunitarios) e invisibilidad (métricas y estadísticas). Véase también Woodcock y Johnson (2019, 815–818) que investigan el concepto de "affective labor" de Michael Hardt en el ámbito de Twitch.

[36] Véase Partin (2020) para la implementación del formato de los "Bits" en Twitch como modo de donar dinero al *streamer* mediante 'monedas' de la plataforma, posibilitando a Twitch tomar un porcentaje de las donaciones.

enfocar al chat y así crear una dinámica de equivalencia en la situación entre chat y *streamer*. Esa dinámica de equivalencia es importante porque es un criterio que incluso se trata de traducir en la transformación de *live stream* hacia *VoD*: ¿Cómo y de qué manera aparece el chat como elemento crucial de un *live stream* en un producto *VoD*? ¿Cómo presentar y promocionar el *stream* para la audiencia *VoD* en YouTube, Instagram y TikTok?

Tomando en cuenta los dos canales que se analizarán en este espacio, se pueden ver las diferencias y semejanzas que se dan en la creación discursiva de símbolos específicos "personalizados" (Frost Prime e Ibai).

Para acceder a esos símbolos hace falta abrir el canal del *streamer* respectivo de Ibai (https://www.twitch.tv/ibai) o Frostprime (https://www.twitch.tv/frostprime) y presionar el botón para suscribirse al canal (Twitch Prime). Así se visibilizan las semejanzas (funciones de la plataforma; nivel 2) y las distinciones (símbolos y discursos relativos y personalizados; nivel 3) que se pueden destacar para el ámbito del *streaming* en Twitch. La cuestión de visibilidad se vuelve importante en Twitch (como productos para suscriptores) e incluso en la transformación como *VoD* en YouTube.

El espacio *live streaming* se puede caracterizar por un entorno bastante formalizado (plataformas) que permite estrategias de personalización e identificación a nivel de cada canal, incorporando esas estrategias a la misma vez como modelos de monetización de la plataforma y el canal respectivo. Esas relaciones y representaciones se manejan por *overlays* e interfaces que permiten nuevas formas de relación e interacción. De esa manera se abren espacios interactivos para la producción e interacción audiovisual e identitaria a nivel del contenido de los *streamers* y sus canales (nivel 3).

Overlays e interfaces: estructuras narrativas y espacios interactivos

Espacios del *gaming* y espacios del *streaming* (Integración Twitch y *Slay The Spire*)

Como ya se pudo ver en la presentación de las plataformas Twitch y YouTube, existe una conexión especial entre el sector del *gaming* y del *streaming* (nivel 1).[37] Esa relación se llega a plasmar de manera técnica en una serie de productos que se

---

[37] Véase también Johnson y Woodcock (2019) quienes analizaron el impacto del *live streaming* en la industria de los videojuegos.

denominan "Integración Twitch"[38] ("Extensions", "Chat & Chatbots" y "Drops"[39]; Twitch Developer Documentation) y que se basan en la *Application Programming Interface* (API) de Twitch.

He aquí el criterio principal de la interacción e integración que diferencia al *live streaming* de las plataformas del *streaming* y los *VoDs*. En este caso, las extensiones de la plataforma conectan al mundo del *gaming* con los *streams* en Twitch y permiten, por ejemplo, la manipulación de mecánicas de juego (en vivo) por un voto colectivo. Por lo tanto, se trata de ampliar las posibilidades de interacción de la audiencia (chat) mediante una transformación espaciotemporal: el espacio del *streaming* se vuelve parte del cronotopo del juego, dado que brinda un aspecto espaciotemporal único que se construye exclusivamente mediante la conexión de la plataforma con el videojuego, los actores del chat y el *streamer* respectivamente.[40] El chat, como paratexto limítrofe, adquiere nuevas funciones y espacios dentro del *stream* (nivel 3) y dentro de los videojuegos con integración Twitch (nivel 2).

Un ejemplo de esa dinámica se presenta en el videojuego *Warhammer: Vermintide 2* (2018), desarrollado por el estudio *Fatshark*. El ejecutivo de relaciones públicas de *Fatshark*, Gunnar Johansson, explica la relación de la siguiente manera:

> The integration is a really great way to get the viewers engaged in the stream as well as in the game. It lets a massive amount of people play together, even though only four are playing the actual game. The audience becomes the game directors, and for the players, it's a bit like improv theatre. The viewers get their voice out there via the voting, and suddenly the players get a Chaos Warrior to fend off (Johansson en Dobransky 2019).

---

38 En general se identifican todos los elementos interactivos a nivel de interfaz como "integración Twitch". Véase Aldridge (2019) para el discurso oficial de Twitch y sus ofertas para desarrolladores de videojuegos.

39 Los "Drops" son otro producto de la plataforma, que amplía la interacción y remuneración del chat y los espectadores. Se trata de *items* exclusivos en el espacio de un videojuego, que se pueden obtener mediante la plataforma Twitch y la conexión con otras plataformas *gaming*, como, por ejemplo, Steam, Microsoft, Epic Games, entre otras, que publican y distribuyen videojuegos. Los criterios para conseguir los *items* pueden variar, pero en general se tiene que ver un *streamer* afiliado por un tiempo determinado (por ejemplo 4 horas) o se tienen que donar subscripciones al canal afiliado.

40 Un ejemplo temprano para una dinámica parecida es el fenómeno de Twitch Plays. Se trata de un *stream* de la versión virtual de Pokémon edición roja del febrero de 2014 en Twitch. Pero la distinción de ese *stream* fue, que no había nadie jugando, o sea que el *streamer* estaba ausente y el *chat* era el que decidía cada movimiento en el juego mediante un input textual que se traduce como acción en el juego mediante la interfaz de programación. Véase Emmanouloudis (2022) quien describe el afán documentalista incluso muchos años después de lo sucedido en las comunidades web. El *gameplay* de ese formato recuerda a los viejos videojuegos textuales (*multiuser dungeons*).

La integración de Twitch cambia el espacio y la dinámica temporal del videojuego tal como las posibilidades de interacción del *stream* de manera recíproca. Ello se puede notar también en el cambio de las funciones: el *chat* se vuelve parte del juego, aunque solo hay cuatro jugadores. Es el cambio de audiencia/espectadores que se vuelven un cierto tipo de "game director", quienes dictan por voto colectivo los nuevos adversarios a los que tienen que enfrentarse los jugadores de manera improvisada e imprevista. Mediante las interfaces y sus implementaciones se generan nuevas interacciones y dinámicas, que se mezclan con las prácticas y los espacios ya existentes en el mundo del *live streaming* y del *gaming*.

Esa dinámica describe una relación recíproca en la producción mediática, de tal manera que los videojuegos se conceptualizan en un espacio trans- y *cross-media* y, por otro lado, las plataformas como Twitch facilitan esa integración mediante sus propios productos y servicios. Un aspecto importante de las interfaces es también su accesibilidad, que permite incluso que se utilicen por parte de la comunidad a nivel de modificaciones de videojuegos y *overlays*.

Un ejemplo de esa dinámica nos lo ofrece el canal de Frost Prime y el videojuego *Slay the Spire* (2019). Se trata de un videojuego del género *roguelike deck-building*, cuya meta es ascender una torre y combatir los monstruos en distintos niveles que se determinan al azar (elemento *roguelike*) y mejorar la baraja de cartas que permite la interacción y el combate (elemento *deck-building*). Los elementos del *gameplay* se llevan a cabo por la construcción y modificación de la baraja de cartas, las decisiones estratégicas en forma de la selección de rutas (mapa) y las decisiones en el juego de cartas, que se configura como combate *Player vs. Environment* (PvE).

En este contexto, la integración Twitch permite la modificación del videojuego,[41] que se vuelve de *Slay the Spire* (original) a *Slay the Streamer* (mod). La integración del chat, o sea, de la comunidad del *streamer* en el ámbito del videojuego, se da por dos distintos mecanismos y formas de representación: 1) la traducción de aspectos del *gameplay* como nuevas funciones colectivas del chat y 2) la representación del chat en el espacio del videojuego.

La primera función se refiere al elemento central del videojuego, que es el aspecto del *deck-building*. En cada nivel, el jugador puede decidir si quiere agregar

[41] Esas modificaciones se suelen llamar *mods* en el entorno del *gaming* y pueden también causar conflictos de propiedad intelectual, dado que los jugadores se apropian del contenido del juego para modificarlo y presentarlo como nuevos productos para la comunidad de un videojuego. Véase Kretzschmar y Stanfil (2019) para una tipología de los beneficios del *modding* desde la perspectiva de los consumidores y de la industria. Es un tema importante, dado que las modificaciones pueden llegar a ser más populares que los mismos videojuegos como, por ejemplo, la modificación *Defense of the Ancients* (2003) del videojuego *Warcraft* 3 (2002), que incluso llegó a formar un nuevo género de videojuegos, conocido como MOBA (Multiplayer Online Battle Arena). Es un género al que pertenecen algunos de los videojuegos más populares como *League of Legends* (2009) y *Dota 2* (2013).

una carta que modifique su baraja respectivamente. En el mod *Slay the Streamer*, la decisión de las cartas se da por un voto mayoritario del chat, que permite decidir entre las opciones de tres cartas o la opción de no tomar ninguna. Las decisiones del chat, en este sentido, afectan completamente al mundo del juego, dado que pueden decidir 'matar' (*to slay*) al *streamer* (optando por decisiones malas), estar del lado del *streamer* (ayudándole mediante decisiones buenas), o no tener estrategia alguna y confrontar al *streamer* con una baraja al azar. Las distinciones del *gameplay* son importantes, porque el *streamer* sigue teniendo el control del combate y sobre las decisiones de las posibles rutas. A veces el chat puede desarrollar sus propias preferencias de juego y así diferenciarse de otras comunidades, incluso en el mismo canal/*stream*. En el caso de Frost Prime existe la tendencia de seleccionar la carta "Claw", cuando el *streamer* decide jugar la figura del "Defect", y esa tendencia se suele localizar con una autodenominación hablando de una "Claw Gang" en el contexto del canal (Frost Prime 2019). El videojuego es parte del mundo del *streamer*, de modo que se asimilan partes del juego como discurso de su comunidad y se pueden hasta visibilizar como prácticas comunales. Estos discursos y prácticas se manifiestan mediante las extensiones que ofrece la plataforma.

En términos de géneros o modos de videojuegos se puede decir que esa modificación añade al juego originario (PvE) el aspecto de PvP (*Player vs. Player*; o mejor *Player vs. Chat*). Esa confrontación (*streamer* vs. chat) ya es un elemento central del entorno del *live streaming*, dado que el *streamer* tiene que entretener a su audiencia mediante distintos formatos y tipos de interacción. La mod del videojuego brinda, por lo tanto, otras posibilidades de diálogo entre chat y *streamer* durante la transmisión y también de comunidad e identidad para el chat. Se trata, además, de una transformación espaciotemporal, dado que cada decisión se lleva a cabo por voto colectivo, lo que introduce una nueva dinámica y prolonga así la actividad del juego y del *stream*.

La segunda forma de representación del chat como actor es que los enemigos en la mod, que se tienen que combatir, son los integrantes del chat. Aunque no tengan agencialidad en el sentido de *gameplay*, se les concede mayor visibilidad por aparecer también en la pantalla del juego y en el espacio paratextual del chat, dado que sus textos y nombres-usuario se visibilizan como diálogo entre el 'enemigo' (texto/chat) y el *streamer*.

En esta parte del *stream* (acceso mediante código QR o enlace[42]) el usuario "Chillibawls Jr." (re)toma el papel del jefe final del tercer acto del videojuego, denominado "Time Eater". Es un juego de rol peculiar, dado que no existe historia o narrativa sobre ese enemigo, solo su apariencia y mecánica del juego, que prohíbe jugar más de 12 cartas por turno. Por lo tanto, la mod permite que el usuario juegue su papel de enemigo de tal manera que incluso es

[42] Véase https://youtu.be/nSSRo67KMks?&t=2489.

reconocido en los comentarios del *VoD* en YouTube ("The dude who was time eater deserves a gifted sub"; @mysterygamer4086 en Frost Prime 2021) y que merece un *close up* por parte del editor.[43] Las extensiones e integraciones permiten, por lo tanto, la visibilidad y agencialidad al introducir a las figuras del editor y la audiencia (chat) en situaciones específicas que permiten el diálogo con el *streamer* y así también, la creación de contenido y la interacción para la transmisión continua. Esas relaciones e integraciones son importantes, dado que posibilitan la introducción de algo nuevo (discursos, *gameplay*, medios, etc.) en el mundo del *stream*, que requiere de nuevo contenido para mantener a la comunidad entretenida y activa.[44]

La integración a nivel del *gameplay* (*deck-building*) se modifica por la integración del usuario y, literalmente, sus palabras en el chat, que representan a los diálogos entre *streamer* y su chat (a nivel discursivo), que suelen ser la forma de interacción más común y que se dejan integrar perfectamente en el ámbito de los videojuegos y sus mods.

"Hello YouTube": Frost Prime, Andrew y el chat

Ya hemos tocado en el caso de Ibai y sus editores, la dinámica trans- y *cross-media*, que resulta en distintos productos y formatos derivados de un *stream* en las plataformas respectivas, que se visibilizan en comentarios metamediales. A esa distinción de niveles y espacios se le puede añadir otra dinámica de nivel 2 (intermedial; *live streaming*) y de nivel 3 (intramedial; canal).

En el caso de Frost Prime, la visibilidad de los actores (*streamer*, chat y editor) se materializa en codificaciones y juegos textual-mediales. Ello permite un nivel de distinción e identidad a nivel del canal (nivel 3), que a la misma vez es comentario metamedial/textual y se inserta en las dinámicas de producción audiovisual entre *live streaming* y *VoD* o Twitch y YouTube respectivamente (nivel 2). Se

---

43 Véase Frost Prime (2021, 46:01) para el *close up* del juego de palabras antes de que fuera derrotado por el *streamer*: "How can you tell that I am hungry? I go back four seconds". El juego de palabras está en el doble sentido de la palabra "second", que se refiere al tiempo de los segundos y al jefe del juego "Time Eater" y su mecánica de revertir o "comer" el tiempo y "seconds", que se refiere a una segunda porción de comida.

44 El *streamer* Asmongold presenta otro ejemplo de esas transformaciones culturales del canal, que se basan en funciones de la plataforma. Uno de sus formatos es la apelación de ser bloqueado en el chat ("ban appeals"), que se celebran como procesos de corte entre el chat y el *streamer*. Ello incluye la perspectiva exclusiva del *streamer* (herramientas para la moderación de contenido) y el examen de los "antecedentes" en el chat (historial) y de chats de *streamers* afiliados a él (mundo anexo del *streamer*, su organización OTK), así como las causas y los "textos", que resultaron en el bloqueo y la exclusión de la comunidad del chat (véase Asmongold TV 2022).

trata nuevamente de la visibilidad del chat y los editores, que identifican y diferencian los espacios de YouTube y Twitch.

Podemos observar una actividad compartida: el *streamer* juega el videojuego *Slay the Spire* y el chat lo comenta. Pero hay otro criterio de diferenciación, brindado por la "Integración Twitch" y sus extensiones: mediante el *spam*[45] colectivo de "Youtube" en/del chat, se reproduce un video como *overlay* en la pantalla del *stream* (acceso mediante código QR o enlace[46]).[47] El video evocado por el chat, se sobrepone al contenido del *stream* (videojuego, miniatura, etc.) y presenta una dinámica inter- y transmedial mediante el comentario del *streamer* Frost Prime:

> YouTube, boys, this content that you are watching right now has officially been given the Twitch Chat Seal of Awesome Content that you should come to watch the stream. Or we're just doing the chat triggers at random times, like they do all the time, and I'm just standing out here looking like an idiot […] (Frost Prime 2022, 13:36–14:01).

El texto "YouTube" del chat se vuelve un elemento que diferencia el contenido del *stream*, dado que el chat identifica ese momento como contenido especial ("awesome content"), que vale la pena ser transformado (por Andrew, el editor de Frost Prime) para el canal de YouTube, traduciendo el contenido al sistema y entorno de la 'otra' plataforma: el chat (re-)conoce e identifica momentos especiales del *stream* y configura así el espacio de YouTube como archivo colectivo y colaborativo, en cuya selección y creación está involucrada incluso la comunidad del *streamer*, aunque la producción audiovisual esté en las manos del *streamer* y su editor (y la audiencia de YouTube puede ser otra). Los requisitos para esas transformaciones y formalizaciones es la identificación de elementos culturales recurrentes del *stream*, que en este sentido implica la dinámica trans- y *cross-media* de los *streamers*, y su codificación audiovisual y estructural en Twitch (chat y *streamer*) y YouTube (editor).

Otro ejemplo de esa dinámica se nota en la visibilidad del editor, Andrew, en la interacción entre el *overlay* codificado y las prácticas editoriales. Como hemos visto con Ibai, el editor modifica y traduce elementos del *stream*, transformándolos en *VoD*s. En este sentido, la presencia del editor solo se nota en comentarios

---

45 Véase Nematzadeh et al. (2019) que investigaron los efectos de sobrecarga de información en entornos de comunicación del chat de Twitch. Ellos abren el panorama entre "conversación" y "cacofonía" en el espacio del chat en la plataforma. Frost Prime solucionó ese problema mediante la identificación de elementos característicos de su *stream* y su mundo transmedial y la codificación en elementos comunales-mediales del entorno mediante las extensiones de la plataforma.

46 Véase https://youtu.be/lwLxIaYWgok?t=798.

47 Véase Frost Prime (2022, 13:00–14:22) para la secuencia completa de la interacción.

metamediales/textuales del *streamer* o en la comparación directa del *VoD* con el *stream*. Es, por lo tanto, una decisión estratégica brindarle visibilidad al editor, que es el actor central en la producción del contenido para YouTube u otras plataformas. Esta parece ser una estrategia bastante congruente en un ámbito medial, dado que puede fortalecer la comunidad del *stream* y a la vez sensibilizar sobre los procesos de traducción y transformación mediales, que son característicos de ese entorno.

De manera similar que existe una "Claw Gang" y una codificación y relación del espacio del videojuego y el mundo de Frost Prime, el editor Andrew se asocia con la carta "Storm" del mismo personaje del juego ("Defect"). Por lo tanto, el editor no solo es alguien invisible, sino que es parte del ensamblaje audiovisual del canal. Mediante el texto "Andrew", el chat lo evoca directamente, haciendo alusión a un meme popular en ese tiempo[48], y Andrew entra así en diálogo con el *streamer* (acceso al video mediante código QR o enlace[49]).

Igual que los comentarios de Frost Prime e Ibai, Andrew alude a la calidad de contenido del *stream* de manera metatextual/medial: "This is what passes for content? Is it as simple as me editing 'I am the Storm'? [se vé una edición del meme] Good content, good job." (Frost Prime 2021a, 10:47–11:04).[50] El editor queda igualmente codificado en el *live stream* en Twitch que el *streamer* y, además, remite a la relación entre YouTube y Twitch que también tiene un beneficio mutuo como estrategia *cross-media*: lograr que los espectadores de YouTube entren al espacio del *live stream* (y a los demás espacios de la comunidad del *streamer*).[51]

En general, las extensiones, la integración Twitch y la dinámica entre YouTube y Twitch nos indican, que el mundo del *live streaming* es un entorno trans- y *cross-media*, que se lleva a cabo por las manipulaciones espaciotemporales de los formatos y las formas de representación, así como la inclusión de distintos niveles y dimensiones en la producción medial y cultural de la web y las plataformas. Esas dinámicas no se pueden reducir exclusivamente a la relación entre YouTube y Twitch, sino que dependen de las estrategias y configuraciones de los *streamers* respectivamente, tal como sus entornos y comunidades. Además, el ensamblaje mediático de los *streamers* no se limita a videojuegos o la propia imagen, sino que puede incluir dinámicas entre la construcción narrativa y el entorno audiovisual de

---

[48] Se refiere intertextualmente al meme "I am the Storm" para el que se utiliza la canción "Bury the Light" (2020) de Casey Edwards, que fue compuesta como canción temática para el personaje de Virgilio en la serie de videojuegos *Devil May Cry 5* (2019).

[49] Véase https://youtu.be/QZHGsiitYuA?t=611.

[50] Para la secuencia completa, véase Frost Prime (2021a, 10:12–11:04).

[51] Esa estrategia incluso se plasma en los comentarios de la comunidad en YouTube: "The editing is God Tier as always. Also, dear youtube commenters/viewers please join us in the stream and then come back here to compare Frost's God Tier plays to Andrew's God Tier edits." (@G4Jimmaskos en Frost Prime 2021b)

la plataforma, que pueden ser analizados mediante conceptos y teorías textuales y culturales y ampliarse, por lo tanto, para una perspectiva trans- e intercultural, que permite incluso la identificación de prácticas y formas de representación hispanas desde perspectivas web-culturales.

Conclusiones

El mundo del *streaming* no solo incluye la distribución de contenido y géneros conocidos como, por ejemplo, series y películas, sino que engloba un conjunto de prácticas en la producción audiovisual en y desde las plataformas web. Se trata de un espacio que requiere una aproximación metodológica adaptada. Para ello propongo, basado en teorías trans- y *cross-media*, pensar a los *streamers* como núcleos transmediales en un entorno mediático de tres niveles/dimensiones.

El primer nivel describe los espacios culturales, en los cuales se insertan los *streamers*. En nuestro caso, el entorno del *gaming*, pero existen incluso movimientos y relaciones recíprocas, que –sobre todo en el mundo hispano del *streaming*– muestran cooperaciones y espacios nuevos, como la Kings League y la conexión entre futbolistas y *streamers*, que es el resultado directo de la cercanía del *esport* y el deporte (tradicional). Además, ese nivel de relaciones se puede observar incluso en la concepción conjunta de videojuegos y plataformas de *streaming*, como se mostró en las extensiones e integraciones Twitch, que posibilitan la interacción directa del chat con el mundo del videojuego del *streamer*.

El segundo nivel describe las relaciones y el entorno intermedial del *streaming* en conjunto con las distintas plataformas utilizadas. En este caso se pudieron destacar las prácticas trans- y *cross-media* de las transformaciones de los *live streams* en *VoDs* para distintos contextos y plataformas (YouTube, Instagram, TikTok, etc.). Dichas dinámicas se pueden formular como proposiciones metodológicas para todos los *streamers*, que operan como núcleo transmedial:

P_1: Los usuarios y los *streamers* configuran sus mundos y comunidades de manera trans- y *crossmedia*. Las plataformas del *live streaming* no pueden cumplir todas las funciones necesarias para crear y mantener una comunidad en los entornos mediales. En general, los *streamers* requieren de la transformación del *stream* en los formatos respectivos (*VoD*s), que a su vez dependen de prácticas editoriales (editores), o sea, de su traducción al entorno mediático y cultural de las otras plataformas. Esas prácticas transformativas pueden cumplir distintas funciones: entre otras, crear espacios interactivos, conectarse con nuevas audiencias, generar fondos o archivar discursos y culturas del canal.

El tercer nivel permite ampliar la proposición 1, dado que cada *streamer* –aunque utilice las mismas plataformas– puede crear símbolos y dinámicas de interacción adaptadas, construyendo así su propio mundo y comunidad.

Para ello vimos las diferencias entre canales como Ibai y Frost Prime, que posibilitan distintas formas de interacción y visibilidad de los actores. Esos actores se pueden concretizar en el ámbito del *live streaming* como *streamer*, chat y editor que se codifican cultural- y visualmente en los *overlays*, las extensiones y los distintos formatos y formas de representación (por ejemplo: miniaturas, emoticonos, videos, etc.).

P_2: Los *streamers* crean su propio mundo utilizando distintas formas de representación así como espacios de interacción. Esas formas de representación y relación se constituyen por los actores centrales: el *streamer*, su chat y su editor. Por lo tanto, permiten la lectura como narraciones y textos, espacios y relaciones artísticas (cronotopos) y espacios culturales (web y comunidades localizadas).

He aquí un aspecto que se suele subestimar en la valoración de los contenidos del *live streaming*, sobre todo en relación con los contenidos audiovisuales "profesionales" (series y películas). Es un ámbito sumamente colaborativo e interactivo que no se caracteriza por la calidad audiovisual de los productos derivados, sino por la interacción en términos de coproducción cultural e identitaria. Ello se lleva a cabo con la codificación y distinción de elementos audiovisuales que configuran una cierta identidad y memoria colectiva de un canal (*streaming*) incluso mediante su transformación para otras plataformas, en este sentido YouTube.

La metodología propuesta permite además la distinción cultural en espacios lingüístico-nacionales como una capa o dimensión adicional que se añade a los sistemas y las lecturas mediáticas. El *live streaming* es un espacio transmedial/cultural que, por otro lado, posibilita y muestra la creación y las prácticas de comunidades hispanas (Kings League, Squidcraft, Premios ESLAND, etc.). Por lo tanto, las configuraciones y prácticas del *live streaming* requieren de una metodología que tome en cuenta y vincule ambos espacios: los espacios y las dinámicas de/en las plataformas y sus adaptaciones lingüísticas y diferenciaciones (web-)culturales.

La perspectiva global y angloparlante predominante ya se puede ver parcialmente interrumpida con el crecimiento de esas comunidades y las distintas dinámicas de coproducción, especialmente en Twitch. Pero aún no queda claro, si la accesibilidad y sensibilidad en términos de producción y coproducción medial, que se puede observar en las prácticas y los entornos del *live streaming*, permitirá la diversificación y reconfiguración de espacios culturales (la web y plataformas como apertura) o llegará a recodificar barreras y fronteras nacionales (*geoblocking* y culturas web nacionalizadas).

Referencias

Bibliografía

Aldridge, Timothy. 2019. "Twitch for Game Developers." *Twitch Blog*, 29 de marzo, 2019. https://blog.twitch.tv/en/2019/03/29/twitch-for-game-developers-b664163bed65/ (último acceso: 25 de marzo, 2025).

Bajtin, Mijail Mijaïlovich. 1991. "Las formas del tiempo y del cronotopo en la novela: Ensayos de poética histórica (1937-38)." En *Teoría y estética de la novela. Trabajos de investigación*, traducido por Helena S. Kriukova y Vicente Cazcarra, 237–409. Madrid: Taurus.

Boluk, Stephanie y Patrick LeMieux. 2017. *Metagaming: Playing, competing, spectating, cheating, trading, making, and breaking videogames*. University of Minnesota Press. https://doi.org/10.5749/j.ctt1n2ttjx.

Bouchard, Hans. 2021. "The Art of Scamming: Playful Performance and Shameless Exploitation." En *Narratives of Money & Crime. Neoliberalism in Film, Literature and Popular Culture*, editado por Yasmin Temelli y Hans Bouchard, 191–225. Berlín: Peter Lang.

Bruns, Axel. 2006. "Towards produsage: Futures for user-led content production." En *Proceedings: Cultural attitudes towards communication and technology*, editado por F. Sudweeks, H. Hrachovec y C. Ess, 275–284. Perth: Murdoch University.

Chandler, Daniel y Rod Munday. 2020. *A Dictionary of Media and Communication*. Oxford: UP.

Chen, Christina. 2018. "Gaming gets a new home on YouTube." *YouTube Official Blog*, 18 de septiembre, 2018. https://blog.youtube/news-and-events/gaming-gets-new-home-on-youtube/ (último acceso: 25 de marzo, 2025).

Collins, Jim. 2017. "Transmediaphilia, World Building, and the Pleasures of the Personal Digital Archive." En *World Building. Transmedia, Fans, Industries*, editado por Marta Boni, 362–376. Amsterdam: UP.

Diwanji, Vaibhav, Abigail Reed, Arienne Ferchaud, Jonmichael Seibert, Victoria Weinbrecht y Nicholas Sellers. 2019. "Don't just watch, join in: Exploring information behavior and copresence on Twitch." *Computers in Human Behavior* 105. https://doi.org/10.1016/j.chb.2019.106221.

Dobransky, Megan. 2019. "A Twitch Integration Lets the Viewers Call the Shots." *Twitch Blog*, 8 de marzo, 2019. https://blog.twitch.tv/en/2019/03/08/a-twitch-integration-lets-the-viewers-call-the-shots-b5eae972d3ef/ (último acceso: 25 de marzo, 2025).

Emmanouloudis, Argyrios. 2022. "Twitch (still) plays Pokémon: When spectators become archivists." *Transformative Works and Cultures*, 37 (marzo). https://doi.org/10.3983/twc.2022.2239.

Halbwachs, Maurice. 1991. *Das kollektive Gedächtnis*. Fráncfort del Meno: Fischer.

Ibrus, Indrek y Carlos Alberto Scolari. 2012. "Introduction: Crossmedia innovation?" En *Crossmedia Innovations. Texts, Markets, Institutions*, editado por Indrek Ibrus y Carlos Alberto Scolari, 7–21. Fráncfort del Meno et al.: Peter Lang.

Iyer, Ravi. 2023. "Top Hispanic streamers in Q1 2023." *streamcharts.com*, 24 de abril, 2023. https://streamscharts.com/news/top-hispanic-streamers-q1-2023 (último acceso: 25 de marzo, 2025).

Jenkins, Henry. 2003. "Transmedia Storytelling. Moving characters from books to films to video games can make them stronger and more compelling." *MIT Technology Review*, 15 de enero, 2003. https://www.technologyreview.com/2003/01/15/234540/transmedia-storytelling/ (último acceso: 25 de marzo, 2025).

—. 2006. *Convergence Culture: Where Old and New Media Collide*. Nueva York: UP.

Johnson, Mark R. y Jamie Woodcock. 2019. "The impacts of live streaming and Twitch.tv on the video game industry." *Media, Culture y Society* 41, nro. 5 (julio): 670–688. https://doi.org/10.1177/0163443718818363.

Kretzschmar, Mark y Mel Stanfill. 2018. "Mods as Lightning Rods: A Typology of Video Game Mods, Intellectual Property, and Social Benefit/Harm." *Social & Legal Studies* 28, nro. 4: 517–536.

Meyerson, Eric. 2012. "YouTube Now: Why We Focus on Watch Time." *YouTube Official Blog*, 10 de agosto, 2012. https://youtube-creators.googleblog.com/2012/08/youtube-now-why-we-focus-on-watch-time.html (último acceso: 25 de marzo, 2025).

Nematzadeh, Azadeh, Giovanni Luca Ciampaglia, Yong-Yeol Ahn y Alessandro Flammini. 2019. "Information overload in group communication: from conversation to cacophony in the Twitch chat." *Royal Society Open Science* 6 (octubre). http://dx.doi.org/10.1098/rsos.191412.

Nora, Pierre. 1998. *Zwischen Geschichte und Gedächtnis*. Fráncfort del Meno: Fischer.

Partin, William Clyde. 2020. "Bit by (Twitch) Bit: 'Platform Capture' and the Evolution of Digital Platforms." *Social Media + Society* 6, nro. 3 (julio): 1–12. https://doi.org/10.1177/2056305120933981.

Rogers, Richard. 2018. "Digital Methods for Cross-platform Analysis." En *The SAGE Handbook of Social Media*, editado por Jean Burgess, Alice Marwick y Thomas Poell, 146-160. Londres et al.: SAGE.

Scolari, Carlos Alberto. 2009. "Transmedia Storytelling: Implicit Consumers, Narrative Worlds, and Branding in Contemporary Media Production." *International Journal of Communication* 3: 586–606.

Sjöblom, Max et al. 2017. "Content structure is king: An empirical study on gratifications, game genres and content type on Twitch." *Computers in Human Behaviour* 73 (agosto): 161–171. https://doi.org/10.1016/j.chb.2017.03.036.

Srnicek, Nick. 2017. *Platform Capitalism*. Cambridge, Malden: Polity Press.

Taylor, T. L. 2018. *Watch me play: Twitch and the rise of game livestreaming*. Princeton: UP.

Toffler, Alvin. 1980. *The Third Wave*. Nueva York: William Morrow.

TwitchTracker. 2023. "Streamers with the highest peak viewers on Twitch." *twitchtracker.com*, 2 de junio, 2023. https://web.archive.org/web/20230602073937/https://twitchtracker.com/channels/peak-viewers/spanish (último acceso: 17 de septiembre, 2023).

van Dijck, José. 2013. *The culture of connectivity: A critical history of social media*. Oxford: UP.

Woodcock, Jamie y Mark R. Johnson. 2019. "The Affective Labor and Performance of Live Streaming on Twitch.tv." *Television & New Media* 20, nro. 8 (mayo): 813–823. https://doi.org/10.1177/1527476419851077.

Wyatt, Ryan. 2021. "Upping our gaming." *YouTube Official Blog*, 29 de octubre, 2021. https://blog.youtube/inside-youtube/innovation-series-gaming/ (último acceso: 25 de marzo, 2025).

YouTube Blog. 2023. "YouTube for Press." *YouTube Blog*, 2 de junio, 2023. https://web.archive.org/web/20230602100815/https://blog.youtube/press/ (último acceso: 17 de septiembre, 2023).

Plataformas Web/juegos

Asmongold TV. 2022. "Asmongold's Most Terrifying Unban Requests." *YouTube*, 13 de marzo, 2022. https://youtu.be/x14ym40-0dA (último acceso: 17 de septiembre, 2023).

Fatshark, dev. 2018. *Warhammer: Vermintide 2*.

Frost Prime. 2019. "THE MOST POWERFUL CLAW DECK! | #ClawGang on the rise | Sub to me on Twitch if you Claw Gang." *YouTube*, 23 de abril, 2019. https://youtu.be/1FNdwTiYTcc (último acceso: 17 de septiembre, 2023).

—. 2021. "THEY THINK THEY CAN DEFEAT ME?!?! | Slay The Spire Ascension 20." *YouTube*, 16 de febrero, 2021. https://youtu.be/nSSRo67KMks?t=1131 (último acceso: 17 de septiembre, 2023).

—. 2021a. "What if you started with 8 Storms?!." *YouTube*, 29 de septiembre 2021. https://youtu.be/QZHGsiitYuA?t=611 (último acceso: 17 de septiembre, 2023).

—. 2021b. "What if you started with 8 CLAWS?!." *YouTube*, 22 de junio, 2021. https://www.youtube.com/watch?v=uz_MT-SQGy4&lc=UgzQiL0AzIjcWjyXxYV4AaABAg (último acceso: 17 de septiembre, 2023).

—. 2022. "This run is on FIRE!!." *YouTube,* 2 de abril, 2022. https://youtu.be/lwLxIaYWgok?t=798 (último acceso: 17 de septiembre, 2023).

Ibai. 2023. "Récord Velada 2023 [Tweet]." *Twitter*, 2 de julio, 2023. https://twitter.com/IbaiLlanos/status/1675281052892274689 (último acceso: 17 de septiembre, 2023).

—. 2023a. "He salido a la calle a preguntar qué opinan sobre mi – Mañana nuevo boxeador en la Velada – BZRP x Peso Pluma – Vídeos y charlita oleeee." *Twitch*, 31 de mayo, 2023. https://www.twitch.tv/videos/1834258121 (último acceso: 17 de septiembre, 2023).

—. 2023b. "¿QUÉ OPINAS DE IBAI LLANOS?" *YouTube*, 2 de junio, 2023. https://youtu.be/FgybeMpr0wk (último acceso: 17 de septiembre, 2023).

—. 2023c. "EXPERTO MUSICAL ANALIZA PESO PLUMA || BZRP Music Sessions #55." *YouTube*, 1 de junio, 2023. https://youtu.be/EN2jLjxegck (último acceso: 17 de septiembre, 2023).

—. 2020. "La miniatura [Clip]." *Twitch*, 26 de octubre, 2020. https://www.twitch.tv/ibai/clip/GleamingDrabSangDuDudu (último acceso: 17 de septiembre, 2023).

—. 2020a. "NO VUELVO A COMPRAR CAJAS MISTERIOSAS EN MI VIDA ESTOY HARTO." *YouTube*, 29 de octubre, 2020. https://www.youtube.com/watch?v=oRT_yzyxxR0 (último acceso: 17 de septiembre, 2023).

Ibaillanos. 2023. “TikTok”. *TikTok*, 31 de mayo, 2023. https://www.tiktok.com/@ibaillanos/video/7239465155384315162 (último acceso: 17 de septiembre, 2023).

—. 2023a. “Instagram-Reel.” *Instagram*, 1 de junio, 2023. https://www.instagram.com/reel/Cs7X5Eyoh-u/ (último acceso: 17 de septiembre, 2023).

Kings League. 2023. “ASÍ se VIVIÓ la FINAL FOUR en el SPOTIFY CAMP NOU.” *YouTube*, 30 de marzo, 2023. https://youtu.be/q4020-LgUkM (último acceso: 17 de septiembre, 2023).

Mega Crit Games, dev. 2017. *Slay The Spire*.

Super M. 2023. “¿¿QUE OPINAN LOS ARGENTINOS DE IBAI??.” *YouTube* 24 de mayo, 2023. https://youtu.be/S58MfK1e_kQ (último acceso: 17 de septiembre, 2023).

The Spiffing Brit. 2022. “ (╯'□')╯ 𝔸𝕞 𝔸𝕀 𝕄𝕒𝕕𝕖 𝕋𝕙𝕚𝕤 𝕍𝕚𝕕𝕖𝕠” En: *YouTube*, 22 de diciembre, 2022. https://youtu.be/PVbOPhTcTxA (último acceso: 17 de septiembre, 2023).

Twitch. s.f. “Twitch Developer Products.” *Twitch Developers*. https://dev.twitch.tv/products/ (último acceso: 17 de septiembre, 2023).

“Ven, quiero oír tu voz”.[1] La concienciación sobre problemas ecológicos a través de la música en *streaming* en YouTube

Ina Kühne

El presente artículo explora las relaciones culturales, sociales e intelectuales con el medio ambiente que se representan a través de la música en *streaming*. A partir de la eco-canción *La Costa del Silencio* (2003) de la banda de Folk Metal española Mago de Oz, que sirve de ejemplo, el videoclip correspondiente y contenidos relacionados analizaremos las negociaciones del tema de la contaminación del medio ambiente. Investigaremos, por un lado, las intenciones y convicciones de los músicos y, por otro, la letra de la canción y la concepción del videoclip correspondiente, así como los comentarios de los usuarios y demás contenidos relacionados con la canción. Partiendo de la tesis sostenida por diversos pedagogos en música que: “As an art form, music can nurture our imaginative, emotional and spiritual responses to the natural world” (Ingram 2010, 238) discutiremos el potencial de la música en *streaming* para generar entre los receptores una conciencia ecológica crítica y provocar un comportamiento correspondiente.

Palabras clave: música en *streaming*, YouTube, eco-canciones, Mago de Oz, *La Costa del Silencio*

Introducción

En los últimos años el consumo de música ha experimentado un cambio hacia las aplicaciones de *streaming*, lo cual les posibilita a los usuarios el acceso a una amplia cantidad de música sin necesidad de descargarla o poseerla. Especialmente YouTube es una página web invaluable tanto para los músicos, ya que les permite difundir sus canciones y videoclips, como para los usuarios, a los cuales no solo les ofrece la posibilidad de consumir música sino también de subir vídeos de producción propia (p. ej. vídeos remix, vídeos de conciertos en vivo, ficheros de audio ilustrados con una foto, etc.). A menudo se forman clústeres de vídeos relacionados, creados por personas diferentes (tanto profesionales como usuarios), unidos

---

[1] Primer verso del estribillo de la canción *La Costa del Silencio* (2003) de la banda de Folk Metal española Mago de Oz que trata del accidente del petrolero Prestige delante de la costa gallega en 2002.

por la repetición de una canción o un tema. Además, el consumo de música en *streaming* a través de YouTube permite la participación de los usuarios por medio de actividades comunicativas, por ejemplo, mediante los comentarios. Esta sección ofrece un espacio de discusión y crítica con respecto al músico, al vídeo, a la canción y a su contenido. Así, los usuarios no solo consumen la música en *streaming* sino que toman parte activamente en la cultura digital y en la negociación simbólica de temáticas clave de nuestro tiempo. En este sentido, YouTube pone a la disposición un espacio con potencial transformativo.[2] El potencial revolucionario de YouTube se pone de manifiesto, entre otros, en contenidos relacionados con la temática ambiental que prosperan en la plataforma.

En el presente artículo nos proponemos explorar las relaciones culturales, sociales e intelectuales con el medio ambiente que se representan a través de la música en *streaming*. A partir de la eco-canción[3] *La Costa del Silencio* (2003) de la banda de Folk Metal española Mago de Oz, que nos sirve de ejemplo, el videoclip correspondiente y contenidos relacionados, analizaremos las negociaciones del tema de la contaminación del medio ambiente. Investigaremos, por un lado, las intenciones y convicciones de los músicos y, por otro lado, la letra de la canción y la concepción del videoclip correspondiente, así como los comentarios de los usuarios y otros contenidos relacionados con la canción. Partiendo de la tesis sostenida por diversos pedagogos en música que postula: "As an art form, music can nurture our imaginative, emotional and spiritual responses to the natural world. In doing so, it calls upon both analytical and intuitive modes of thought, and thereby extends human rationality, rather than conflicts in it" (Ingram 2010, 238) discutiremos el potencial de la música en *streaming* de generar entre los receptores una conciencia ecológica crítica y de provocar un comportamiento correspondiente. Recurrimos metodológicamente a la ecomusicología, un campo de investigación relativamente nuevo que surgió a principios del siglo XXI como subdisciplina de la ecocrítica y que se dedica al estudio de las relaciones entre la música, la cultura, la sociedad y el medio ambiente.

La ecomusicología

La ecomusicología es un área de investigación que deriva de la ecocrítica, la etnomusicología y la musicología histórica. Se define como: "studies of the interconnections between music, culture, and nature—or studies of the interconnections between the arts, humanities, and sciences" (Allen 2012, 375) y examina la música

---

2 Véase Raun (2012, 355).

3 Eco-canciones son artefactos para tratar diversos problemas ecológicos globales o locales a través de diferentes géneros musicales. Hasta el momento no han recibido la debida atención por parte de la crítica, véase Summer (2021b, 139).

como medio de negociación de temas ecológicos.[4] La música desempeña un papel importante en la vida cotidiana de muchas personas. Muchas disciplinas (filosofía, etnología, psicología) sostienen que la importancia de la música consiste en su capacidad de expresar, representar y provocar emociones: "music, like history and literature, is a widespread phenomenon that can trigger powerful emotional responses, often quickly, making it a productive medium for environmental education messages" (Allen 2012, 375). Por consiguiente, la música tiene además de su significado social y cultural un poder performativo de transformar el estado de ánimo de los oyentes.[5] Sin embargo, las emociones que la música puede evocar son más bien emociones muy generales como la alegría, la tristeza, la agitación o la relajación.[6] Pero es precisamente esta generalidad de las emociones la que hace posible el impacto colectivo de la música, ya que causa la impresión entre los oyentes de que todos, a pesar de sus experiencias individuales, experimentan 'lo mismo'.

La capacidad de la música de generar emociones tiene el potencial de servir para resolver mejor los problemas éticos relacionados con los cambios ecológicos. La música hace los desafíos medioambientales emocionalmente accesibles, ya que convierte información científica (sobre retos ambientales) en información de interés. Muchas veces, la gente pierde el interés en informaciones y datos meramente científicos, ya que no se siente afectada emocionalmente por ellos. Por consiguiente, como llega a la audiencia a un nivel afectivo-emocional y promueve una conciencia sobre problemas e injusticias ecológicos, la música puede fomentar un pensamiento crítico y una actuación correspondiente como los periódicos o las noticias no pueden hacerlo. Cuando los oyentes se sienten emocionalmente afectados por la música, prestan más atención a la letra de la canción y conservan el contenido en la memoria a largo plazo. Una característica importante de la música que refuerza esto es la alta frecuencia de repeticiones en las estructuras musicales, es decir, el hecho de que, sobre todo los motivos y los temas se repiten muchas veces en las respectivas canciones desde el principio. Esto tiene como consecuencia, que las estructuras musicales repetidas prevalezcan en la memoria:

> Whether intended or not, repetition in music causes the repeated musical patterns to make the transition from short-term to intermediate-term memory. Musical repetition acts like an involuntary form of conscious memorization. It is perhaps no surprise that a musical motive is both (1) the shortest distinct unit of repetition in a work, and (2) the most memorable feature or characteristic of a work (Huron 2006, 229).

Esto es cierto también para las letras de los estribillos, en cuya repetición y fácil memorización reside una gran ventaja acerca de la distribución de mensajes

---

4 Véase Summer (2021a, 51).

5 Véase Alaminos-Fernández (2018, 212).

6 Véase Meyer et al. (2001).

ecológicos en comparación con la mayoría de los géneros literarios y fílmicos y sobre todo con datos transmitidos en los medios informativos.

La música puede ayudar a tomar decisiones ecológicamente conscientes y funcionar como catalizador en la motivación de la audiencia de hacerse ciudadanos globales ecológicamente más activos,[7] ya que "musical knowledge can translate into action" (Pedelty 2012, 61). Esto vale sobre todo para la música en *streaming* como se mostrará en adelante.

La música en *streaming* en YouTube

La producción, circulación y el consumo de productos digitales desempeña un papel central en la construcción del valor social de desarrollos ecológicos y tiene potencial movilizador. Los medios digitales han llegado a ser parte integral de numerosos aspectos de las sociedades modernas.[8] Son fácilmente accesibles para personas de todas las capas sociales y de ahí que tengan muchos usuarios. Las plataformas mediales como YouTube permiten una distribución y recepción global instantánea de los contenidos y así amplían el alcance de los mensajes transmitidos. Además, crean nuevos espacios virtuales de acceso a, discusión y conservación de los contenidos y un espacio para la interacción en los comentarios. Estas funciones posibilitan a los usuarios expresar sus pensamientos y opiniones y participar activamente en la difusión de mensajes ecológicos. En los comentarios, los usuarios pueden relacionar desafíos ambientales locales con acontecimientos globales, contar experiencias personales relacionadas con problemas ecológicos y dialogar con personas de todo el mundo. De esta manera pueden ayudar a promover la formación de una conciencia global respecto a los retos ambientales, la cual puede cambiar la percepción y la manera de pensar de otros usuarios. Así, los usuarios se convierten en co-creadores de sentido y contribuyen a la construcción de valores ecológicos compartidos.

Los videoclips pueden, además, tener un gran impacto en la opinión pública a causa de la popularidad de los cantantes. Estos últimos pueden considerarse como autoridades secundarias que pueden mejor que las autoridades tradicionales alcanzar y conectar de manera muy efectiva con un gran público. Por consiguiente, las canciones y videoclips pueden ser un medio muy útil para transmitir mensajes ecológicos. Tienen el potencial de cambiar actitudes y quizás incluso comportamientos individuales y colectivos. Esto se va a demostrar en lo sucesivo a partir de la eco-canción *La Costa del Silencio* (2003) de Mago de Oz.

---

7 Véase Summer (2021a, 58).

8 Véase Noor-Al-Deen y Hendricks (2012, xv).

La construcción de una conciencia ecológica mediante la música en *streaming* en YouTube: El caso de *La Costa del Silencio* (2003) de Mago de Oz

El análisis se basa en la canción *La Costa del Silencio* del quinto álbum de estudio de Mago de Oz titulado *Gaia*. Se convirtió en disco de platino con 150 000 copias. La canción data del año 2003. En esa época la crisis ambiental global se intensificaba cada vez más y empezó a perfilarse la posibilidad de una catástrofe ambiental global, de modo que la consciencia ecológica iba en aumento en las sociedades, lo cual se plasmaba también en la música que se dedicaba más y más a problemas ambientales tanto globales como locales.

La Costa del Silencio es una canción ejemplar en este sentido. Está inspirada en una catástrofe ocurrida en España en 2002: el accidente del buque Prestige y su derrame de petróleo[9] frente a la Costa de la Muerte, en Galicia; como afirma Txus di Fellatio (Jesús María Hernández Gil), compositor del tema y baterista del grupo Mago de Oz:

> Es una letra que habla de todo lo que le estamos haciendo al mar. Lo estamos matando de pena, de petróleo y de basura. Basándome en toda esta desgracia que pasó en Galicia, tierra a la cual amamos con toda nuestra alma, quise hacer un canto, pero no político, sino más que nada humanista y moral. Todo lo que le hagas al mar, el mar te lo devuelve (*El Mundo*, 19 de mayo de 2003).

El accidente causó una de las catástrofes medioambientales más grandes de la historia de la navegación. El vertido tuvo consecuencias graves sobre los ecosistemas de las costas gallegas, vascas, asturianas, cantábricas, francesas y portuguesas. Afectó especies tan diversas como las aves marinas, los peces, los crustáceos, el plancton, las tortugas marinas, los cetáceos y las focas.

La referencia a la catástrofe se hace evidente ya en el último verso de la primera estrofa de la canción: "El mar escupía un lamento / Tan tenue que nadie lo oyó / Un dolor de tan adentro / Que toda una costa murió" (CS).[10] Se atribuye al mar capacidades de 'comunicación', lo cual corresponde con el *Material Ecocriticism*, según el cual toda la materia genera formas de 'comunicación' e 'interpretación' (Sullivan 2015, 59). El término 'comunicación' en este contexto no se refiere a una lengua como las lenguas humanas, sino más generalmente a la capacidad de transmitir informaciones. En el caso del mar después del accidente, la información que transmite o "el lamento que escupe" se manifiesta en forma de los animales muertos que se encontraron en las playas, a lo cual hace referencia también la canción: "Llora, lamenta la nube que enfermó / Y escribe espantos en la arena el dolor" (CS). Mediante estos signos que se concretan en los cadáveres de los

---

9 El accidente ocurrió el 13 de noviembre de 2002 durante una tormenta. El petrolero estaba cargado con 77 000 toneladas de fuelóleo pesado.

10 En lo sucesivo, la canción *La Costa del Silencio* va a ser abreviada con la sigla CS. La letra está disponible en: https://lyrics.lyricfind.com/.

animales marinos, la materia, en este caso el mar, comunica que el ecosistema está dañado. Esta forma de comunicar es silenciosa, "tenue que no se la oye", pero, sin embargo, muy bien perceptible visualmente. Las consecuencias para los animales se mencionan concretamente en la segunda y cuarta estrofa, haciendo también alusión otra vez al accidente del buque: "Arrulla el miedo a un delfín que bebió / De un agua negra, su suerte emigró" y más adelante: "Y una gaviota cuentan que decidió / En acto suicida inmolarse en el sol / Ríe desprecios un barco que encalló / Y se desangra en su lecho la mar" (CS). Los efectos devastadores en los animales especialmente en los peces y los crustáceos conllevaban también implicaciones para los humanos, en las actividades pesqueras y marisqueras. Mucha gente en España estaba muy preocupada por los posibles riesgos para la salud que podrían plantear el pescado y el marisco así que la compra de estos productos se redujo drásticamente.[11] Además, el accidente del Prestige causó una crisis social y política. Se criticaba la gestión de la catástrofe por parte de las autoridades, lo cual se expresó en diversos actos de protesta dirigidos contra el gobierno del Partido Popular de entonces. A los ciudadanos les enojaban sobre todo los intentos de minimizar el volumen vertido y las consecuencias del accidente.[12] En este sentido, a pesar de que el compositor Txus di Fellatio en la cita anteriormente mencionada afirma que no es una canción política, *La Costa del Silencio* incluye una crítica política implícita: "Nacen la ambición y el poder / Y este germina en la tierra / Que agoniza por interés" (CS). Se critica el hecho de que los políticos, a causa de su ambición, en vez de concentrarse en la gestión de la crisis la minimizan para asegurar su posición de poder; solo quieren dar la impresión de que la catástrofe está bajo control en lugar de ocuparse realmente de ella.

La crisis mostraba muy claramente lo que Txus di Fellatio, expresa en la cita mencionada anteriormente: "Todo lo que le hagas al mar, el mar te lo devuelve" (*El Mundo*, 19 de mayo de 2003). Esta afirmación corresponde con la premisa más importante de la ecocrítica, "the first law of ecology" (Rueckert 1996, 108) que sostiene que: "Everything is connected to everything else" (Rueckert 1996, 108). Las teorías ecocríticas, como la teoría del *mesh* de Timothy Morton,[13] consideran que la biosfera es una red en la que todos los elementos están interrelacionados, de modo que el ser humano está indisolublemente vinculado con la naturaleza no-humana, la cual incluye materia viva, materia inerte, materia natural y materia sintética. De esto puede deducirse que las modificaciones de uno de los elementos de la red también tienen repercusiones sobre los otros, es decir, que los daños del medio ambiente que causa el ser humano tienen también repercusiones en él. En el caso al que hace referencia la canción esto se manifiesta en la crisis social y

---

11 Véase Prada y Vázquez (2003, 11).

12 Véase Barreiro y Cabrera Varela (2003, 163).

13 Véase Morton (2010, 28).

política provocada por el accidente del petrolero, la cual muestra la *agency*[14] de la naturaleza que los ecocríticos subrayan.

En *La Costa del Silencio*, el mar se personifica atribuyéndole además de capacidades de comunicación también la capacidad de sentir y expresar emociones como el dolor. Algunos ecocríticos muestran su preocupación por el uso de la personificación de la naturaleza o de partes de esta, ya que se trata de una apropiación inadecuada de una alteridad no humana, a causa de la cual las características propias u originales de la naturaleza se relegan a un segundo plano. Sin embargo, mediante la personificación se invita al espectador/oyente de la canción a sentir empatía y compasión con el ecosistema dañado para aumentar su conciencia ecológica. En consecuencia, la personificación no debería ser rechazada categóricamente. Más bien hay que tomar en consideración en qué contexto y con qué propósito se aplica.

En el estribillo que se repite cuatro veces se aprovecha el accidente del buque Prestige y la consiguiente catástrofe ambiental no solo para crear empatía con seres no-humanos y llamar la atención sobre la importancia de un hábitat ecológicamente intacto, sino además para comunicar un llamado a la acción explícito con el fin de motivar a los oyentes/espectadores a comportarse respetuosamente con el medio ambiente: "Ven, quiero oír tu voz y si aún nos queda amor / Impidamos que esto muera / Ven, pues en tu interior está la solución / De salvar lo bello que queda" (CS). Los versos del estribillo se refieren al amor que tuvieron las personas que fueron a ayudar a limpiar las costas después de la catástrofe y así dieron un ejemplo de amor por la naturaleza. La banda dedicó la canción a estas personas e intenta motivar a sus fans a seguir el ejemplo: "[...] que ese canto que dice el estribillo, cuando lo toquemos en directo delante de ti en tu ciudad, cantes con nosotros y consigamos entre todos que se oiga en las altas instancias que tienen que hacer que esto cambie" (*El Mundo*, 19 de mayo de 2023). Con el estribillo, cuya importancia debido a la frecuente repetición y la consecuente mejor memorización hemos subrayado anteriormente, la banda traslada el "lamento que el mar escupía" a las gargantas de sus oyentes/espectadores y de esta manera crea un coro en el que la naturaleza y los humanos cantan juntos con el objetivo de crear un medio ambiente más sano para todos. En los conciertos en vivo, con esta canción el cantante de entonces de Mago de Oz, José Andrëa (José Mario Martínez Arroyo),[15] decía "Nunca Máis",[16] que fue el lema de los gallegos cuando ocurrió la catástrofe, para reforzar el mensaje del estribillo. La letra crea esperanza, y realza que todos podemos contribuir a reducir el impacto del ser humano en el medio ambiente.

---

[14] El concepto de *agency* no se refiere a acciones intencionales, sino a la capacidad de surtir efecto. Proviene de los Nuevos Materialismos (véase Barad 2007, Bennett 2010) y se aplica frecuentemente en el marco del *Material Ecocriticism*.

[15] José Andrëa dejó la banda en 2010 y fue sustituido por el cantante Javier Domínguez Gregorio llamado 'Zeta'.

[16] En 2003, la banda de rock española La Fuga lanzó una canción con el título *Nunca Máis* que se refiere también al accidente del buque Prestige.

De gran relevancia es también el puente de la canción que incluye otro llamado a la acción para crear confianza en la capacidad de reducir la degradación del medio ambiente: "Hagamos una revolución, que nuestro líder sea el sol (mientras te quede aliento, ve a buscar con el viento) / Y nuestro ejército sean mariposas (ayuda pues apenas queda tiempo)" y a continuación: "Por bandera otro amanecer y por conquista comprender / Que hay que cambiar las espadas por rosas" (CS). La letra, haciendo referencia a diversos elementos de la naturaleza (el sol, el viento, las mariposas, el amanecer, las rosas), aboga por una "revolución" pacifista llevada a cabo por un "ejército" de personas conscientes de los desafíos medioambientales y dispuestas a buscar soluciones y practicar un comportamiento respetuoso con la naturaleza. La canción, además, hace énfasis en la urgencia de tomar acción.

La implicación emocional del oyente/espectador se logra no solamente a través de la letra, sino también recurriendo a estímulos auditivos y visuales a través de una música emocionante y un videoclip que subraya el mensaje de la canción. Para hacer visibles los cambios ambientales es preciso aumentar su presencia mediante imágenes, ambientes, emociones, etc., es decir, representarlos de alguna manera. La representación es una parte fundamental de la comunicación.[17]

La canción *La Costa del Silencio* es del estilo Folk Metal, también llamado Celtic Metal, un subgénero del Heavy Metal, que fusiona, como ya indica el nombre, la música Heavy Metal con la música folclórica. Destaca por el uso de melodías tradicionales, muchas veces medievales de proveniencia celta o vikinga, en el caso de Mago de Oz, irlandesa (*ceol traidiiúnta na hÉireann*) que pasaron oralmente de generación en generación. Se caracteriza, además, por la utilización de una gran variedad de instrumentos étnicos, como la gaita, el *tin* y *low whistle*, flautas, zanfona o la bombarda. Las melodías son muchas veces de origen rural y adoptan la forma de danzas tradicionales (por ejemplo del *reel*), por lo cual las estructuras rítmicas y melódicas son bastante distintas a las de muchas otras formas musicales.[18] A causa de la incorporación de elementos de la música tradicional irlandesa, la melodía de *La Costa del Silencio*, a pesar de la temática seria, no es triste, sino que subraya el mensaje esperanzador de la canción: si todos contribuyen a la protección del medio ambiente, se pueden evitar las catástrofes naturales. No es una canción que quiera causar miedo, sino más bien motivar a los oyentes/espectadores a comportarse respetuosamente con el medioambiente. Se usa una instrumentación amplia en la que destacan el violín y la flauta travesera, pero que incluye también guitarra, baterías, bajo y sintetizador.

El videoclip de *La Costa del Silencio* se grabó en Galicia, donde se produjo también el accidente del buque. A lo largo del vídeo se observan muchas panorámicas aéreas de la costa para mostrar una naturaleza que es digna de protección. En *cross-cutting* se ven alternativamente la banda delante de la costa cantando y tocando la canción y una mujer que camina en la playa y mira tristemente hacia el

---

17 Véase Bruhn (2020, 11).

18 Véase Sawyers (2002, 48).

mar. La mujer sirve de ejemplo de una persona que tiene una estrecha relación con la naturaleza y disfruta estar en ella: nada y se sumerge en el mar, se deja llevar por la corriente. En varias tomas, la puesta en escena y el tratamiento fotográfico hacen que la silueta de la mujer y la de los miembros de la banda se pierdan entre las rocas de la costa, así que resulta difícil para el espectador distinguirlas. De esta manera, el videoclip subvierte la concepción de la identidad humana como diferente o fuera de la naturaleza o algo superior a ella inherente al pensamiento occidental, la cual según muchos ecocríticos es una de las causas principales de la crisis ambiental global actual. En cambio, el videoclip muestra a los seres humanos como parte de la naturaleza y no como sus dueños. No solamente a través de la letra, sino también mediante las imágenes se crea compasión: se muestra a la mujer acariciando unos peces muertos que encuentra en la costa. La mujer encuentra también un resto de agua contaminada que ha quedado entre unas rocas en la costa después de la marea baja. Esto se muestra justo antes del puente de la canción, que los miembros de la banda cantan a coro, señalando con el dedo al espectador para reforzar la llamada a la acción que se comunica en la letra. Al final del videoclip la mujer se sumerge en el mar hasta la espalda antes de que se bajen las luces, de modo que no se puede ver qué hace a continuación. ¿Va a suicidarse por desesperación como la gaviota en la canción? Finalmente, a pesar de esto, la canción transmite, en general, esperanza y sugiere que si cada uno contribuye a la protección del medio ambiente, las crisis ambientales se pueden solucionar.

Además del videoclip oficial, en YouTube están disponibles también otros contenidos relacionados con la canción subidos por diferentes youtuberos. Se trata de vídeos de conciertos en vivo de la banda y de ficheros de audio con la letra de la canción, ilustrados por una foto. Todos estos contenidos han recibido muchos comentarios de los usuarios de YouTube que permiten analizar sus reacciones ante la canción y pueden proporcionar indicios acerca del posible impacto de *La Costa del Silencio* en la conciencia y el comportamiento de los oyentes/espectadores. A continuación, analizaremos los comentarios de un clúster de contenidos relacionados con la canción: el videoclip oficial (23 millones de clics, 95 933 *likes*, 6791 comentarios)[19] subido por xispametal en 2008, el videoclip oficial con la letra de la canción (1 millón de clics, 6081 *likes*, 386 comentarios)[20] subido por Anvalsof en 2011, una versión del videoclip oficial con mejor resolución de imagen que fue subido en 2023 por One Media Music – Español (981 507 clics, 6214 *likes*, 98 comentarios),[21] un vídeo de una actuación en vivo (3,9 millones de clics, 39 645 *likes*, 1839 comentarios)[22] subido por Mago de Oz en 2018, un fichero de audio con la letra delante de un fondo azul (18 millones de clics, 88 736 *likes*, 5454

19 Véase "La Costa del Silencio" (2008).

20 Véase "La Costa del Silencio" (2011).

21 Véase "La Costa del Silencio" (2023a).

22 Véase "La Costa del Silencio" (2018).

comentarios)[23] subido por omarca020195 en 2010, un fichero de audio ilustrado con la carátula del álbum *Gaia* que muestra una encarnación de la muerte en forma de esqueleto con capa negra que tiene el planeta Tierra en las manos (36 millones de clics, 269 551 *likes*, 2473 comentarios)[24] subido por Mago de Oz en 2016, un fichero de audio de la canción con la letra ilustrado con una foto de la costa gallega desde el plano aéreo (599 309 clics, 10 203 *likes*, 110 comentarios)[25] subido por Mago de Oz Lyrics en 2021, un fichero de audio con la letra ilustrado con una imagen de un hombre tocando la guitarra (3,5 millones de clics, 2291 *likes*, 605 comentarios)[26] subido por Rokkoロッコ。 en 2021 y un fichero de audio con la letra ilustrada con otra foto de la costa gallega (537 830 clics, 8943 *likes*, 81 comentarios)[27] subido por Hide Music en 2023. Los comentarios de los vídeos y ficheros de audio se analizarán sobre la base de la ecomusicología y algunas teorías ecocríticas.

El posible impacto de la canción *La Costa del Silencio* en la conciencia y el comportamiento de los usuarios analizado a partir de los comentarios en YouTube

Aunque la canción *La Costa del Silencio* data del año 2003, se ha seguido comentando hasta el día de hoy, lo cual muestra la importancia de la temática ecológica durante estos más de 20 años. En muchos comentarios[28] se destaca explícitamente la actualidad del tema, como se ve en los ejemplos siguientes: “Llegando al 2023 sigue siendo gran tema” (Jesus_Hutado_20, 44 *likes*) y rayitodeluna3618 constata: “Puedo relacionar esta canción con la lamentable realidad actual, en si todo el álbum...” (rayitodeluna3618, 12 *likes*). Otros usuarios consideran también que la canción es atemporal y va a seguir escuchándose en el futuro: “Música celta lena de significado. Se debe escuchar atentamente porque es una canción atemporal y preciosa. Inspiradora” (nuriamartinromero, 3 *likes*) y sergiorenatomunoz4085 afirma: “Y la seguiré escuchando 2024” (sergiorenatomunoz4085, 1 *like*). A causa de la relevancia de la temática algunos usuarios incluso consideran la canción un himno: “2021! Y sigo escuchandolo no como música… sino como un himno de respeto hacia la naturaleza! <2+1” (alejandroBHLbts, 38 *likes*) y Leandrojoaquinlugocano5778 añade: “Declaren esta musica himno mundial señores!” (31 *likes*).

La temática ecológica es muy bien recibida por los fans de Mago de Oz que ya conocen este tipo de canciones. La banda ha lanzado una trilogía de álbumes que

---

23 Véase “La Costa del Silencio” (2010).

24 Véase “La Costa del Silencio” (2016).

25 Véase “La Costa del Silencio” (2021a).

26 Véase “La Costa del Silencio” (2021b).

27 Véase “La Costa del Silencio” (2023b).

28 No se corrigen los errores contenidos en los comentarios con el fin de presentarlos de manera auténtica.

trata de la relación entre la naturaleza y el hombre: *Gaia* (2003), *Gaia II: La voz dormida* (2005) y *Gaia III: Atlantia* (2010), además de un álbum sobre un futuro tecnocrático: *Finisterra* (2000). Muchos usuarios expresan en los comentarios que prefieren temas que les hacen reflexionar y desprecian los temas demasiado banales: "Mientras otros se la han pasado escribiendo de sexo y drogas, Mägo de oz se la ha pasado escribiendo sobre respetar [...] y cuidar la tierra" (uncanalcontralagrasa7958, 1798 *likes*, 61 respuestas). Por su parte, faster2x77 escribe: "Por eso me gustan este tipo de canciones, siempre dejan un mensaje con metáforas" (faster2x77). De estas afirmaciones se puede deducir que la canción tiene cierto impacto en los pensamientos de los oyentes/espectadores y de ahí que pueda fomentar una conciencia ecológica. Esta tesis la apoyan también los siguientes comentarios que declaran que comparten los puntos de vista expresados en *La Costa del Silencio*: "mi mago de oz eres genial con un dolor profundo reconozco que tu costa del silencio tiene toda la razón cuando será que los humanos vamos a reflexionar sobre contaminación, nos estamos destruyendo" (olgamariacardonaareiza4931). Otro usuario, chocolate2459, escribe: "Esta canción no es sobre una suerte de mundo de fantasía, es sobre el nuestro: Un mundo miserable, gris, consumista y silencioso, donde las gaviotas (gente soñadora) se inmolan y la usura germina en la tierra, agonizando en crisis por interés" (chocolate2459).

La capacidad de la canción de crear una conciencia ecológica es reconocida también por los mismos usuarios que expresan la esperanza de que la canción consiga un cambio de actitud y comportamiento en el público para que la gente cuide más el medio ambiente: "espero que esta hermosa pieza haga que pueda oír su voz e impedir que esto muera" (Yarzan1831, 1 *like*). El usuario bidcarjoan1085 responde a esto de la manera siguiente y también exhorta a los demás usuarios a dar un *like* a la canción: "Así es la vida alguien hace algo y no lo piensa, mientras esta gente piensa todo. Like si crees lo mismo". Animando a los otros usuarios a dar un *like* al videoclip, los usuarios ayudan activamente al canal que publicó el clip y así contribuyen también a aumentar la presencia de la canción, lo cual sostiene la tesis de que las plataformas de *streaming* se prestan muy bien para distribuir mensajes ecológicos.

A partir de los comentarios también se puede observar que la música tiene incluso un impacto en la filosofía de vida de los usuarios y, por tanto, resulta ser un medio eficaz de concienciación sobre problemas ecológicos. En este sentido, el usuario terapeutademultiversos afirma: "muchas de sus letras son enseñanzas de vida" (14 *likes*) y Neroulfur1166 añade: "No es broma cuando escuche por *La Costa del Silencio* por primera vez me inspiro y me decidí a hacer algo de mi vida le debo todo a Mago De Oz" (8 *likes*). Paulgomez2248 incluso considera que "Mago de Oz Gaia la costa del silencio tiene un gran poder oculto". Este "poder oculto" consiste en la capacidad de la música de crear las emociones anteriormente mencionadas que pueden reforzar el mensaje transmitido. Los usuarios confirman explícitamente esta capacidad. Danielaferrer2009 escribe "Simplemente esta música me llega al alma💔🌹🌱✿🍃🏡[♀]" y un usuario de Brasil constata: "Eu sou do Brasil, pero eu amo as cançoes em espanhol, a primeria vez que eu escuté esse hino foi grande a emoçao que sentí meu sentimento foi enorme e depois de esse momento sempre escuto mago de oz" (briangallego3372, 20 *likes*). Otros usuarios incluso admiten que la canción les emociona hasta las lágrimas: "La parte de la gaviota suicida que se inmola en el sol me hizo llorar. Gracias, Mago!" (archwizardmetalmaster5187, 7 *likes*, 1 respuesta) y godoyfatimanahiara6489 afirma: "Llevo escuchando 100 al día Está canción y la acabo de entender, me di cuenta recién de su verdadero significado y llore tiene toda la razón" (godoyfatimanahiara6489, 1 *like*, 1 respuesta).

A algunos usuarios la canción incluso les provoca reacciones físicas, como muestran los comentarios siguientes: "Cuando entendí el contexto me entraron escalofríos jaja, fue genial" (teoriasminiotaku2310) y carlosferrermellado6533 subraya: "Q hermosa cancion !!!no hay excusas de deprimirse, esto despierta a un muerto, no paro de escuchar esta obra de arte ...pelos de punta" (carlosferrermellado6533, 4 *likes*).

Además de la tristeza anteriormente mencionada, la canción provoca también sentimientos positivos como la motivación y la fe en la humanidad: "Si significa eso tiene mucha razón el planeta está muriendo por culpa del ser humano aunque signifique eso esta canción me encanta y me motiva" (mikeslaughter7917, 3 *likes*) y untiocualquiera8423 resalta: "A veces pierdo la fe en la humanidad, pero cuando escucho mago de oz la vuelvo a recuperar" (untiocualquiera8423, 1 *like*).

La capacidad de la música de provocar emociones parece manifestarse aún más durante los conciertos en vivo, cuando muchas personas experimentan la música juntas. Esto se pone de manifiesto en un vídeo de un concierto de Mago de Oz en la Live Arena Ciudad de México el 6 de mayo de 2017 y los comentarios correspondientes. En el concierto, la banda toca con una orquesta cuyos miembros están maquillados como calaveras para hacer referencia al esqueleto con el planeta Tierra en las manos que es ilustrado en la carátula del álbum *Gaia*. Como decoración del escenario sirve un arco negro, con estampado de plantas verdes que resplandecen, para subrayar la temática ecológica del álbum. Esta atmósfera subraya el contenido de la canción *La Costa del Silencio* y refuerza el efecto de la música. A esto contribuye también el cantante Zeta quien interactúa directamente con el público animándole para que cante con él. La emoción que la música y el ambiente crean en los conciertos en vivo se transforma en movimiento, haciendo al público saltar y cantar. Los usuarios describen la experiencia y el efecto de la música en vivo como sigue: "Fue algo inexplicable ser partícipe de un evento así, tuve esa fortuna junto con mis hijas gritar cantar cada rola y ver esto la piel se eriza y quiero volver a vivirlo" (robertocaballero9683, 4 *likes*). Por su parte, elalepalacios explica:

> Interpretacion sublime. Moha me encanto :') Zeta uff nos ha demostrado mil veces que merece estar ahi subido. Si le metio feeling. La orquesta una completa salvajada. Nos ha quedado claro en que posicion esta Mägo de Oz. Los amamos mucho. [...] Gracias por estos bellos momentos cabrones!!! Los esperamos en Ecuador (elalepalacios, 33 *likes*).

Incluso solo ver el vídeo del concierto sin haber estado ahí parece tener un efecto similar, como muestra el siguiente comentario: "Del solo ver a toda la gente saltar, cantar, gritar y vivir la música; me hace transportar a ese mágico concierto... Grande Mago de Oz hoy y siempre... Sigan adelante, enorme grupo (Y)" (mrjoanxd1, 61 *likes*). Además, la música en vivo es especialmente capaz de inspirar confianza en el público acerca del futuro del planeta y posiblemente pueda tener influencia en el estilo de vida de las personas: "No se imaginan al ver este concierto y tocar esta cancion se me corrieron las lagrimas podemos salvar nuestro planeta amigos" (armandopadilla2470, 14 *likes*). La capacidad de provocar emociones, según el ecocrítico Lawrence Buell, puede contribuir a prevenir el denominado *environmental doublethink*, término que se refiere al hecho de que el mero conocimiento de los hechos acerca del deterioro del medio ambiente muchas veces no conduce a un cambio de actitud y del comportamiento.[29] En cambio, el efecto afectivo-emocional de la música les llega más hondo a los oyentes y puede influenciar así su actitud y estilo de vida.

La influencia en el comportamiento de los usuarios se menciona explícitamente en los comentarios. El usuario nemesishb6460 explica detalladamente cómo la canción le ha inspirado a cuidar el medio ambiente ya desde pequeño:

> "todavía recuerdo, tenia 4 años escuche esta canción y siempre que escuchaba la parte del minuto 2:53 salia al patio y miraba al sol mientras la cantaba, dando a entender una promesa que le hacia tanto a él, como a la luna y a la madre naturaleza de hacer todo lo posible por cuidarla y protegerla... Hoy a mis 16 años de edad sigo haciendo eso, y trato lo mejor posible por cuidarlos sabiendo que a mi alrededor hay gente inconsciente que les vale lo que pase con ella ya que es el mejor regalo que los dioses nos dieron a la especie humana" (5 *likes*, 2 respuestas).

Otros usuarios proponen acciones concretas para aumentar la conciencia ecológica en la sociedad y contribuyen así al trabajo de Mago de Oz: "En todos los colegios deberían elegir canciones como esta para el día de la tierra" (niyirethnunezmontoya507, 6 *likes*) y el usuario MegaMay29 propone la formación de grupos activistas: "Holaaa, está canción me hace tener muchas ganas de crear un grupo de gente para unirnos y terminar con este sistema que tanto hemos permitido que nos oprima" (1 *like*).

Algunos usuarios incluso retoman la llamada a la acción de la canción y se animan mutuamente a cuidar el medio ambiente, dándose también consejos de cómo hacerlo. Luissustoyauri2201 escribe: "Gente agamos todo a nuestro alcanse para volver esta cancion otra ves de moda porque esta cancion transmite un mensaje inportante 🌎🌍🌏" (13 *likes*, 3 respuestas) y manu.c7353 le aconseja: "Si usas tik tok para eso, te aseguro que está de moda otra vez!" (manu.c7353). Otros usuarios realzan que cada uno puede contribuir a la protección del medio ambiente

29 Véase Buell (1995, 4).

y así contribuyen también a difundir el mensaje de la canción: "Me encanta el mensaje que da la canción, para crear conciencia y mostrar que el cambio está en nosotros la sociedad, no en las empresas o gobierno únicamente..." (shizi_lu03, 13 *likes*, 1 respuesta). En este contexto se subraya también la acción colectiva de muchos españoles para cuidar el ambiente durante la crisis ecológica causada por el accidente del Prestige: "El pueblo español dio tambien una lección gente de toda España fue ayudar e limpiar la costa gallega de la marea negra." y Francisco-qy7dn explica a los que no conocen el contexto: "A eso se le llamó "marea blanca", y se opuso a la marea negra, la solidaridad y la vida, contra la muerte y la avaricia" (Francisco-qy7dn).

Otros usuarios optan por causarles miedo a los demás, construyendo una visión apocalíptica del futuro para motivarles a comportarse respetuosamente con el medio ambiente: "En 2030 está canción tuvo toda la razón, no se pudo salvar la tierra, así que antes que algo pase cuiden lo bello que queda" (albertoamaya668, 4 *likes*). Por su parte, MrPalabreria escribe:

> Esta canción habla sobre la contaminación y sobre como el mundo esta muriéndose por culpa del ser humano, es una canción bonita pero la realidad que cuenta es la mas triste de todas, porque solo tenemos un planeta en el que vivir y al paso que vamos nadie vivirá en ningún lugar, no personas, ni animales, ni plantas (MrPalabreria, 1785 *likes*, 65 respuestas).

También esta estrategia, aunque se basa en la evocación de emociones negativas como el miedo, puede alcanzar su objetivo de provocar acción. Lawrence Buell considera el apocalipsis como muy conveniente para inspirar la imaginación de las personas y potenciar la conciencia de crisis:

> Apocalypse is the single most powerful master metaphor that the contemporary environmental imagination has at its disposal. Of no other dimension of contemporary environmentalism, furthermore, can it be so unequivocally said, that the role of the imagination is central to the project; for the rhetoric of apocalypticism implies that the fate of the world hinges on the arousal of the imagination to a sense of crisis (Buell 1995, 285).

De ahí, el recurso a la *master metaphor* de la crisis ecológica permite inspirar a los usuarios a una transformación radical de su comportamiento y estilo de vida. Cualquiera sea la estrategia aplicada –la de motivar o la de causar miedo–, la utilización de ambas pone de manifiesto que los usuarios de YouTube desempeñan un papel importante en la activación y motivación de las personas para cuidar el medio ambiente.

Los usuarios también retoman la crítica de la gestión de la crisis por parte de los políticos. Unos lo hacen de manera implícita, por ejemplo, mediante una alusión a la sede de la Presidencia del Gobierno de España como en el siguiente comentario:

> ¿No os imagináis haciendo una cadena humana, dejando una rosa en cada playa, para llorar por cada vertido de crudo, fuel, plásticos… Y esa cadena humana, termine entrando en el palacio de la Moncloa con un mensaje, soy la tierra, parad esta locura, aún no es tarde, defended la vida, no la muerte, la esperanza, no el miedo, el amor, no el odio? (Francisco-qy7dn, 1 *like*).

Otros comentarios son más explícitos: "el barco encayó y lo llevaron lejos para al final soltar todo su contenido al mar las malas decisiones fueron participes de la tragedia" (jacobomiguez). Mientras que, en la canción, la crítica queda muy general, en los comentarios se critica explícitamente a los políticos de entonces, a los que, según los usuarios, "no les importa nada más que su propio bienestar" (hopangie2826). Se critica especialmente al ministro de entonces Mariano Rajoy: "[...] Un gran ánimo a la gente que limpio y sigue limpiando las costas gallegas de aquel horrible accidente que un ministro que fue ni hace demasiado presidente dejó sin importancia hasta que era un claro peligro para el ecosistema" (hectorvizsla87, 5 *likes*). Otro usuario critica también a la multinacional petroquímica Repsol, la cual relaciona directamente con unos versos de la canción y a la que acusa de avaricia: "REPSOL-donde se acomoda la usura nace la ambicion y el poder y éste germina en la tierra, que agoniza por interés... 😢😭😭" (leonjuega5477).

Hay también usuarios que expresan una crítica a las personas que no quieren contribuir a la protección del medio ambiente y denuncian la actitud antropocéntrica de la humanidad: "[...] la gente solo es egoísta y piensa en celulares, armas, guerras y que hay del planeta" (frikiloisgamer7698, 14 *likes*). A esto el usuario xdxd1034 responde: "espero que se den cuenta por que yo por lo menos no quiero morir" (xdxd1034, 3 *likes*). Paradójicamente, esta respuesta implica la anteriormente criticada actitud antropocéntrica, ya que al usuario no le importa la naturaleza en sí, sino solamente le importa como espacio vital que asegura su propia sobrevivencia. El usuario franciscosaracho4824, en su respuesta, condena el hecho de que muchas personas creen que sus acciones no sirven de nada y por eso ni siquiera intentan cuidar el medio ambiente: "nadie lo quiere, pero cómo piensas que sobrevivimos?, No es que ellos no quieren y nosotros si, millones de personas intentan arreglar las cosas mientras que los demás no hacen nada, no son egoístas, solo creen que una buena acción no sirve de nada, de hecho, incluso tu podrías estarte quejando pero no haces nada, entiendes guapo?, Menos quejas más acción" (franciscosaracho4824, 1 *like*). Los comentarios se convierten en un espacio para la crítica abierta y fomentan una conciencia crítica acerca de las decisiones políticas, empresariales y personales respecto al medio ambiente.

Aunque la canción se refiere a una crisis ambiental local, en los comentarios la catástrofe se relaciona también con problemas ambientales en otras partes del mundo. De este modo, parece promover también una conciencia ecológica global y la interacción entre usuarios de diversas zonas del mundo. A muchos usuarios la canción les recuerda problemas ecológicos de su país, por ejemplo, elescritorquevistedenaranj5534 explica: “Esta canción es perfecta para lo que está pasando en el Amazonas Y saben qué parte de la canción sería perfecta Quiero oír tu voz y si aún nos queda amor impidamos que esto muera ven Pues en tu interior está la solución de salvar lo bello que queda” (elescritorquevistedenaranj5534, 8 *likes*). Veronicacoronado5736 afirma: “Esta canción representa lo que está sucediendo en mi Perú “el derrame de petróleo en el mar Peruano” (veronicacoronado5736, 1 *like*, 1 respuesta) y militzayasna1596 relaciona la canción con la industria minera en Chile y sus desechos: “Dedicado a todas las costas Chilenas, que son atacadas permanentemente, año tras año por las empresas mineras !!!☹” (militzayasna1596, 4 *likes*). Además, la canción se relaciona también con problemas ambientales que no tienen que ver con la contaminación del agua, como muestra el siguiente comentario: “Hoy con tantos incendios en mi país CL, volví a escuchar esta canción. Hoy sufre Gaia” (valeriameza425, 5 *likes*). Esto pone de relieve que la canción provoca una toma de conciencia respecto a problemas ambientales en todo el planeta, el cual en el comentario anteriormente citado se considera un sistema viviente, lo cual implica la retoma de la denominación de “Gaia” que es también el título del álbum que incluye *La Costa del Silencio*. La consideración del planeta como sistema viviente le atribuye un estatus de sujeto y así subvierte la perspectiva antropocéntrica dominante en el mundo, según la cual el hombre tiene más valor que los demás seres y el planeta, y propone una perspectiva ecocéntrica que reconoce el valor intrínseco de todos los seres vivos y sus hábitats tanto como del planeta entero.

Finalmente, cabe mencionar algunos comentarios que muestran la gran influencia del estribillo y del puente de la canción. El estribillo se ha convertido en la parte favorita del usuario andybaez1119: “Mi parte favorita es el final “quiero oír tu voz ooo”. A vanessagomez7296 le inspira mucho otro verso que forma también parte del estribillo: “Me llega al corazón esa frase ✨Si aún nos queda amor impidamos que esto muera✨” (vanessagomez7296, 69 *likes*). A algunos usuarios el puente les emociona tanto que lo escuchan repetidas veces; lucapaguro757 escribe: “‘Hagamos una revolución, que nuestro líder sea el sol y nuestro ejército sean mariposas. Mientras te quede aliento ve a buscar con el viento ayuda pues apenas queda tiempo’ esta parte la he escuchado 20 veces seguidas ¡me encanta!” (lucapaguro757, 85 *likes*, 2 respuestas) y recibe las siguientes respuestas que expresan el mismo entusiasmo: “Yo creo que mas de 100 y no cansa” (niko-j-a4838) y “Más 100 veces y me sigue gustando como jose dentra con su tremenda voz” (elpaisacalidoso1058). No es casualidad que las partes favoritas de los usuarios sean el estribillo y el puente, ya que estas se repiten, lo cual facilita su memorización, especialmente cuando se las escucha varias veces. Esto es de gran importancia, porque el estribillo contiene la llamada explícita a la acción.

Si bien es difícil estimar en qué medida y con qué determinación y constancia los usuarios, a fin de cuentas, aplican los propósitos expresados en los comentarios en su vida cotidiana, los resultados del análisis muestran que la música en *streaming* hace reflexionar a los oyentes/espectadores sobre problemas ecológicos y buscar soluciones y de ahí que pueda ser un medio útil para la concienciación sobre problemas ecológicos.

Conclusión

El análisis de la eco-canción *La Costa del Silencio* (2003) de la banda española Mago de Oz, que se refiere al accidente del petrolero Prestige que se produjo en 2002 delante de la costa gallega y provocó una grave crisis ambiental, y de los vídeos relacionados ha mostrado que la música en *streaming* puede ser un medio eficaz para crear una conciencia ecológica entre los oyentes/espectadores y para motivarles a comportarse respetuosamente con el medioambiente, lo cual es también la intención de los músicos. El potencial de la música en *streaming* reside en su capacidad de lograr una implicación afectivo-emocional de los oyentes/espectadores, provocando sentimientos como la preocupación, la consternación, la compasión y la empatía, que pueden fomentar un comportamiento ecológicamente consciente, capacidad que muchas veces les falta a los medios meramente informativos. Esto pudimos comprobarlo a través de los comentarios de los vídeos. Los usuarios de YouTube aprecian que la canción trata de un tema significativo de la actualidad y afirman que tiene impacto en su estado de ánimo, su filosofía de vida e incluso en su comportamiento. Se animan mutuamente a cuidar el medioambiente, proponen acciones concretas de cómo hacerlo y de esta manera participan activamente en la difusión del mensaje de la canción y en la creación de una conciencia ecológica crítica y un comportamiento correspondiente. Así, la música en *streaming* en YouTube se convierte en un medio útil para la movilización social que comunica que cualquiera puede influir en el desarrollo ecológico. Los usuarios también critican la gestión de la crisis ambiental causada por el accidente del Prestige por parte de los políticos de entonces, así como las multinacionales como Repsol. De esta manera, los comentarios abren un espacio para la crítica abierta a las decisiones políticas y empresariales respecto al medioambiente. Muchos usuarios de otros países también relacionan el accidente del buque con problemas ecológicos de su región, de modo que se desarrollan discusiones entre personas de diversas partes del mundo sobre la situación ecológica global que pueden fomentar una conciencia ecológica global y tienen el potencial de cambiar comportamientos individuales y colectivos.

Referencias

Alaminos-Fernández, Antonio Francisco. 2018. "Musical transformations of non-places." *OBETS. Revista de Ciencias Sociales* 13 (Extra 1): 211–228.

Allen, Aaron S. 2012. "Ecomusicology: Bridging the Sciences, Arts, and Humanities." En *Environmental Leadership: A Reference Handbook*, editado por Deborah Rigling Gallagher, 373–381. Los Ángeles et al.: SAGE Publications.

Barrad, Karen. 2007. *Meeting the Universe Halfway: Quantum Physics and the Entanglement of Matter and Meaning*. Durham/Londres: Duke UP.

Barreiro, Xosé Luís y Julio Cabrera Varela. 2003. "Se cadra non foi verdade: o Prestige como problema político." En *¿Que foi do Prestige?*, editado por Julio Cabrera Varela. Santiago de Compostela: Sotelo Blanco.

Bennett, Jane. 2010. *Vibrant Matter: A Political Ecology of Things*. Durham et al.: Duke UP.

Blacking, John. 1976. *How Musical is Man?* Londres: Faber and Faber.

Bruhn, Jørgen. 2020. "Intermedial Ecocriticism: The Anthropocene Ecological Crisis across Media and the Arts." *EKPHRASIS* 2: 5–18.

Buell, Lawrence. 1995. *The Environmental Imagination. Thoreau, Nature Writing, and the Formation of American Culture*. Londres: Harvard UP.

Huron, David. 2006. *Sweet Anticipation. Music and the Psychology of Expectation*. Cambridge: The MIT Press.

Ingram, David. 2010. *The Jukebox in the Garden: Ecocriticism and American Popular Music Since 1960*. Ámsterdam: Rodopi.

Mago de Oz. 2003. "La Costa Del Silencio." *Mago de Oz: Gaia*. Madrid: Locomotive Music.

—. 2003. "La Costa del Silencio", letra. https://lyrics.lyricfind.com/lyrics/mago-de-oz-la-costa-del-silencio (último acceso: 12 de octubre, 2024).

—. 2008. "La Costa del Silencio", https://www.youtube.com/watch?v=JV8-fFpMnsk (último acceso: 12 de octubre, 2024).

—. 2010. "La Costa del Silencio", https://www.youtube.com/watch?v=3Sct1QQdzHw (último acceso: 12 de octubre, 2024).

—. 2011. "La Costa del Silencio", https://www.youtube.com/watch?v=sy9nt1wvQrM (último acceso: 12 de octubre, 2024).

—. 2016. "La Costa del Silencio", https://www.youtube.com/watch?v=0phlktmU6eo (último acceso: 12 de octubre, 2024).

—. 2018. "La Costa del Silencio", https://www.youtube.com/watch?v=mEZOnudn-NM (último acceso: 12 de octubre, 2024)..

—. 2021a. "La Costa del Silencio", https://www.youtube.com/watch?v=E4qJnUo5ul8 (último acceso: 12 de octubre, 2024).

—. 2021b. "La Costa del Silencio", https://www.youtube.com/watch?v=s62trykMZGg (último acceso: 12 de octubre, 2024)..

—. 2023a. "La Costa del Silencio", https://www.youtube.com/watch?v=LtT92AVjZmM (último acceso: 12 de octubre, 2024)..

—. 2023b. "La Costa del Silencio", https://www.youtube.com/watch?app=desktop&v=-ZWuBkJ7TZE (último acceso: 12 de octubre, 2024).

Meyer, Wulf-Uwe et al. 2001. *Einführung in die Emotionspsychologie*. Vol 1. Bern: Huber.

Morton, Timothy. 2010. *The Ecological Thought*. Cambridge, Londres: Harvard UP.

Noor-Al-Deen, Hana, y Allen John Hendricks. 2012. *Social Media: Usage and Impact*. Nueva York: Lexington Books Bohlmann.

Pedelty, Mark. 2012. *Ecomusicology: Rock, Folk, and the Environment*. Philadelphia: Temple UP.

Prada, Albino y María Xosé Vázquez, eds. 2004. *Efectos económicos, sociais e ambientais de marea negra do Prestige*. Santiago de Compostela: Consello da Cultura Galega.

Raun, Tobias. 2012. *Out online: Trans self-representation and community building on Youtube*. Rosklide: Roskilde University.

Rueckert, William. 1996. "Literature and Ecology." En *The Ecocriticism Reader: Landmarks in Literary Ecology*, editado por Cheryll Glotfelty y Harold Fromm, 105–111. Athens, GA et. al.: University of Georgia Press.

Sawyers, June Skinner. 2002. *The Complete Guide to Celtic Music*. Londres: Aurum.

El Mundo. 2003. "La catástrofe detrás de La costa del silencio, la canción de Mägo de Oz.": *El Mundo*. Última modificación 19 de mayo, 2023. https://www.elmundo.es/como/2023/05/19/646760bcfc6c83483f8b45a0.html (último acceso: 25 de marzo, 2025).

Sullivan, Heather I. 2015. "New Materialism." En *Ecocriticism. Eine Einführung*, editado por Gabriele Dürbeck y Urte Stobbe, 57–67. Colonia/Weimar et al.: Böhlau.

Summer, Theresa. 2021a. "Applying Ecomusicology to Foreign Language Education." *Ecozon@* Vol. 12, nro. 1 (febrero): 50–65. https://doi.org/10.37536/ECOZONA.2021.12.1.3857.

—. 2021b. "Eco-Songs in Foreign Language Education." En *Pop Culture in Language Education: Theory, Research, Practice*, editado por Friederike Tegge y Valentin, 136–150. Londres: Routledge.

Autoras y Autores

HANS BOUCHARD (Universität Siegen)
Investigador, docente y doctor de literatura hispánica y ciencias culturales en la Universidad de Siegen. Editor de la publicación en línea *iMex*. Campos de investigación: plataformas sociales, cultura popular, videojuegos, literatura y cultura mexicana. Tesis de doctorado: "*El señor YouTube* und die Welten der Plattformen: Mexiko in den virtuell-medialen Räumen der Produktion und Vernetzung" ("El señor YouTube y los mundos de las plataformas: México en los espacios virtual-mediales de producción y relación").

MARIBEL CEDEÑO ROJAS (Universität Siegen)
Doctorada en Ciencias de la Traducción, Interpretación y Filología Hispánica en la Ruprecht-Karls-Universität Heidelberg. Especialista en traducción audiovisual, cine multilingüe y traducción diegética, análisis cinematográfico y E/LE. Coeditó con Sandra Herling el dossier: *Toponyme und Erinnerungskultur in der Romania* en 2022. Entre sus artículos más recientes destacan: "La ilusión de lo referencial en la novela de la memoria. Nombres de lugar y de persona en *Mala gente que camina* de Benjamín Prado" (2022), así como "Comunicación multilingüe, multiculturalidad, nuevas tecnologías y redes sociales en la serie *Emily in Paris* (2020–)" (2024). Es docente e investigadora en la Universidad de Siegen.

MARIO DE LA TORRE-ESPINOSA (Universidad de Granada)
Profesor Titular de la Universidad de Granada. Doctor en Teoría de la Literatura y el Arte y Literatura Comparada. Sus líneas de investigación se centran en el teatro español, la literatura comparada, los estudios de género y los estudios fílmicos. Ha sido invitado para impartir conferencias en universidades como Heidelberg (Alemania), Collège de Françe (Francia), Mannheim (Alemania) o Buenos Aires (Argentina). Sus últimos libros son *El teatro independiente en Huelva: Teatro de las Marismas* (Universidad de Sevilla 2022, Premio Lorca al mejor libro de teatro) y *Espacio, arte e identidad. Consideraciones semióticas* (Peter Lang 2024).

JAVIER FERRER CALLE (Universität Innsbruck)
Doctor en Filología Románica por la Universidad de Konstanz. Es profesor de Literatura Española y Latinoamericana en la Universidad de Innsbruck (Austria). Sus ámbitos principales de investigación son la literatura y el cine iberoamericano contemporáneo. Su proyecto de investigación actual se centra en el análisis de las narrativas sobre la corrupción en el cine y la literatura en América Latina, España y Francia. Es autor del monográfico: *Las cadenas de la identidad. Poéticas del*

desarraigo y el viaje en la obra de Andrés Neuman (2022). Además, es presentador del pódcast sobre literatura y cine mexicano *Encuentros en Comala.*

SILKE HUNECKE (TU Chemnitz)
Politóloga, trabaja en el Instituto de Estudios Europeos (IESG) de la Universidad Técnica de Chemnitz. Sus ámbitos de trabajo se centran en dictaduras fascistas/militares, memoria histórica/memoria cultural, movimientos sociales, género, crisis y conflictos, especialmente en el contexto de la historia y el presente del Estado español. En este contexto, escribió varios artículos como "Gegenwärtige antifranquistische Urban Memory in der Metropole Barcelona" (2024). Actualmente (2023–2025) está trabajando en su proyecto de investigación "Una perspectiva de género sobre la resistencia política en la dictadura militar – Realidades vitales narradas de mujeres militantes en los movimientos antifranquistas en Cataluña (1960–1977)", financiado por la Deutsche Stiftung Friedensforschung (DSF).

DANIELA KUSCHEL (Universität Mannheim)
Postdoc de Filología románica en la Universidad de Mannheim. Se doctoró en 2018 con una tesis sobre la representación de la guerra civil española en los medios y contextos populares (*Spanischer Bürgerkrieg goes Pop*, 2019). Campos de investigación: la representación de la guerra, la violencia y la memoria (histórica) en la literatura y los medios de comunicación (cómics, películas / series, juegos analógicos y digitales). Entre sus publicaciones más recientes destaca el volumen colectivo que editó en 2023: *La Guerra Civil en los juegos y entornos lúdicos*.

INA KÜHNE (Universität Siegen)
Asistente científica en el marco del proyecto financiado por la Deutsche Forschungsgemeinschaft (DFG) *Ökothriller und Ökokritik in Lateinamerika* en la Universidad de Siegen. Sus principales áreas de investigación son el discurso identitario catalán del siglo XIX, el africanismo español del siglo XIX, la literatura juvenil francesa y española, así como los discursos ambientales en la literatura latinoamericana. En 2017 se doctoró en Siegen. Entre sus publicaciones más recientes destacan: "Misanthropie und das Tierhaft-Monströse in *La Belle et la Bête* (2014) von Christophe Gans" (2025), en: *Misanthrop im Dialog. Annäherungen an eine abgewandte Figur*, editado por Yasmin Temelli y Manuel Baumbach.

BRI NEWESELY (BHT Berlin)
Nació en Innsbruck (Austria). Realizó estudios en Bellas Artes y Arquitectura en la Universität der Künste Berlin y de Escenografía en la Kunsthochschule Weissensee Berlin. Entre 1994 y 2001 fue miembro de Ak Kraak, videoacticivismo. Asistencias de Set-Design en Cartoon-Film Berlin y Art Department Potsdam-Babelsberg. Desde 1996 autónoma como escenógrafa, arquitecta y supervisora técnica de teatro. Desde 2009 es catedrática en la Berliner Hochschule für Technik en Escenografía y Arquitectura Teatral. Desde 2014, miembro del Observatori

d'Espais Escènics de la Universitat Politècnica de Catalunya. La publicación "Theaterbauwissen" que co-edita se publicará en 2025.

MINERVA PEINADOR (Universität Regensburg)
Minerva Peinador es investigadora postdoctoral en el Departamento de Estudios de Área Interdisciplinares y Multiescalares (DIMAS) de la Universidad de Regensburg (Alemania). En su proyecto postdoctoral *Intervención migrante en una sociedad en movimiento*, premiado por la Asociación Alemana de Hispanismo (2023), investiga producciones culturales de colectivos latinoamericanos en España para abordar la posibilidad del ejercicio decolonial en Europa. Doctora por la Universidad Nacional de La Plata (Argentina) y la Universität Rostock (Alemania), en su tesis *Entre postmemoria y docuficción* analiza las disputas de la memoria del franquismo en la sociedad civil y la literatura. Ha sido investigadora y docente en los Departamentos de Románicas de las universidades de Regensburg, Rostock y Graz.

IGNACIO M. SÁNCHEZ PRADO (Washington University in St. Louis)
Profesor-investigador de tiempo completo en Estudios Latinoamericanos, Literaturas Romances, y Estudios Cinematográficos en Washington University in St. Louis, en la cátedra Jarvis Thurston and Mona van Duyn en Humanidades. Su trabajo de investigación se centra en la relación entre instituciones y estética en la literatura y el cine de México. Es autor de siete libros y más de ciento veinte artículos académicos, y editor de catorce colecciones críticas. Entre sus libros destacan *Screening Neoliberalism. Transforming Mexican Cinema 1988–2012* y *Strategic Occidentalism. On Mexican Literature, the Neoliberal Book Market and the Question of World Literature*.

CHRISTIAN VON TSCHILSCHKE (Universität Münster)
Catedrático de Literaturas Románicas en Münster. Coeditor de la Revista Iberoamericana. Campos de investigación: la literatura y los medios de comunicación (cine, televisión), la literatura francesa y española contemporánea, la literatura y cultura en la España del siglo XVIII, los estudios de género, la docuficción, el discurso colonial español respecto a África y el cine francés, español y latinoamericano. Publicaciones actuales: con Ralf Junkerjürgen y Christian Wehr (eds.), *Klassiker des französischen Kinos in Einzeldarstellungen*. Berlín (2021); con Beatrice Schuchardt (eds.), *Protagonists of production: business owners, industrialists, and workers in preindustrial European literature (1700–1800)*. Berlín (2022).

JÖRG TÜRSCHMANN (Universität Wien)
Catedrático de literatura y medios en el Instituto de Romanística y co-director del Centro de Estudios Canadienses de la Universidad de Viena. Es vicepresidente de la comisión "Connecting the World: Europe, Africa, and the Americas" de la

Academia de las Ciencias de Austria. Recientemente coeditó las monografías *Der Wille zur Wiederholung I: Entzauberung und Faszination des Immergleichen in Literatur und Film* (Springer, 2024) y *Cine global, televisión transnacional y literatura universal* (Lang, 2022).